河 流 伦 理 丛 书

黄河水利委员会组织编写　侯全亮　主编

黄河与河流文明的历史观察

葛剑雄　胡云生　著

黄 河 水 利 出 版 社

内容提要

作为黄河水利委员会“维持河流健康生命”系列研究课题之一，本书以黄河沧海桑田的变化为线索，通过与长江、尼罗河等河流的比较，从人文的视角阐释了黄河在世界文明发展过程中的贡献，以及她对沿岸地域社会所产生的影响，从而告诉人们：人类文明的光辉不仅仅需要河流的灌溉，更需要沐浴在这种光辉中的人类善加呵护。本书可供文化工作者、河流文明研究人员以及广大热心环境保护工作的读者参考阅读。

图书在版编目（CIP）数据

黄河与河流文明的历史观察/葛剑雄，胡云生著. —郑州：黄河水利出版社，2007.9

(河流伦理丛书/侯全亮主编)

ISBN 978-7-80734-290-8

Ⅰ. 黄… Ⅱ. ①葛…②胡… Ⅲ. 黄河流域-文化史-研究 Ⅳ. K292

中国版本图书馆 CIP 数据核字（2007）第 150073 号

出 版 社：黄河水利出版社

地址：河南省郑州市金水路 11 号　　邮政编码：450003

发行单位：黄河水利出版社

发行部电话：0371-66026940　　传真：0371-66022620

E-mail：hhslcbs@126.com

承印单位：河南第二新华印刷厂

开本：890 mm ×1 240 mm　1/32

印张：8

字数：230 千字　　印数：1—5 000

版次：2007 年 9 月第 1 版　　印次：2007 年 9 月第 1 次印刷

书号：ISBN 978-7-80734-290-8 /K · 41　　定价：25.00 元

序一

河流是人类及众多生物赖以生存的基础，也是哺育人类历史文明的摇篮。然而，由于长期以来人类对河流无节制地开发利用，加之自然因素的影响，致使当今全世界范围内许多河流都面临生存危机。作为世界上最为复杂难治的河流，黄河的生存危机尤为突出。流域经济社会日益增长的用水需求一再突破黄河生命的底线，人与河争水、与水争地的局面越来越严峻，由此带来的水资源紧缺、河槽萎缩、河道断流、生态恶化、水污染加剧等一系列问题，又反过来严重制约着流域经济社会的可持续发展。

新时期如何重新审视人类与河流的关系，怎样才能实现人与自然的和谐相处？2004 年新年伊始，黄河水利委员会正式提出了“维持黄河健康生命”的治河新理念，并开始着手研究构建相应的治河体系。这不仅是自然科学的一个重大命题，而且也是社会科学和人文科学的一个重大命题。历史和现实的经验告诉我们，人类在开发利用河流的同时，只有顺应自然规律，关爱河流，尊重河流，保护河流，流域经济社会才能持续发展，民族文化才能永续延伸。因此，黄河水利委员会决定，把重塑人与河流关系的问题上升到伦理的层面来认识，并将其作为“维持黄河健康生命”理论框架的重要组成部分进行研究，通过河流伦理的构建，让全社会从伦理道德上认识到人与河流和谐相处的重大意义，并将其渗透到人类繁衍和成长的过程中，从而唤起更多的人自觉和积极地投身到“维持黄河健康生命”的行动之中。

河流伦理是一个包容性很强的概念，涉及面广、跨度大，具有学科边缘性和交叉性的特点。无论是对水利界，还是对人文、社科界来讲，它都是一门全新的课题。为此，黄河水利委员会联合清华大学、北京大学、复旦大学、南开大学、武汉大学和哈尔滨工业大学等高校从事人文及社会科学研究的专家学者对这一全新的课题展开了研究。为了夯实理论基础，该课题又分为7个子课题，从不同的方面来论证人与河流的伦理关系。经过专家学者们两年多艰辛的探索，形成了这套《河流伦理》丛书。它以辩证唯物主义哲学和科学发展观为指导，通过揭示当前中外河流暴发的空前危机，将人及其他有机体的生命概念引入河流，从人文科学、社会科学的多维视角，研究河流生命的内涵、权利、价值、河流伦理原则、河流立法依据、河流健康生命的维持等，从而把人与人之间的伦理关系拓展到人与河流的关系中，为实现人与河流和谐相处提供有力的理论支撑。

实践证明，在学科的接壤处，恰恰是新学科的生长点。我相信，通过对河流伦理体系的研究和构建，一是可以提高人们对于河流生命的科学认识水准，把握人与河流和谐相处的规律,规范人类自身的社会行为;二是在特定的时代背景下,可以对河流生命理念进行培育和弘扬,从而在治河实践中真正落实科学发展观;三是能够改善调控管理,将人与河流的关系,从以往改造、征服的关系转为和谐相处、共存共生的关系。

当然,我们还应该清醒地认识到,对河流伦理的研究非常具有挑战性。到目前为止,把道德关怀的对象扩展到河流(山川)等自然存在,中西方无论在理论界,还是在社会公众的心目中,都还存在很大争议,并且常常受到来自传统意识形态的质疑。对于这门全新的边缘学科,我们的研究工作才刚刚开始,要形成一套系统的理论还需要不断地去探索、去实践。

黄河水利委员会主任

2007 年 8 月

序二

不管人们愿意，还是不愿意，也不管人类觉得幸运，还是感到悲哀，至少在如今的地球上，没有人力干预的、纯粹自然的领域再也找不到了；从大气到地心，从高山峻岭到汪洋大海，一切都刻上了人类的痕迹，打上了社会的烙印。人与河流的关系也是这样的，我们之间的命运早已紧紧地联系在了一起：你中有我，我中有你；人的生命离不开河流，而河流不但有自然生命，还有社会生命，甚至文化生命。研究和对待河流，不但要研究其自然层面，还要研究其人文层面，更必须研究二者之间交叉的层面。

面对着自然河流与社会文化河流之间如此错综复杂的关系，特别是人类对于自然总是处在积极主动的一方、影响力越来越强的这种形势，我们发现，有什么样的人，就有什么样的河流；甚至可以说，人们用什么思想和态度来对待河流，河流就会出现什么样子：

蛮荒时代的人，毫无力量，只能迷信天神和命运，匍匐在自然的威力下，于是出现了“夏日消融，江河横溢，人或为鱼鳖”的景象，这是狂放恣肆、任意纵横的河流。

进入文明社会以后，特别是近代以来，人的力量强大了，开始利用和改造河流，但是，人们也往往为了自己的眼前和局部利益，一刻不停地干扰她，甚至有意无意地破坏她，特别是由于私有制度和私有观念的束缚，河流往往被某些人当成私人的财产，随意利用和挥霍，甚至被毁坏和戕害。这些毁坏和戕害，有些是间接的，例如通过砍伐森林、排污升温、影响气候以破坏河流等；有些干脆就是直接地伤害和摧残河流，使之遭受种种创伤。包括我们的母亲河——黄河，早已不复往日的面貌，如今已是伤痕累累，水资源紧缺，河槽萎缩，河道断流，生态恶化，水污染加剧……她再也经受不住折腾了。

实践一再证明，只有能够掌握和控制自己的命运而又有科学头脑的人，只有能够以正确的世界观、价值观为指导善待河流的人，才能使人和河流真正融洽地结合成一个亲密的共同体，才能维持河流的健康生命。

新中国成立后，中国人民掌握了自己的历史命运，为黄河的治理创造了基本条件，但是，正确处理人与河流的关系，以科学的态度治理好黄河，却又是一个更困难、更艰巨的工作。进入新世纪以来，水利部黄河水利委员会以科学发展观为指导，立足于黄河的实践，吸取世界先进的科学文化，超脱以往“就黄河论黄河”和“就水利论水利”的狭隘眼界，以更加全面系统的观点来对待黄河。在他们眼里，黄河不但是自然的，而且是社会的历史的，是文化的，是一条系统完整的生命。他们深刻地提出，要以维持黄河的健康生命为己任，当好河流的代言人。为此，不但要从自然科学和技术方面研究黄河，还要从哲学社会科学方面研究黄河，把重塑人与河流关系的问题上升到伦理的层面来认识，以唤起人们自我警醒意识，珍惜河流、善待河流，自觉维护人水和谐，从而为“维持黄河健康生命”的治河理念奠定坚实的人文和社会基础。这一思路和做法，赢得了全国有关专家的高度重视和赞赏，他们纷纷参加进来，从各个角度开展对于河流伦理的深入研究，不但包括地质地理、天文水利，而且将历史学、社会学、哲学、文化学、法学、艺术学等等学科也吸纳进来，形成了以马克思主义哲学为指导的，多学科相结合的，纵横穿错、立体交叉的宏阔研究局面。

应该说，是日益严重的河流生命危机催生了“维持黄河健康生命”新理念，进而又进一步催生了河流伦理。这是黄河治理开发与管理现代化进程中一场观念上的革命。

正当以黄河水利委员会为核心的一批专家学者们思索研究维持河流的健康生命时，党中央提出了科学发展观，这不啻是一场及时的春雨，一轮清晨的红日。这一理论，说出了大家想说却又说不出来的话，而且更加深刻全面，“坚持以人为本，树立全面、协调、可持续的发展观，促进经济社会和人的全面发展”。这里的每句话、每个字，对于维持河流的健康生命来说，都是多么重要啊！我们这些关心和研究河流伦理的实际工作者和专家学者们，在继续认真地学习了科学发展观之后，指导方向更加明确，信心和勇气更加充足。我们更加自觉地认识到，维持河流的健康生命将是我们的终身使命，河流伦理将是我们的长远研究课题，而科学发展观更是维持河流健康生命的根本、河流伦理的支柱，是我们从事河流实践和理论研究工作的一面永恒旗帜。这里收集的，就是大家在学习和运用科学发展观的基础上，进行研究的一些成果和体会。我相信，这不过是一个开始，也可能还有许多不足之处。今后大家还会做下去，而且越做越好。

水是生命之源，每当我们唱起"一条大河波浪宽"的时候，立即就会想起我们的长江、黄河，想起许许多多生育养育我们的河流，她们是我们人类的母亲，至今还在用自己的乳汁哺育着我们成长。然而，她们如今的身体还好吗，还在健康地生存发展吗？这是我们每个河流的儿女们经常魂牵梦萦的事。以科学发展观作指导，研究河流伦理，尊重自然规律，善待每一条母亲河，让她永远健康地生活下去，这是我们的神圣义务。

中国伦理学会会长

2007年8月

前言：水文化和河流文明

人类的起源、生存和繁衍都离不开水，在人的日常生活中，水也是须臾不可或缺的一种物质。

在人类的早期，当人还不具备自觉的文化意识时，水只是作为人所必需的物质而存在、而起作用的，只是为了满足人的生物需要。但当人类产生了物质生活和精神生活的需要时，水和其他生活必需品或非必需品一样，开始发挥更大的作用，并且成为人类文化的构成部分。

其他生物，一切生命都离不开水，但是对它们来说，水只是一种必需品。即使有些高等动物已经能在一定程度上利用水，或以水取乐，但只有人类，才能将水作为一种文化的物质基础。水文化就是以水为基础产生的文化现象，是指人以水为基础而进行的活动、在此类活动中人与水的关系，以及在水的影响下人与人之间的关系。水文化固然离不开水，但却是因人类对水的反应而产生的。

和其他文化一样，水文化应该包括三个方面——物质、精神和制度。

作为一种物质文明，水不仅是人类赖以生存的一种必需品，而已经是生活的一部分。摄取水分，包括喝水，成为人类的一种生活方式。摄取水分是人人需要的，但摄水的形式、用具、时间、地点、数量等却因人而异，并非完全决定于生理的需求。尽管其中已经包含了物质以外的因素，但主要还是物质上的需要。在此前提下，水成为食物和饮料必不可少的介质或载体，由此而产生酒、茶、咖啡等各种饮料和各种菜肴、食品。人们还不自觉地认识到以水为介质的一些微量元素或其他物质的特殊作用，品尝水味、水质，形成既具体又抽象的概念“水土”，并指出“一方水土养一方人”的事实。水被用之于洗涤和保洁，从洗自己的身体、衣服、饰物、用具、住处，到清洁街道、市场、建筑物和环境。

当人们认识到生物同样离不开水时，就将水用于浇灌植物和喂养动物。在炎热地区或季节，人们发现了水与冰的降温作用，水被用于人、生物或特殊场所的防暑降温，或在冬季将冰储存于地下，供夏季使用。直到当代，水还被广泛地运用为吸收或储存热量的介质。早在 2000 多年前的春秋时代，周天子和北方一些诸侯国已经设置专职官员“凌人”，负责在冬季收集自然冰，窖藏后在夏季使用。水的稀释、负载功能也被广泛地运用于生活和生产之中。先民早已掌握了由海水脱水制盐的技术，也知道利用流经岩盐的泉水制盐，或将水注入岩盐层形成卤水后制盐。

水在一般情况下是以液体形态存在的，水也不是到处都有，更不可能存在于人们随时需要的场所，因而人们首先要找到合适的水源，如河流、湖泊、沼泽、湿地、泉水、地下水、冰雪等，再利用取水、盛水、输水或储水的容器、工具，如在水边建台阶、坡道，打井，修渠，开沟，垒坝，挖塘，发明制造了盛水器皿、绳索、管道、井台、支架、辘轳、闸门、隧道。在寒冷的地区或季节，人们还利用水的固态——冰，进行运输和储存。而严寒地区的人发现了冰雪能够隔热保温的特殊功能，生活在北极圈内的爱斯基摩人和因纽特人在冰雪下挖洞穴居，顽强地生存繁衍。

水被用之于各种生产方式，农耕者广泛用水自不待言，渔业则无论捕捞还是养殖更依赖于水，游牧民族也要“逐水草而居”，手工业、冶矿业、林业、狩猎、驯养都少不了水。即使某些生产类型本身不需要用水，但生产者的生活用水也是不可或缺的。

水的浮力以及水面自然飘浮的物体使人产生在水上航行的愿望，从利用现成的飘浮物，到制作独木舟、木筏、竹筏和各种船只，从河流、湖泊到海洋，从水面到水中、水底，水给人类提供了航运之便。在古代，是否有水运条件是城市和地区开发的前提，水运至今还是最廉价的运输方式。4000多年前，古埃及人就利用尼罗河运输建造金字塔的巨石。为了改善或创造水运条件，人类在3000年前就开始整治水道。2000多年前，中国就出现了人工开凿的运河，7世纪初建成了当时世界上最长的运河，北京至杭州的大运河是元、明、清三代建都北京的根本保障。

水流动而产生的动力也为人类所利用，以水为动力的机械早就得到运用，世界上不少地方至今还能见到古代的水轮、水磨、水车。蒸气机的动力推动了工业革命，也推动了连接世界各地的轮船和火车，一度独领风骚。水力发电提供的电力不仅节省了大量燃料，还使地球变得更加清洁。在治理黄河的过程中，明朝的万恭、潘季驯就采用了“束水攻沙”的办法，即通过修筑堤坝等措施缩小河道的截面，使河水集中，流速加快，冲刷沉积在河床的泥沙。近年黄河小浪底水库放水冲沙，是“束水攻沙”在现代技术条件下的延续。

但另一方面，很多民族的先民都留下了大洪水的传说，说明人类早期大多经历过可怕的洪水而幸存。所以，在离不开水的同时，又必须与水保持一定的距离，保证自身的安全。考古发现的不少早期文化遗址，往往处于离水源不太远，但地势高于水源的台地。当黄河下游两旁尚未筑堤，尚未形成固定的河道前，在相当大的扇形区域内一直没有形成固定的聚落。在低洼地区和经常受到洪水威胁的地方，先民还创造了干栏式建筑，用不同材质的立柱支撑，使住处高于水面，以保证安全。黄河下游地势较低的村落，往往筑有供村民躲避洪水的土台。湘西一带建于河边的吊脚楼，也是为了适应防御山洪的需要。当一个群体有了足够的人力、物力和组织能力时，就会采取长远性的措施，在江、湖、海边修堤筑坝。黄河大堤、长江大堤、江南海塘的建造，曾经是中国历史上的重大工程，并有常设或专门的机构负责它们的经常性维修。但趋避仅仅使人在洪水面前暂时获得安全，为了生存和发展，还必须将多余的或不需要的水引走排出。大禹治水的传说就反映了中国早期的历史事实，在经历了多年围堵洪水的失败、付出了巨大代价后，先民终于找到了根据地形地势、因势利导、将积水排入海洋的办法。此后，泄洪排涝与引水灌溉同样受到重视，2000 多年前建成的都江堰就巧妙地设置了可以控制流量的“鱼嘴”，既保证灌渠内有充足的水量，又能使多余的水顺利流往下游。

水流的巨大能量和洪水的破坏作用也诱发了人的恶性，“以邻为壑”成为春秋战国时一些诸侯国消除本国水害的办法，而不顾给邻国造成的损失。为了共同制止这种损人利己的行为，公元前 651 年，当齐桓公在葵丘与诸侯会盟时，就将“无曲防”作为盟约的内容之一。更有甚者，“以水代兵”成了中国战争史上常见的现象。公元 514 年(南朝梁天监十二年，北魏延昌二年)，梁、魏在淮河对峙，梁出动 20 万人在钟离(今安徽凤阳县西北)筑浮山堰,准备拦蓄淮河水淹北魏的寿阳(今寿县)。工程很不顺利,曾发生溃坝,加上传染病爆发,死者无数。516年,堰建成,拦蓄的淮河水泛滥几百里,冲垮寿阳城,魏军不得不放弃。但当年秋,淮水暴涨,浮山堰垮坝,沿河十几万人被漂流入海。南宋建炎二年(1128年)冬,宋将杜充为了阻止金兵的南下,在滑县以上的李固渡(河南滑县西南沙店集南约1.5公里)以西人为决河,造成黄河南流,由泗水入河,形成黄河历史上第四次大改道。1232年,蒙古军队围攻金朝的归德(今河南商丘南),在归德凤池口(今商丘西北11公里)决开河堤,河水夺濉河而入于泗水。1245年,宋军进入开封,蒙古军南下,在城北20余里的寸金淀决黄河以淹宋军,河水由此南流,夺涡河入淮河。这两次人为的决口,成为黄河第五次大改道的主要原因。明崇祯十五年(1642年)九月,河南巡抚高名衡决黄河水灌李自成军,结果河水冲入开封城,城墙垮塌,城中居民与难民聚集百万户,逃脱的不足2万,城内建筑大多被淤泥埋没。1938年6月初,蒋介石企图利用洪水阻止日本侵略军西进,下令扒开郑州附近花园口大堤,黄河向东南泛滥于贾鲁河、颍河和涡河之间,洪水沿淮河泻入洪泽湖、高宝河,汇入长江,受灾面积达54000平方公里,死亡和失踪89万人,历时9年半,后果极其惨重。

另一种情况,是为了达到某种目的,对洪水泛滥故意不加治理。如西汉元光三年(公元前132年),黄河先后在顿丘(今河南清丰县西南)、濮阳瓠子(濮阳以北的瓠子河堤,在今河南濮阳县西南)决口,流入巨野泽(在今山东巨野东北一带),又直到淮水、泗水,泛滥16个郡。当时的丞相、外戚田蚡因为自己的封邑在黄河北,河水向南流能确保封邑的安全,就向汉武帝提出黄河决口是天意,“塞之未必应天”,因此一直不采取堵塞措施。有时则因出于现实的考虑,以权衡利弊。如南北大运河与黄河下游河道相交,在黄河洪水泛滥时，运河的水量丰富，漕运得到保障。因此为了保障南方的粮食能及时运到北京，往往暂时不堵塞黄河决口，在客观上延长了黄河水患。

水文化的精神方面内容也非常丰富。各种形态、各种环境下的水和水体给人予精神上的印象、感觉、情趣，形成相应的概念、观念、思想以至哲学。人类在利用水的物质方面的同时，也获得精神方面的不同感受。以水为载体的各种饮料，如茶、咖啡、酒等，早已构成人类文化的一部分，产生了无数文学艺术作品，对人类的精神影响难以估量。

常态下的水无色透明，沸腾的水热烈奔放，固态的水坚硬晶莹，这些都被用来比喻人类社会的各种现象，各类人物或事物。江河、湖泊、沼泽、湿地、海洋、波涛、潮汐、泉水、喷泉、跌水、瀑布、地下水、暗河、雨、冰、雪、雹、霰、雾、露、霜、气，等等，形成各种地理景观。就是对水的流动，人们也注意到了它的各种形态，但诸如汩汩、涓涓、潺潺、淙淙、哗哗、滚滚、浩浩、汤汤、滔滔等各种形容，也包含了人们主观的情感，已经是物质与精神的交融。

正因为如此，以水为基础的各种比喻广泛存在于从日常生活到伦理、经济、政治、军事，以至哲学境界。如“水往低处流，人往高处走”；“好雨知时节”；“久旱逢甘雨”；“逝者如斯夫，不舍昼夜”；“在水一方”；“仁者乐山，智者乐水”；“君子之交淡如水”；“水清无鱼”；“水可戴舟，水可覆舟”；“防民之口，甚于防止；川壅而溃，伤人必多”；“覆水难收”；“天下莫柔弱于水，而攻坚强者，莫之能胜”；“上善若水，水善利万物而不争，处众人之所恶，故几于道”。而水的另一方面作用也产生了完全不同的概念，如“洪水猛兽”、“水火无情”、“水深火热”、“人情如水”、“祸水”、“掺水”、“水货”、“浑水”，或许能汇集世界上种种不幸、无能或凶恶。

在人类的早期，对水的恐惧和敬畏更多于依赖和喜爱。因为在自然环境优越、人口稀少、水资源相对丰富的条件下，要获得水一般并不困难，以至大多数人认为人能用水是理所当然，有些人至今还不知道珍惜水源和节约用水，而水的破坏和祸害却无法预见，更难以避免。过度的水量不仅会形成吞没一切的洪水，还会遗留下低洼潮湿的环境，滋生传染病或地方病。但当农业生产发展到一定程度，人口密度增加到一定数量时，水量不足同样困扰着这些地区的居民。特别是大范围的持续干旱，往往造成“赤地千里”、“颗粒无收”、“饿殍载道”，以至“人相食”的惨象，人们对水的期盼和祈求也会达到极点。在特殊条件下，人们也会形成对周期性洪水泛滥的依赖，像尼罗河三角洲的栽培农业就离不开每年尼罗河水泛滥所形成的淤泥堆积带。

在人类的知识还不足以科学地解释这种种现象时，很自然地将恐惧、敬畏、期盼、祈求变成为信仰和崇拜，从而产生诸多的水神、河神、海神、雨神，以及与此相对的妖魔鬼怪，如水怪、旱魃、落水鬼，并衍生出降魔治水、保佑一方平安或丰收的神灵。

在中国，黄河、长江、淮河、泗水被尊为“四渎”，都有相应的神灵，受到高规格的定期祭享。在发生重大灾害和特殊事件时，还会举行特别的典礼和祭祀。直到清代中期，人们还认为河神应该居于河源，因而在河源建庙致祭，最能得到河神的接受和回报。乾隆四十六年（1781 年），黄河在江苏、河南决口，乾隆皇帝在次年就派阿弥达再次探寻河源，以便于更直接地向河神表达尊敬和祈求。阿弥达的探险结果，肯定卡日曲是黄河正源，达到了河源考察的最高水准。尽管这次探寻并没有使河神领情，达到消除或减轻黄河水患的目的，但充分反映了当时人对黄河的敬畏。在这种情况下，人们也不敢对黄河为所欲为，客观上有利于对黄河的合理利用，顺其自然。

一条河流，一片水体，一个与水关系密切的地方，只要与一定数量的人口存在利害关系，就会产生相应的神。最直接、最基本的，是河神，或是无名无姓的抽象的神，或是曾与此河或本地有一定关系的人格化的神。如李冰父子是四川一带的治水神，其子还被演化为“二郎神”，具有广大的法力。许真君是江西一带的治“蛟”神，善于对付不时暴发的山洪。相传宋朝福建林总兵的女儿，因溺水而成为保佑海上平安的神——“妈祖”，妈祖信仰随着福建移民的足迹扩大到东南沿海地区和台湾，并且增加了不少新的功能。在求雨时，人们除了向司雨的雨师、风伯和有关的雷公、电母祈求外，也希望得到地方神、特别是城隍老爷和土地公公的怜悯，或者是众神的庇佑。人与神的交流离不开祭品，早期的牺牲往往是人。西门豹制止“河伯娶亲”虽然在中国史上传为美谈，但实际上，以给河伯娶妻为名将女子溺毙河中，只是长期以来用人作为祭品的习俗的延续。随着人类文明程度的提高，人体祭品逐渐为某些形式的物或纯粹抽象的仪式所取代，但在屈原投江后将粽子投入江中的本意，还希望以这类食品代替祭品，使江中的神灵鬼怪不致享用屈原的遗体。对各种与水有关的神灵的信仰、崇拜必定导致对相关水体的保护，产生一定的禁忌，形成一定的规范和传统，如要保持水体的清洁，不能改变水源地的环境，不能砍伐树木，不能随便动土。尽管这些传统利弊兼有，但总的来说，是有利于人与水、人与自然环境的和谐相处，在现代科学技术产生以前更是如此。

水文化的制度方面产生于人对水的管理和分配，以后又扩大到抵御水灾，兴修水利以及协调水与整个社会的关系。

在干旱或缺水地区，即使人口稀少，也需要进行协调和分配，才能尽可能地满足一个群体的需要。在极端条件下，人们往往为了争夺水源和水量而争斗，甚至不惜一战。但在多数情况下，则是通过宗族势力、乡规民约、宗教或法律的权威进行日常管理，或处理相关的重大问题，并由此而形成规则、契约、法规、法律，建立并维持相应的管理机构。在水源充足的地区，对水源的保护，水量的调节和分配，天然或人工的供水系统的维护，应对异常因素造成的水量短缺等，也需要进行管理。而在水量过大，或经常发生洪涝水灾的地区，管理主要用之于水的宣泄排放、水灾的防范、水灾发生后的应急措施和灾后的互助救济。

在突尼斯西南的沙漠绿洲，我看到村口有一座小屋，唯一的泉源被引入屋中，每天清晨村民们都会聚集在小屋外面，等待领取自己应得的份额。负责分配的“伊玛目”首先以手按着《古兰经》起誓，然后尽其全力进行公正的分配。而在利比亚沙漠深处的古城古达美斯，城中的水房还负责分配每家的生产用水。轮流值班的分配人员由公认德高望重的长者担任。水房底下是由总水源引来的泉源，由此再流向每家每户门前的明渠。分配者以一把底部凿有小孔的铜壶来控制时间，以一满壶水流尽的时间为一个单位，当某一户的配额用尽后，他会在底下的泉流中放下一根草标。当这根草标流到该户人家的门前时，主人就会自觉地堵断自家的水口，让水流往下一家使用者。在摩洛哥的凯鲁万古城，一座使用了 1000 多年的水房还在象征性地运转，忠实的骆驼不停地围着水轮打转，将地下水源源不断地汲取，满足城内居民的生活所需。尽管这里显然并不缺水，但集中汲取地下水避免了水的浪费和水源的污染，也是长期形成的因地制宜的管理方式。

古代中国的大部分地方并非像北非撒哈拉沙漠边缘那样的极端干旱地区，特别是在人口密度还不高的情况下，生活用水和生产用水一般还不会如此紧缺，所以对水的管理更多用于水利设施的经常性维护、农业灌溉用水的调节和分配，以及在特殊情况——如遭受旱涝灾害时的应急措施。在工业化以前，由于技术方面的原因，这一类管理的范围不可能很大，不可能覆盖一个水系、一个流域，一般只限于某一水利设施的受益范围,或某一水系、某一流域中一个不大的范围。由此形成的制度适用的范围相当有限,大多是在一县之内,少数扩大到相邻的若干县或小流域,但因此也更具有地域特点,丰富多彩。这类制度大多有文字记录,形成契约性文书,甚至刻于石碑。尽管目前还幸存下来的已经很少,但在北方的河南、山西等季节性缺水或部分缺水地区以及南方水利发达地区还有一定的实物可见。

当然这些成文的制度未必都能得到执行,制度形成以后发生的变化,制度实际所起的作用,往往不见于文字记载,或者当事人就不愿为外界所知。所以对水的制度文化的了解和研究,还应注意这些制度文字记载以外的内容,才能复原这些制度实际的运作和演变的真相。

由于从公元前 221 年开始,秦朝就建立了中央集权制度,此后长期得到延续,中国的水制度文化一直具有高度集权的特点。而且,由于从秦朝以降的中原王朝疆域辽阔,人口众多;也由于中国的大部分地处北温带,主要的农业区处于黄河、长江等大河的中下游,既离不开人工灌溉,也不得不经常应对水灾;经常需要并且能够在水利工程的建造与维护投入巨大的人力物力,水利制度也成为国家制度的重要组成部分。例如,由于黄河的安危事关国计民生,历来备受统治者重视,对黄河水情的观测、记录和汇报,对堤防及附属工程的日常维护和定期整治,对所需资金、物资和人力的调拨、运输、储存、使用和核销,对灾害的预防以及灾害发生后的对策、灾民的救济与安置,对河神和相关神祇的祭祀及神庙的维护,无不形成一套不断完善的制度,并有相应的习惯做法和民间习俗与之配合。又如从元朝开始贯通南北的京杭大运河,由于承担着首都地区和一些军事要地的粮食供应,一直是国家最优先关注的事项之一。为了保证运河的畅通,特别是每年漕运的完成,沿运设有一系列维护和运行机构,集中了大批人员和物资。在经常缺水的山东段,还有一系列保障运河用水的制度和法规。像黄河和运河这样涉及全局的大工程，必须得到中央集权制度与国家雄厚的人力物力的支持，并借助其他方面的设施和制度。如要将黄河沿河水尺测得的水情及时上报朝廷，离不开高效率的驿传系统。要在大旱时让山东农民“涓滴不许入田”，将一切能动用的水源都汇入运河，必须由地方官严格执行如此残酷的法律，以各种强制手段和刑罚为后盾。在治黄与保运发生矛盾时，只能由朝廷决策——一般都是首先保运，以便漕粮按时进京。水制度是中央集权制度不可或缺的一部分，也是中央集权制赖以存在和延续的一个重要因素，而中央集权制度及按照这一制度运行的帝国又保证了水制度的实施。

水的制度文化并不单纯取决于自然环境，或者完全取决于一个地方的干旱程度、能够获得的水量的大小丰俭。出乎很多人意料的是，中国用水最浪费的、每单位水量创造价值最低的地方，恰恰是内陆河流域的干旱地区。但同样处于干旱地区的以色列，通过对全国水源的制度化的科学管理，运用先进的灌溉和水处理技术，不仅满足了全体国民的生活用水，还能大量出口水果、蔬菜、花卉和先进节水设备。以色列的水制度可以说是管理与技术的产物，但这样的制度得以制定，并能有效实施，就离不开以色列人的资源、环保、法制观念，也离不开他们的哲学观念和文化素质。这也说明，水文化的制度层面绝不是简单的制度，而是一种文化。

水文明与水文化并没有本质上的区别，就像文明与文化这两个词一样。但为了研究和论述的便利，我还是愿意将两者区别开来，将水文明确定为上述三方面水文化的总和。所以，水文明是指以水为基础产生的全部文化现象，是指人以水为基础而进行的活动，在此类活动中人与水的关系，以及在水的影响下人与人之间的关系。在讲水文化时，我们可以只讲某一方面。对如果要讲水文明，就应该全面地阐述这些内容。当然在一般情况下，我们只能讲某一个时间或空间范围内的水文明，而不可能是指人类社会的全部时间与空间。

水文明可以以河流、海洋、湖泊、沼泽、湿地、地下水、冰雪等各种水体为载体，但其中对人类历史最重要的，无疑是以河流为载体的河流文明，其中又以依托水量大、流程长、流域广的大江大河所形成河流文明最为显著，最为伟大。

在探索文明的源流时，谁也不能无视河流的作用，这种作用在人类文明之初，往往是决定性的，无可替代的。尼罗河、幼发拉底河、底格里斯河、恒河、黄河、长江，都孕育过伟大的文明，都是今天世界文明的重要源头。我们固然可以在河流流域以外的地方发现早期文明，但只有形成于大河流域的文明才有可能壮大发展成为在时间、空间上都具有重大影响的文明。一条大河，从源头到河口，一般都流经高原、山脉、丘陵、平原，滋养了森林、草原和各种动植物，不可避免的水土流失和河水泛滥还造成了冲积平原和肥沃的土壤。先民无论是从事采集、农耕、养殖，还是从事狩猎、畜牧，都能在河流旁获得适合的场所。充足的水源使人们可以聚居，形成聚落，发展为城市。河流不仅为人类提供了生活和生产所必须的水源和物资，而且也是人类迁移的主要通道。高山密林往往能将人类阻隔，但河流却能穿越峡谷或荒漠进入另一个谷地，为人们找到新的开拓空间。特别是在生产力低下、地理知识贫乏的年代，要在榛莽未辟、禽兽出没或荒无人烟、寸草不生的陆地上作长途迁移是相当困难的，顺河流而下却要方便得多，并且不会迷失方向，便于保持与原地的联系，是人类拓展生存空间最有效的手段。溯流而上也不失为一种可行的选择，往往是一个群体、一种文明从下游向中游、上游延伸的主要途径。汇入海洋的河流为人类提供了更加广阔的天地，在内海和近海地区更是如此。

非洲的东非大裂谷是公认的人类主要发祥地，在那里形成和繁衍的人类之所以能分布到世界大多数地方，一个重要的因素就是尼罗河的存在。基本南北向的尼罗河受地球引力的影响较小，河流顺直，水势平缓，成为早期人类外迁的天然途径。由尼罗河进入地中海后，又能在较短的距离内到达沿岸各地，再迁往欧洲、亚洲其他地方。在尼罗河下游和地中海沿岸，埃及、巴比伦、亚述、腓尼基、希腊、罗马等多种文明交相辉映，世界其他地区望尘莫及。尼罗河三角洲每年泛滥留下的沃土，构成古埃及农业生产的基础，支撑了绵延数千年的埃及、希腊、罗马、拜占庭、伊斯兰文明。由此可见，河流文明与海洋文明相得益彰，但离开了河流文明，海洋这个文明的载体就会缺乏具体的内容，其影响的范围也会大受影响。因为在现代机械交通工具问世之前，人类在海洋的运动速度和活动范围都相当有限，而且有很大的风险，远不如在河流那样顺畅安全。而如果海洋不能通向其他文明，或者离其他文明太远，难以到达，海洋就不具有传播文明的优势。地球上滨海地区很多，大多数地方并没有产生发达的古代文明。中国古代的海洋线也在2万公里上下，大多数发达的古代文明并不产生于滨海地区。

黄河在中华文明的形成和发展过程中起着无可替代的、最重要的作用。尽管考古发现已经证明，古代文明如满天星斗，遍布中国各地，但这些文明大多没有延续到今天，不是中断了，迁移了，消失了，就是被来自黄河流域的文明所融合，所替代，或者影响范围有限，发展程度不高。这是由于形成和发展于黄河中下游的文明具有巨大的优势，较早成为中华文明的主体。而这一优势的物质基础正是黄河中下游的特殊地理条件——黄土冲积平原最适合早期的农耕，当时气候温和湿润，黄河及其支流水量充沛，使华夏诸族得以拥有东亚最大的农业区，形成了最发达的文化。

长江流域同样孕育了早期文明，根据现有的考古发现，其中一部分存在的时间比中国境内的其他文化遗址还要早，发展程度更高。由于气候和环境的演变，此后大多出现了中断或迁移，有的成为黄河文明的组成部分。但随着人口的增加、北方移民的迁入和气候的变化，长江流域的环境优势得到越来越充分的发挥，从公元10世纪后，长江文明的发达程度逐渐胜过黄河文明，并且再未逆转。

中国的其他大河，如淮河、珠江、海河、辽河、黑龙江、塔里木河、雅鲁藏布江等，都曾形成各自的文明，在历史起过重大作用，今天还滋养着一方民众。

当然，河流总会决溢泛滥，造成生命财产的损失。水上运输也有风涛之虞，免不了会有人葬身鱼腹。各个民族几乎都有洪水、水神、治水英雄的古老传说，还有大量防洪、治水的历史记载。在水网地带生活的先民形成"披发文身"的习俗，原因之一就是为了阻吓水禽，保障自身的安全。大禹治水，西汉的贾让提出"治河三策"，东汉初王景治河，北宋时河工高超堵口合龙，元代贾鲁治河，明代潘季驯实行"束水攻沙"，清代靳辅、陈璜治河，在黄河史上留下了重要篇章。另一方面，就像尼罗河每年的泛滥给埃及农民带来下一年的丰收一样，黄河挟带的泥沙也是两岸大量农田的基础。在人口稀少的古代，黄河下游没有堤岸约束，河道摆动，泛滥无常，先民也相应采用休耕轮作，充分利用淤泥形成的肥力。今天富饶发达的长江三角洲，包括中国最大的城市上海，相当大一部分土地都是长江泥沙淤积所成，并且还在不断扩大。

河流因所处地势地形、地质地貌、流经地域、流速流量、河道河床等诸方面的差异，形成了不同的景观、河性、水情，造就了千姿百态的自然风光和丰富多彩的人文现象。世界上找不到两条完全相同的河流，同一条河流的不同流域或河段也各有特色。一方水土养一方人，也养成了一方的风俗文化。

人类或为了生存的必需，或出于愚昧无知，或陶醉于自身"征服自然"的能力，曾经向河流提出过度的索取，如盲目扩大灌溉面积,无节制地使用河水,破坏流域的植被,污染水源和河床,任意建造水利设施或开辟航道,随意改变流向或流量,用耕地或堤坝限制河道,诸如此类,无不在破坏河流、影响河流的生命力的同时,给人类本身造成不可弥补的损失,导致或加快了河流文明的衰落。这类惨痛的教训已经越来越多地引起人类的重视和思考,也使越来越多的人开始探索人类与河流和谐相处的理念和具体途径。

文明因河流孕育,受河流滋养,随河流流淌,与河流共存。

受惠于河流的人类离不开河流,应该与河流和谐相处。

作者

2007 年 8 月

目　录

第二章 黄河文明与长江文明比较

第三章 黄河文明与其他河流文明比较

第四章 黄河与人

第五章 黄河文明永葆青春之道

第一章

黄河与黄河文明

涓涓细流和浩浩巨川都是河流大家庭的一员，都为人类所必需的，但大江大河的作用是不可替代的，区域性的大河、世界级的大河的作用更是独一无二的。一条大河孕育了一个民族、一个国家、一种精神、一种文明，构成了历史的篇章，说早期历史也是一部河流的历史，是毫不夸张的。就像埃及离不开尼罗河、巴比伦离不开底格里斯河和幼发拉底河、印度离不开恒河一样，中国离不开黄河，中华民族、中华文明、东亚文明都与黄河密不可分。

在人类文明史上，在中国历史上，黄河不是两个简单的汉字，也不仅仅代表一条河流，而是一种文明的代名词，是人类文明的组成部分。中华五千年的文明史，大多由黄河流域来承担和讲述。中华文明发端于黄河，繁衍于黄河，并由此延展至整个中国，乃至东南亚，为世界文明作出了不可替代的贡献。

第一节　黄河独特的自然地理环境

黄河被尊为“四渎之宗”、“百泉之首”，是我国仅次于长江的第二条大河，也是世界上最长的河流之一。她发源于青海省巴颜喀拉山北麓，向东流经青海、四川、甘肃、宁夏、内蒙古、陕西、山西、河南、山东9个省(区)，在山东垦利县注入渤海，全长5464公里，水面落差4480米，多年平均年径流量580亿立方米，流域总面积79.5万平方公里(包括鄂尔多斯内流区4.2万平方公里)，流域内有耕地面积1.9亿亩，人口近1亿。如果加上与黄河有关系密切的河南、山东二省的沿黄地区在内，共有耕地3亿亩，人口1.2亿。沿途汇积渭水、泾水、汾水、涑水、伊水、洛水、漳水、洹水等大小数百条支流，形成浩森无垠的水体。千万年间，黄河奔腾澎湃、浩浩荡荡，以穿石之功，辟开重重山岭，冲过层层谷嶂，一波三折地横切积石山、祁连山、贺兰山、阴山、吕梁山、太行山等苍茫巍峨的群山，还经过黄土高原及华北平原，奔流入海。

一、河流持续不间断

在世界所有的大江大河中间，像黄河这样一条基本上由一个国家、一个民族所拥有的大河，而且至少持续了3000多年的历史，这是唯一的。当然中国还有长江，但比较起来，黄河对中国早期文明的贡献要更大些。世界上其他大河，无论是尼罗河、密西西比河、亚马逊河，还是著名的幼发拉底河和底格里斯河，或者印度的恒河，它们或者是被一个民族、一种文化所拥有的时间太短，或者是分属于不同的民族、不同的国家或不同的文明，而且往往是不延续的，或者已经历过多次兴衰。但黄河孕育的民族，已经发展成为世界人口最多的民族。黄河文明的影响不仅已经普及到东亚，而且已经影响到世界。这是黄河有别于世界其他河流的最基本特征。

二、流经区域地貌独特

黄河第二个特点，是她流经世界上最大的黄土高原，并且在她的冲积下形成了中国最大的平原——华北大平原(黄淮海平原)。中国的黄土高原是世界上面积最大、覆盖最厚的黄土高原。它的范围西起青海日月山，东至山西的太行山，北起晋陕长城，南至秦岭，总面积约40万平方公里。除了在一部分石质山地上黄土的堆积较薄外，高原的其余部分都覆盖着深厚的黄土，一般都在50～80米之间，其中陕北的白干山以南、子午岭至吕梁山以西的厚度在100～200米之间，而甘肃通渭华家岭至定西马衔山一线以北至兰州附近，厚度竟达200～300米。这样的覆盖厚度在世界上是绝无仅有的。例如在欧洲中部，黄土厚度一般在5米以下，厚度最大的莱茵河谷也不过20～30米；俄罗斯境内黄土的厚度大多是10～20米；北美洲黄土覆盖最厚的是美国密西西比河的西岸部分地区，也仅30余米，而其余地区只有数米至20米；南美洲黄土最厚的潘帕斯地区是10余米；都远远低于中国黄土高原的一般厚度。

黄土高原的黄土堆积至迟在早更新世起就已经开始了，距今已有240万年。以后黄土高原沉积肥的面积逐渐扩大，终于将在今天黄土高原范围内在第4纪形成的基岩大部分掩盖了，仅少数高耸的岩石山地得以显露在外。由于黄河的水量和泥沙最多，因而在营造华北平原的过程中，它的"功劳"也就最大。华北平原形成的初期，地势低洼，黄河两岸又无大堤，河水放荡无羁，四处漫流，没有固定的河道。在一个地方流一阵子，地面淤高了再换一个低的地方，巡回行淤，使广大平原不断淤高。随着人类社会的形成和发展，河水四处漫流不利于农业生产和定居，人们便筑堤束水，挖渠导流，使黄河在固定的河槽内流动。这样，泥沙只好淤积在河槽之内，使河床不断抬高，河堤也相应不断加高加厚。年复一年，河底高出堤外平地，成为地上"悬河"。高高在上的黄河，一无支流汇入，二无水量补给，三无流域面积。昔日华北平原的"主人"，今日却成了借路而过的"客人"。耸立的黄河大堤也成了海河水系和淮河水系的分水岭。以河堤作为分水岭，这在世界上恐怕也是独一无二的。

三、河水含沙量高

含沙量高是黄河的第三个特点。黄河和黄土高原结下了不解之缘，它的含沙量之多、含沙量之大，居于世界大江大河的首位，黄河也因水色金黄而得名。登高一望无垠的高原,千万条沟壑如同黄土的巨龙,一齐拥入大河的怀抱。仿佛不是河水冲刷了黄土,而是黄土在亿万年里要天天掩埋河水。固执而又无羁的大河冲破一道道泥的堤、土的坝,一路扬波挟带着它俘虏的泥沙,自山西壶口飞流而下,震荡着天鼓,卷扬起罡风,隆隆复隆隆,昼夜不舍。

由于黄土的特性是颗粒细、孔隙多,含有钙质成分,垂直节理发育,因而干燥时坚如岩石,遇水则变成流泥,耐冲性很差。这些特性是黄土高原本身利于水土流失的内在因素,也为黄河泥沙提供了物质条件。特别是黄河的中游河段左右逢源,接纳了众多的支流,这些支流都来自黄土高原腹地,夏秋季节暴雨频繁。暴雨形成的洪流,把黄土高原切割得支离破碎,千沟万壑,大量泥沙输入黄河。就拿较小的支流窟野河为例,水量仅8亿立方米左右,但平均每年输入黄河的泥沙达1.3亿吨之多,比兰州以上河道的全部沙量还多一半;平均每年从1平方公里的流域面积上刮走15700吨泥沙,等于每年剥去1.5厘米厚的地皮,它对地表的侵蚀能力,真是举世无双。无定河、泾河等支流多年平均含沙量也高达138公斤每立方米和171公斤每立方米,“一石水,六斗泥”之说亦并非虚传。

千沟万壑输入黄河的多年平均含沙量为37.7公斤每立方米, 平均年输沙量16亿吨,是长江的77倍多。与世界上的多沙河流相比,黄河也遥遥领先。而含沙量居第二位的美国科罗拉多河是每立方米27.5公斤,但年输沙量仅有1.36亿吨。在世界其他大河之中,只有流经印度和孟加拉国的恒河的年输沙量达到14.5亿吨,与黄河接近,但恒河的水量是黄河的10倍,因而平均每立方米水的含沙量只有3.95公斤。在国内的河流中,只有同样发源于黄土高原的海河的含沙量与黄河相仿,其他河流就要低得多,如淮河是每立方米0.397公斤,珠江是每立方米0.32公斤。就是北方多泥沙的河流辽河和滦河每立方米也分别只有3.6公斤和3.96公斤。如果把黄河每年输送到下游的泥沙平铺在水土严重流失的43万平方公里的黄土高原上,厚度为1.5~2.0毫米。因此,如果按10万年计算的话,黄土高原已经被剥蚀掉的土层即达150多米了。而若把这些泥沙堆成一条高宽各1米的土堤,其长度约为地球至月球距离的3倍。如此巨大的泥沙,以黄河每年区区466.4亿立方米(花园口站数据)的水量,是不可能将它们全部带入大海的，因此其中的1/4堆积在山东利津以上的河道内，1/2堆积在利津以下的河口三角洲和滨海地带，只有1/4能输入深海。

四、河流水量少

水量少是黄河的第四个突出特征。黄河虽然是中国第二大河，但水量却仅为长江的1/20，珠江的1/6，比闽江还少，只和钱塘江差不多。黄河流域位于干旱和半干旱地区，年平均降水量仅400毫米左右；同时，从兰州至河口镇以及从郑州至入海口的2000多公里河段内，黄河不仅得不到水量补给，反而损失了近90亿立方米。黄河水量沿程变化曲线呈马鞍型，这在世界河流中是少见的，造成这种现象的原因是和黄河各段的自然地理条件的差异性以及支流分布的特征有关。

兰州以上的黄河干流，奔驰在青藏高原上，流域降水虽然只有二三百毫米，但地势高寒，蒸发量很少，30%～50%的降水转变为径流。丰富的流域径流，发育了众多的支流，仅在兰州附近100多公里的河段内，就有大夏河、洮河、湟水（包括大通河）3条大支流汇入黄河。所以，从河源到兰州干流长1600多公里，控制流域面积22万平方公里，仅占全流域的29.6%，但得到的水量达340多亿立方米，占黄河入海水量的70%以上。兰州以下，黄河进入了宁夏、内蒙古。这一带属于荒漠和半荒漠地区，年降水量只有200毫米左右，气候干燥，蒸发量很大，因此几乎没有支流汇入，黄河得不到水量补给。同时，大量引黄河水灌溉，使黄河在兰州至河口镇之间，水量损失近93亿立方米。河口镇至河南省的孟津是黄河中游河段，降水量在400～800毫米之间，并有吕梁山、秦岭、太行山等多雨中心，因此支流众多，水量丰富，使黄河干流水量从河口镇的247.8亿立方米，到郑州的花园口时增加至496.9亿立方米，增加了1倍多。显而易见，虽然黄河干流长5400多公里，而真正得到水量补给的河段仅3500公里左右，其余2000公里不仅得不到补给，反而损失水量近100亿立方米，这是黄河水量少的主要原因。

五、流经区域气候特殊

历史上的黄河流经区域气候比较适宜，这也是黄河区别与其他河流的重要特点之一。据专家研究，在距今10000～9000年期间，关中平原、汾河下游谷地和黄淮平原等地的气候迅速变暖，尽管年平均气温与现在接近或偏低，但其降水量却明显增多，加速了植物生长和泥炭沉积。距今8500～3000年是全新世以来气候最佳适宜期，在我国称之为“中国全新世大暖期”或“仰韶温暖期”。我国著名气象学家竺可桢先生也指出，在近5000年中的最初2000年，即从仰韶文化到安阳殷墟，大部分时间的年平均气温高于现在2℃左右，一月份温度比现在高3～5℃。这说明远古时期，处在南北交接“生态过渡带”的黄河中下游地区，气候温暖湿润，植物繁茂，动物众多，水源充足，黄土疏松肥沃。据史念海的《西周春秋战国时代黄河中游森林分布图》研究表明，安阳殷墟靠近的黄土高原、黄河中游、邻近的沁阳盆地和洛河中下游等地，森林覆盖率为53%。这个时代上距夏代尚有千余年，相信当时的森林覆盖率会更高。动物群中，既有麋、野猪等出没于森林，又有鹿类、野兔等追逐于草原之上，并可放牧黄牛山羊等；湖沼之内可供麋、獐、貉、鹤、龟、鳖、鳄、鱼、蚌、螺等水生和喜湿动物活动与生存。同时，这里也是亚热带动物象类的生养休息场所。正因为古代中原地区产象，所以河南省自古以来称为“豫”。所有这些适宜的生态环境为黄河占据中国乃至世界重要地位提供了得天独厚的条件。

六、历史上多灾多难

历史上，黄河又是一条多灾多难的河流，多沙、悬河、善淤、善徙、善决。这是黄河又一个重要的历史特征。特别是下游，洪水决溢十分频繁，“三年两决口，百年一改道”是后人对黄河洪水灾害的形象描述。我国最早关于大洪水的传说，发生在公元前21世纪的尧舜时代，人们纷纷逃离被洪水冲毁的家园。经过鲧9年、禹13年的治理，才平息了水患。春秋战国时期，也有特大“霖雨”的记载。西汉以后，关于水灾的记述就更多了。作为国家的心腹之患，越到近代，史籍对黄河洪水和灾害的记录越详细。黄河流域的水灾可谓“史不绝书”。

由于黄河的洪水挟带大量泥沙，进入下游平原地区后迅速沉积，主流在漫流区游荡，日积月累，形成河床明显高出两岸地面的“悬河”，悬差高达数米至十数米。根据20世纪以来的测量，下游河道平均每年淤高3～5厘米，近年来平均每年已增至10厘米左右。现在下游河堤内的滩地一般都要高出3～5米，有些地方还要高出许多。这条举世无双的“地上河”，高高地架在平原之上，滔滔洪流被两岸大堤挟持着流向大海。站在悬河的堤岸上，没有人不会感慨这天下的奇观，同时也会油然而生许多忧虑：一旦堤防稍有损害，后果哪堪设想！奔腾的河水仅靠两条堤防束缚，一旦破堤决口后，犹如垮坝水流，高速倾泻，势如高屋建瓴，一泻千里，其摧毁作用，远远超过一般平原河流。改走新道，黄河下游河道迁徙变化的剧烈程度，在世界上是独一无二的。同时，由于黄河下游河道不断变迁改道，以及海侵、海退的变动影响，黄河下游地区的河道长度及流域面积也在不断变化，这是黄河不同于其他河流的又一突出特点。

黄河，这方水土培育了璀璨的文明，也是人类发展史上的进程。黄河的流变给了我们民族深邃而又辽远的启示和力量，成为我们精神的象征。黄河本身的秘密，比如洪泛的周期性，输沙量的高峰与低谷的周期性，黄河历史上儿次陡然的清澈之谜，等等，都值得我们长久地沉思。

第二节　黄河早期文明的基本特点

世界上任何一种文明，总是和它产生的地域相结合的。黄河文明与黄河地质、地貌以及自然地理的特点密切相关。黄河流域的自然环境，像大地母亲般地孕育了黄河文明。黄河独特的自然地理环境决定了黄河早期文明的基本特点。

黄河文明是一种大河文明。然而，在众多的大河文明类型中，它独具特色。它既不同于尼罗河流域的埃及文明，也不同于印度河流域的印度文明、幼发拉底和底格里斯两河流域的巴比伦文明，甚至也不同于同是中华文明的长江文明。黄河最早把中国推进到文明时代，最早孕育出世界上最伟大最强盛的统一国家，也是世界上唯一在数千年间绵延不断、最具生命力的文化系统。

一、先进性和早熟性

与中国历史上的草原文明和渔猎文明相比，农业文明是黄河早期文明最基本的特征，在文明发展程度上表现出一种先进性和早熟性。

黄河早期文明的发生与成长，是与黄河紧密相连的。丰润的黄河水资源和肥沃的黄河流域为早期从事农业生产提供了极为便利的物质条件，加之长期的农业实践，使黄河早期文明成为一种成熟的高度发达的农业文明。生活在这一文明氛围中的人务实、求安定、强调天人和谐、重视经验传统。黄河流域在古代中国农业文明发展的大部分时间里占有中心地位，中国传统农业的基本特点就是在黄河流域培养成型，然后才逐步推广到古代中国其他农耕地区去的。可以说，黄河早期文明具有“黄土”文化的特征，粟和陶则是这种“黄土”文化的典型代表。

黄土是由大量粉沙组成，经碳酸钙轻度胶结的黄色土状沉积物，结构均匀，性质疏松，具有多孔性和垂直节理，矿物质含量丰富，是一种优良的成土母质。疏松的黄土易于耕种，河旁台地易于排水，而在干旱条件下深层水分可以借助黄土垂直节理的毛细管作用达于地表，有利于保持作物生命。在原始农业发轫时期，当还处于木石工具时代，这里是最理想的农耕场所。黄河流域黄土疏松易耕而利于发苗的特性，使当地古代居民易于发明农业，也使简单的耜耕技术易于创造出较高的效率，这就吸引了当地多数原始居民较早选择了以农业为主的经济活动方式。因而当华夏先民发明了简易的耕作农具(耒耜等)，又培育出耐旱的谷物品种(粟、黍等)之后，辽阔而相对平坦的黄土地带便成为发展农业生产条件相对优越的区域。更为重要的是，与长江流域相比，黄河流域的地下水位低，土地渗水性好，不易形成长时间的洪涝，洪水过后，人们可以较快地实行自救，恢复农业生产。有理由认为，黄河因素是导致黄河中游地区夏王朝从小国林立的局面中脱颖而出的重要原因之一。商代后期兴起于渭水流域的周族，对于农业更是情有独钟。到了东周时期，铁器逐渐推广，精耕细作的农业传统便开始形成了。

同时，黄土土质垂直壁立，干燥时较坚实，能保持直立陡壁，且疏松,宜于穴居,是原始人类理想的居处。于是史前的黄河流域,气候宜人,大地富饶,成为我们这个民族繁衍生息得天独厚的所在。陕西的“蓝田猿人”、“大荔人”,汾河流域的“丁村人”,内蒙古河套地区的“河套人”,以及关中、豫西、晋南一带为中心的“仰韶文化”等,都广布于黄河流域。黄河中下游以后又发展成为龙山文化,都是典型的新石器时代的农业文化。以后代表夏文化的二里头类型文化、商周文化都是发生在黄河中下游地区,黄土高原东南部可说是这些文化的原生地。

关于人类文明的起源,大家往往拿黄河与尼罗河相比。事实上,黄河流经世界上面积最大的黄土高原,特别是黄河中游。而尼罗河两岸都是沙漠,在纳塞尔水库,也就是阿斯旺高坝的上面所见全部是裸露的花岗岩的山岭,看不到一棵树,昼夜温差非常大,所以尼罗河的文明完全聚集在绿洲和三角洲,不像黄河,从中游以下都是黄土高原或黄土冲积的平原。今天我们在抱怨水土流失的时候,可能很少有人想到,正是长期水土流失形成的这片黄土地,在早期人类缺少工具的情况下面是最便于开发的。黄河文明为什么能够形成和延续?主要得益于黄土地容易开发,有利于农业生产,并且有足够大的面积。如果黄河流域都是黏土,都是茂密的森林,中国早期的农业就不会在这里发展了。当然也得益于自然环境。根据竺可桢等科学家的研究,三四千年前黄河流域的年平均气温比今天要高,所以气候温和,降水量比较丰富。尼罗河流域没有这样的平原,只能依靠每年一度的泛滥,才能够在淤泥上面种植。

黄河文明起源早的另一证明,是其最早发展出纺织业和丝织业,并使之成为中国农业文化的一个特殊组成部分。在裴李岗和磁山文化遗址中,都发现了用陶片加工的纺轮。仰韶文化遗址中已看出,当时的纺织、编织工艺比较发达,在遗物上见有布纹、绳纹、篮纹和席纹,工具则有纺轮、骨针和骨锥等。马家窑遗址中发掘的纺织工具有石纺轮和陶纺轮,而柳湾遗址墓葬中,在人骨附近发现有麻布纹的痕迹。大汉口文化遗址中,也可以看到清晰的布纹。中国的桑蚕生产也是最早在黄土高原发展起来,至迟到殷商时代,蚕丝纺织已达到较高的水平。殷代卜辞中,屡见桑、丝、帛等字。耕织并重这一重要的农业文化特点,早在黄河文明的起源阶段就已经奠定了。

在中国文明史上，黄河文明最先跨入了文明的门槛，并因而使之成为中华文明的主导形态。与其他文明类型相比，黄河早期文明还具有成熟快的特点。其中主要标志之一，是文字的产生。

有人认为，中国的文字已有6000多年的历史。其实，黄河流域最早在贾湖裴李岗文化遗址中就出现过8000年前的契刻符号；登封王城岗龙山晚期陶器上，曾发现刻有一"共"字；陶寺龙山晚期的一件陶扁壶上，曾发现用毛笔朱书的文字，字型结构与甲骨文相似；偃师二里头遗址陶器上的刻划符号有数十种之多，大都刻在尊类器物特别是大口尊的口沿或肩上，其中个别有类似文字的。在山东大汶口文化陶尊上，曾出现有刻划的符号，有人称之为原始文字；在山东龙山文化中，比较引起轰动的有丁公陶文；东南地区的良渚文化中也发现过陶文。但是，19世纪末在河南安阳殷墟发现商代后期的甲骨文，从其造字方法、单字数量以及笔法的工整诸方面来看，已是一种进步的、比较完备的文字，共16多万块，这是世界上古文字史上的一大奇迹。它证实了中国起源于黄河早期文明的古文字，其形体结构"远取诸物、近取诸身"，象形逼真、千姿百态，形意结合，淋漓尽致地反映了客观事物和人类丰富的情感与活动。甲骨文确凿无疑地把汉字的起源，定到了3000年前。但甲骨文决不是中国最原始的文字，汉字的起源至少应始自夏代。关于文字起源的推断，都说明汉字是黄河早期文明的产物。

自从有了文字，黄河文明就最先发展到了文明时代。世界上最古老的独立产生、发展的"自源"文字，除汉字之外，尚有两河流域的楔形文字，古埃及的象形文字和玛雅人的图形文字。但楔形文字、象形文字和图形文字后来都相继灭绝了，只有汉字历久不衰、青春常在，成为世界上使用人数最多的一种文字。这不能不说是黄河早期文明对人类文明发展的一个伟大贡献。同时，由于汉字不与语言内部的语音直接发生关系，是一种表意形象的文字，因而又具有其他文字如音节文字、音素文字所不能具备的"超方言"的特性，从而又有效地约束了地方方言的分化，这对我国政治和文化的统一、多民族统一国家的形成和巩固，有着重大的意义。

作为黄河早期文明的标志，除方块汉字外，还有青铜器及城市遗址。青铜器的发展以夏代的建立为起点，在商末周初发展到高峰时期，青铜礼器也达到了光辉的顶点。如淮阳平粮台古城三期灰坑中H15内发现的铜渣；登封王城岗城址四期灰坑H617内发现的一件铜鬶腹底部残片；郑州牛砦龙山文化遗址中出土的铜块；临汝煤山龙山遗址出土的冶铜的坩埚；山西陶寺遗址一座晚期墓内还出土一件铃形铜器，这是迄今中原龙山文化中发现的唯一一件完整的铜器，也是最早的一件复合范铸造器。这些实例，充分证明黄河流域在青铜铸造上是最先进的。到了二里头文化时期，青铜器的种类已可以包括容器、兵器、工具、装饰器四大类，在铸造工艺上，有多合范的整体浇铸，也有采用分铸和接铸法的，体现了二里头文化时期中原地区在青铜冶铸技术上首屈一指的地位。

在世界其他国家和地区，青铜制品以武器与工具为主，生活器皿为辅，但在中国则相反。青铜器以生活器皿为主，尤其是礼器成为青铜器的大宗。青铜礼器被用来祭天祀祖，宴飨宾客，歌功颂德，死后埋葬于地下。而像鼎之类的青铜礼器则被视为社稷的象征，它的存亡代表着国家的存亡，所以古文献中有"桀有昏德，鼎迁于商"，"商纣暴虐，鼎迁于周"的说法。到西周中晚期形成了列鼎列簋制度，用以表示使用者的身份。该制度明确规定，在祭祀、宴飨、丧葬等礼仪活动中，天子用九鼎八簋，诸侯七鼎六簋，卿大夫五鼎四簋，士三鼎二簋，必须恪守法度，不能逾越。显然青铜礼器已不是一般的实用器了，而是等级制度在青铜器上的"物化"。这是中国青铜器的又一重要特征，在世界青铜器家族中担任了绝无仅有的角色。

此外，黄河早期文明还有一系列在人文、地理、生物、数学、物理学等方面世界上最早的发现、发明创造。例如，最早的月食记录——公元前776年3月21日月偏食，比埃及的月食记录早了55年；最早种植谷和水稻，最早饲养家禽，最早用十进位制记数法，最早生产漆器，最早出现的化学原始形式——炼丹术等，都显示出了早期黄河文明的成熟与发达。

黄河早期文明成熟快的另一根据，是黄河流域最早发展出国家形态，在中国率先实现了由原始社会向文明社会的过渡。作为黄河早期文明的发祥地，黄河流域频繁的洪涝使得人们必须建立大规模的社会组织才能加以治理。大量的遗址遗迹表明,黄河流域的社会组织发育得相当早。从仰韶文化的一些遗址来看,其社会基层结构已相当完善,集体居住面积一般有数万至数十万平方米,最大的如华阴西关堡、咸阳尹家村达100万平方米左右。半坡和姜寨等遗址中,包含有居住区、群体活动场所和广场、陶窑和牲畜场、墓地与村落防护沟等。专家们认为,这种村落可能已是几个氏族聚集的部落居址。这一切,显然在为国家的出现创造着条件。

治水和灌溉方面的原因,使黄河早期文明区的先民们,特别重视社会政治组织问题。原始社会晚期的氏族首领和早期的国家权力,都是与治水和开发水利事业相联系的。我们不应忘记,传说中夏代的创始人——禹就是以治水而起家的。大禹因治河的功德,成为天下共主,建立了中国历史上的夏王朝。由禹领导的治水机构,演变成我国历史上第一个国家政权。夏人活动的区域,在黄河中游河南嵩山及伊、洛河流域。夏建国后,都城几经迁徙,但都在黄河早期文明的中心区域。商族是在黄河下游发展起来的,传说其祖先契在尧舜时期,跟禹一起治过洪水。成汤灭夏之后,都于亳。成汤以后,商王朝的国都有五次迁徙,仲丁迁于嚣(今河南荥阳东北),河甲迁于相(今河南内黄东南),祖乙迁于庇(今河北邢台),南庚迁于奄(今山东曲阜),盘庚迁于殷(今河南安阳)。商代政治、文化的中心,也不外黄河南北。周族兴起于黄河重要水系之一的渭水中游流域,周氏族的早期首领公刘,也是一位在水利灌溉方面有突出才能的人。《诗》云:“笃公刘,既溥既长,既景乃冈,相其阴阳,观其流泉,其军三单,度其限原,彻田为粮。”这里说他“观其流泉”,即看泉源和流向是否便于灌溉和排水,他在选择田地位置时,首先注意的是水源情况。周灭殷后建都于镐京(今陕西长安西南),又建立东方重镇洛邑(今洛阳东15公里)。周王朝立足黄河流域,其统治势力已扩及江汉流域。

夏、商、周三代,是黄河早期文明的产物,是黄河早期文明早熟性把中国历史推进到文明阶段。查阅中国朝代的更迭,从公元前21世纪的夏王朝至今4100多年中,从西至皋兰、东抵开封、北到银川、南达西安的广阔区域里,在黄河流域建都的年代就有2400多年。迄今为止,黄河流域的河南境内发现的龙山古城已达6座之多,其中有淮阳平粮台、登封王城岗、安阳后岗、郾城郝家台、辉县孟庄和新密古城寨。淮阳平粮台古城还发现在门道下面铺有排水管道,城用小版筑堆筑法筑成,说明在城的规划和建设上已非常讲究。新密古城寨城址,甚至于发现了大型宫殿基址和大型廊庑式建筑,这在其他城址中是绝无仅有的。我国古代八大古都之五——西安、洛阳、开封、安阳、郑州,全在黄河流域。遥想曾经喧嚣的京都地区,让人无法不与黄河联系起来。

无论以考古学家的"金属说"为尺度,还是以历史学家的"文字说"为准绳,黄河早期文明都以其迅捷的步伐率先发育成熟。如果黄帝拓荒、神农稼穑、大禹治水的美丽传说只是表明四五千年前黄河流域就有了耕种、驯养、治水等物质文化的滥筋,那么,中国最初一代文明巨孽,以孔孟为代表的儒家学说,管仲、李悝、商鞅、韩非一脉相承的法家理论以及老庄哲学在黄河流域上的产生、发展,则显示了黄河早期文明在精神领域的硕果。自从5000年前以黄帝为首的华夏族团战胜了以蚩尤为首的东夷族团,从而确立了黄河流域为中国文化的中心地位以后,直至南宋,悠悠几千载都未曾改变。黄河流域确实是一方地灵人杰的热土,黄河文化不愧为华夏民族最悠久、最灿烂的文化,真可谓"高山仰止,景行行止"!

二、持续不间断性

在世界四大古代文明里面,黄河文明的另一个突出的特点就是黄河孕育的文明从没有间断过,随着时空转换,黄河文明从它起源就一直地绵延下来了。在漫长的历史演变过程中,黄河文明始终自成体系,自仰韶时代黄河与长江流域开始形成区域性的文化传统,到龙山时代文明要素的普遍出现与广泛传布整合,历经夏商周三代的古典文明阶段直到汉唐宋元明清,尽管经历了一次又一次的内部转型和外部冲击,但是黄河早期文明的血脉和框架体系基本上延续不断,向来不曾被异化、被中断。裴李岗文化——仰韶文化——龙山文化——二里头文化,中间除裴李岗文化与仰韶文化之间小有缺环外,其余的可以说是环环相扣,以至于我们可以说,以后的考古发掘在它们中间已找不到缺环。

在这一点上,世界上其他文明古国,或消亡,成为不可回复的破碎记忆；或间断，今天的文明与昨天的文明几乎没有多少联系；或转移，古老的文明只剩下残破的遗迹，在远离现代文明的地方等待历史学家、考古学家的到来，黄河文明在其漫长的历史发展过程中，是连续下来的。波斯人进入埃及之后，古代埃及的文明实际上已经逐渐衰落，特别是到了希腊化时期，埃及的古代文明基本上就衰亡了，古代埃及的文字后来也没有人能够认识。欧洲中世纪时代，人们把刻在石上的埃及古代文字认作是一种异教的符号，并不认为是古代文字的遗存。直到1923年古代埃及文字得到解读之后，人们才逐渐将埃及文明挖掘出来重新了解和认识。古代美索布达米亚文明更是如此，因为楔形文字同样早就没有人能认识了，也是经过解读才能理解那里有那么古老复杂的历史。古代印度文明也是如此，当时还不是后来的印度人，于公元前三千年左右在印度兴起了文明，后来印欧民族进入印度，那个文明就消失了。只有黄河文明，带着它光辉的历史流传下来，经过了许许多多朝代，说不尽的风风雨雨，一直传承到现在。今天我们所有的中国人，仍然是这个文明传统的负载者，它还将影响着我们，我们还要对它进行研究。如果我们不了解、不研究黄河早期文明，我们对整个中华民族的文化传统就无法深入理解。

与周边地区的其他中国文明类型比较，黄河早期文明在文明发展上的连续性也是显而易见的。仅以龙山文化为例，与黄河流域龙山文化时代大体相同的考古学文化有海岱地区的龙山文化、太湖地区的良诸文化、江汉地区的石家河文化。这三个地区的古文化，从发掘资料的实际情况看，其水平与黄河流域的龙山文化相比有过之而无不及。但这三个地区的古文化最后有的彻底中断，有的走向低谷。如海岱地区的龙山文化，其继承者是岳石文化，其文化水平明显地衰退；太湖地区的良诸文化，是我国东南地区最灿烂的一支文化，但是它的归宿不知所终，成为学术界不能理解的谜团；石家河文化最后融入黄河流域龙山文化之内。在黄河流域龙山文化的基础上，出现了尧舜联邦王朝，出现了中国历史上第一个世袭王朝。以上这些情况，有力地说明黄河早期文明呈现出极强的生命延续性特点。文明的连续发展，自然为文明时代的到来积蓄了力量，这也正是黄河文明的优势之一。

黄河文明尽管没有间断和转移，但其呈现出的是明显的阶段性，每一阶段都有每一阶段的文明形态。其一形态的文明能量消耗尽了就要起变化，变化了，其血脉就畅通，畅通了就有新的文明因素在内部孕育，外来的文明因素在补充，又会生长、发展——其实是另一形态的文明继起……就这样螺旋式上升，使黄河文明生命力不绝，延续至今。所以，我们今天还能读懂数千年前的文献资料，古代经书上的格言警句还活跃在我们日常用语中。而另一方面，黄河文明的中心在历史上也有变化和迁移，但其整个文明的历史都上演在黄河流域这块广袤的大地上——我们居住的村舍下面也许就是某一个王朝宫殿的遗址。在这块土地上，我们无论走到哪里都感觉到一种挥不去、抹不掉的历史感、文化感。对这一点，那些漫游在海外的炎黄子孙每当踏上这块土地时也许感受最深。我们的一些曾经在历史上繁荣，在今天贫穷、落后的地方，往往一座坟墓，一块石碑，一棵古树，一座山峰，一条河流，也许都是历史的见证，都有故事在流传，有着深厚的传统文化积淀。生于斯、长于斯、苦斗于斯的黄河儿女，世世代代，生息繁衍，在自己生活的实践中自觉或不自觉地把古老的文明传承了下来，并不断赋予其新鲜的生命——这就是我们今天社会的传统基础。

黄河文明一脉相承、绵延不断的历史特征产生的最重要的因素理所当然和黄河是分不开的。一方面，黄河文明之所以能够形成和延续主要得益于黄河河流不断流，得益于黄土地容易开发，有利于农业生产，并且有足够大的面积；另一方面也和因黄河而形成的生态环境有关。世界上许多古老文明已经完全毁灭或基本毁灭，其中原因不一，但都与生态环境负担过重以致生产率衰退的问题有关。只有黄河文明自古至今保持着发展的连续性，很大程度上就是因为一些有助于克服生产率衰退问题的因素起了作用。这些因素中，主要是在黄河流域创造和发展起来的精耕细作的农业技术体系；其次是黄河流域周围有另外几个大河流域可供农业开发，陆续分担了黄河流域过重的生态环境负担；第三则是在精耕细作的汉族农业区外围，有一大片与其联系密切而由非汉族群众居住并采用不同的经济活动方式的地区，其中有南方少数民族的粗放农业区，西北的草原和荒漠地带畜牧区、荒漠地带绿洲农业区，东北的森林与草原地带牧农渔猎兼营区，等等。这些地区与汉族精耕细作农业区形成互补关系。历史上不断壮大的黄河文明，就是由处于这种互补关系中的多民族共同创建而成的。这种互补关系有助于缓解中原农业区的生态压力，保持中华文明的旺盛活力。

三、相对封闭性

黄河流域由于其外界相对封闭，也使黄河早期文明相对缺少开放性。这也是黄河早期文明的重要特点之一。在古代埃及，尼罗河流入地中海，地中海周围古代文明像灿烂的群星，所以古埃及文明很自然会与周边的其他文明进行交流，结果是埃及没有一种延续的文化。今天的埃及人没有像我们这样把祖宗追溯到几千年前的心态和习惯，因为今天的埃及人并不是当年法老的后代，他们的早期崇拜早已被伊斯兰文明、伊斯兰教所取代。这并不是说他们先天就有这样的开放态度，而是地理环境使然，古埃及人如果寻找新的文明，可以从尼罗河进入地中海。在黄河流域，尽管文明成熟早，也比较发达，但对外主动寻找文明的事却几乎没有，更多是人家送上门来的，中国人既没有可能、也没有必要到海外去，更不会越过太平洋到美洲去。这种与其他文明发祥地相对隔绝的状态，使黄河文明缺少与水平相当或更高的文明进行比较的机会。同时，这种状况也造成了黄河流域民族强烈的优越感和自信心，具体表现为华夏中心主义。这种社会心理，对于中华大一统的政治局面，具有积极的推助作用。

我们不赞成有些论者的说法，即认为相对隔绝于其他文明中心的地理条件使得黄河文明具有特别严重的封闭性格。实际上，与现代文明相比，一切传统文明都有封闭性和排他性，这主要是时代局限所致，不独黄河文明为然。古代文明区域中，西亚北非地区位置居中，对外交流特别方便，但也因此容易受到外来文化的冲击，本土文化毁灭的悲剧发生较多，因此西亚北非民族至今带着较许多其他地区民族更强的封闭和排他色彩。

纵观黄河文明发展历程，尽管有闭关锁国、夜郎自大的时候，也有因地理环境的阻隔和战乱分裂、七零八落的时候，但从总体上看呈现的是有限开放状态,即在保证自我生命机体存活基础上为延长生命、更新发展而进行的适度开放。开放的目的是吸收异质文明因子,延续和壮大黄河文明,使这一文明形态虽变,而生命恒久。当然,这种开放不像处于地中海群岛上的希腊文明和近代西班牙、葡萄牙、大英帝国这些航海文明那样是处于一种全天候的开放,且伴随着向外扩张,其结果往往是发生大变异,分化、瓦解、衰落乃至毁灭。相反,黄河文明历史上尽管政治上屡受落后民族的威胁,但文化上受到的威胁不大,能够在开放中吸收异质文明,在包容中消化异质文明,在多元融会中更新黄河文明自身,以“四海一家”的气度和“协和万邦”的理想,实行“顺俗施化”的民族政策和“怀柔远夷”的外交方针,从而在古代各民族相互封闭与排斥的文化大背景下,能够表现得相对开放和宽容。

第三节 黄河早期文明在中国和东亚的地位

黄河文明覆盖面的拓展,并不是一朝一夕之功,而是在历史发展的长河中,势如潮涌,形同波澜,不断进行的。黄河文明就是在曲折的发展过程中一次又一次地不断攀登上更高的阶段。黄河早期文明最初较为集中地分布于黄河中游的河谷地带,其中包括汾河、渭河、泾河、洛河、沁河等支流的河谷,这也是仰韶文化和龙山文化分布的核心地区。从这里萌发起来的黄河早期文明,不断与周围地区的民族文化进行交流,从而获得丰富和繁荣。

一、黄河早期文明在古代早期阶段的地位

考察中国古代文明早期阶段的形成和发展历程，我们会发现当黄河流域开始进入文明化时代的时候,在其外围,大多数地区的土著文明也开始了这样一种发展进程,文明时代是以一种“满天星斗”的方式出现在中国各主要原始文明分布区内的。正是这种多元的发展模式,使得中国古代文明从一开始就具有更多的表现形式和地域特征。黄河文明并没有体现出所谓的中心作用，黄河流域的河南龙山文化也并不比山东龙山文化、良渚文化、石家河文化等地方文化更加发达。但是,在其后

的发展进程中，一些地区的文明整体衰落了，出现了有利于黄河文明发展的趋势，这种趋势的进一步强化，终于形成了以黄河为中心的国家政体。而这种新的文明发展中心一经出现，便显现出巨大的能量，夏、商国家控制和影响范围的不断扩大充分说明了这一点。随着武王伐纣的成功，周人在全面整合黄河上、中、下游地区各种文化传统的基础上，以更加包容的战略，在更大的范围内，统一了黄河流域和长江流域，以及处于两大文化中心边缘的其他地区的各种地方文化。从此，黄河早期文明在中国和东亚举足轻重的地位和作用也愈加凸显出来。

黄河早期文明这一特殊的地位和作用是多种因素构成的，特别是由黄河流域农业文明的早熟性和发达性决定的。源远流长的文明史和农业经济丰富复杂的内涵，对较为低级简单的草原游牧文化和较为粗放的长江流域的稻鱼文化有着明显的优势。同时，也和黄河早期文明兼收并蓄的包容性有关。宽容大度地吸收，慷慨无私地输出，这是黄河早期文明的基本品格，也是中华主体文化的基本素质之一。黄河早期文明在形成和发展过程中，吸收了各方面的合理成分，有些甚至就是来自于敌对一方或者是被征服者的文化因素。海纳百川，有容乃大。正是通过这种兼容并蓄，才使我们体会到黄河早期文明的博大精深。

黄河早期文明在中国和东亚举足轻重的地位和作用也可以通过其特殊的自然地理位置来考量。古代中国作为一个巨大的地理单元，与外部世界处于一种相对隔离和半隔离的状态，而黄河流域恰恰位于这个地理单元的中间地带，介于草原和长江流域之间。这种特殊的地理位置决定了黄河早期文明特殊的历史作用：不断接受融合北方的游牧文化，并持续向南方输出自己的文明。这种北受南进，一进一出，带动了中国古代文化一体化的进程。北方游牧文化的南下不是偶然的，由于游牧文化的单一性经营，决定了它对外部交换的需要，也就是说游牧文化对农业文化有一种先天的依赖性。北方牧民们对铁器、布帛、粮食的需求，都要仰仗黄河流域。正是这些基本的经济特点，造成了北方游牧民族共同的、重复发生的对黄河流域的向心运动。北方表面上咄咄逼人的军事入侵，掩盖着的不过是孜孜以求的经济渴望。这种依赖型的文化，在与黄河文明的较量中被同化是很自然的事情。而黄河文明不断地南下，也不能简单地归因为北方的入侵压力。黄河流域和长江流域大致相同的经济生活和自然条件,以及武力对比上的优势,推动了黄河早期文明对南方地区的持续灌输。

黄河早期文明的先进性、正统性、包容性及其所处的特殊的地理位置,使其高踞多元文化的领导地位,并由此产生出凝聚和辐射作用,造成了中国古代文明由多元文化不断走向大融合的历史趋势,进而影响了东亚的文明进程。如果用一些简单的话语对黄河早期文明在中国文明化进程中的影响和作用加以概括,我们可以说,在黄河流域开始进入文明化时代的初期,这里的文化更多地吸收了其他地区文化中的精华,逐步形成一套独特的价值观念体系。当在逐鹿中原的历史进程中,夏商王朝成为这一地区文明发展的最高代表形式后,黄河流域开始显示它作为文明中心的辐射影响作用,这种影响的范围逐步扩大,到西周以后,遍及全国各地。在黄河流域作为文明中心不断发展和强化的同时,长江流域以及其他地区的早期文明逐步衰落,最终被统一到了黄河文明圈之中。也正是在这种历史发展进程中,黄河文明发展模式成为中国早期文明的基本模式。

一、黄河早期文明对中国早期文明的历史贡献

黄河早期文明的这种作用是不可低估的,首先表现的就是它传播了农耕家养经济和治水安居文化生活。黄河流域的农耕文明主要是以粟作为特征的,黄河流域被现今学术界认为是中国的原始农业的起源区,其中早期农耕文明以河北武安滋山遗址和河南新郑裴李岗遗址所代表的农业为代表。考古发现,距今1万年时发生种植农业,集中在黄河中部流域,说明黄河中部流域是农耕经济发祥地。山东地区距今9000年的后李文化时期出现农业经济;距今6000年的大汶口文化时期,耜耕农业占居生产的主体地位。而确立在在黄河流域立政的经济地位和获得主导权的资格的,是黄河流域与华夏生源之母的女娲族及其后代血亲融合的众多族系。这种状况从伏羲、炎黄时代,一直延续到春秋时期。女娲氏后裔,炎帝族系的有蛴氏女,一直是宗周的血亲婚族。例如建政齐国的姜太公的后代众多的“姜女”,是周天子及其宗亲的姻亲正统婚配。

周天子要娶姜女为正妃，宗亲例如鲁国的国君、晋国的国君等，要娶姜女为正妃，所生子为嫡系长子，要继承天子帝位或诸侯王的世袭地位，否则就是违犯礼的规定，影响国家的经济发展和治政建设。所以"姜氏"是尊贵有威重的，不可侵犯。这就是后来的齐桓公，在周统治陷入"礼崩乐坏"的危难时期，高举起尊王攘夷的旗帜、屏周称霸的根本原因。正是靠着这种强势，黄河早期农业文明才得以迅速传播开来。

而另一方面，黄河流窜阻隔东部与西部邦族，治水把东西部联为一体，稳定"中原"地域。到黄帝时代后期的大禹治水，重要的意义是把黄河下游治理好，使黄河中游成为华夏时期能稳定生活的地域，成为东西部联系发展的主体地区，由此发展东西部融合互补的农耕经济——推动自耕农家养经济，扩大使用铁器农具，促进华夏族系各方全面融合。这样，治水联系华夏东西部成为不可分割的整体，孕育着华夏融合的根基，而且为黄河农耕家养经济和治水安居文化生活模式的传播提供了条件。

在向南部的传播过程中，黄河早期文明影响到了长江流域的农业文明；而向北传播首先是驯养和畜牧的传播，这点可以通过考古发现来证实。大量的考古发现表明：中国北方广大地区在石器时代广泛分布着以细石器为特征的细石器文化，考古学上一般认为这是一种营狩猎和畜牧生活方式的人类生活特征，它主要是在草原沙漠地区及其邻近地带形成的。距今四五千年时，以黑陶文化为主体的山东龙山农耕经济文化，往西部快速扩散传播，形成华夏融合文化类型，产生早期的华夏文明。

黄河流域深厚的农耕家养经济和治水安居文化的基础，这是我们可以从考古发现中切实感觉得到的。但是，由这个基础而产生的一系列深层的文化内涵、观念形态等则是潜伏于物化的考古资料之中的，也是十分重要的，它对整个华夏文明的发展影响是巨大的，所以更值得我们去发掘。如：对农业的依赖而产生的安土重迁的观念；由对农业丰收的祈求，而产生的对自然的崇拜、对祖先神的崇拜和对生育神的崇拜，等等。定居农业以及由此产生的生活用器如陶器的发明与创造，还对人们的生活习俗产生深远的影响。又如公共墓地的出现，既反映了当时以血缘为纽带的氏族部落组织的牢固性，同时也可以看出，它是定居农业影响下的产物。由农业而引起的重视劳动力、重视生育、重视儿童等，在考古资料中也得到了充分的体现。为了农业的需要，人们对天文十分关注，如大河村彩陶中的天文图像、濮阳西水坡蚌塑的天文图像等。对农业丰收的祈求，转变为对天的关注；对天文的关注，又深刻地影响到人文观念，如取象于天、天人感应等。所以，深厚的农耕家养经济和治水安居文化基础是黄河流域率先进入文明的先决条件，同时，也对后期华夏文明的发展有重要的影响。

黄河早期文明作用的第二个方面突出表现在它形成了黄河、长江为中心地域的华夏早期文明。华夏文明的形成和发展壮大，离开黄河早期文明是无从谈起的。今天回望黄河早期文明的天空，我们清晰地发现：黄河早期文明携带一种恢宏之气，向周边扩散、辐射与延展。正是这些早期文明的积淀、融汇与激荡，最终催生出了中华大地的早期文明。可以说，华夏文明的起源主要在黄河，中国文化的源头也在黄河。一部黄河史就是一部浓缩的中国史，从这个意义上讲，黄河早期文明在中国文明上所占的位置非其他地方所能及。翻开华夏文明的浩瀚篇章，早在远古时代，与华夏早期文明密切相关的三皇五帝就在这里开疆列土，建立了影响中国文明进程的典章制度。到黄帝时期华夏融合，形成黄河、长江为中心地域的华夏早期文明。黄帝时代进入“礼文法度”的治政管理，做舟车杵臼筑房宇推广文字，神农炎帝相土地、察水源、造耒耜、种五谷、制陶器、作斤斧。特别是夏商周以后，黄河流域更成为华夏文明的主要地区，并由此诞生了许多政治制度、政治思想、政治流派、政治人物，河图洛书、周易八卦、老庄道家的政治思想、墨子“非攻”的和平理想、鬼谷子的军事思想、商鞅的变法图新思想等，都是华夏文明的源头和起点。

从考古发现来看，华夏早期文明的主要成分——夏商文化最具代表性的特征不是其陶器和其他日常生产、生活方式，而是其礼仪制度和等级观念。周文化对于夏商文化的继承和发展，主要也是体现在这些意识形态方面的东西上。这些具有黄河早期文明传统的各式礼乐制度和其他表现形式，同时也影响到了北方的长城地带和辽河流域和南方的四川盆地、湘江流域、赣江流域等地。我们可以从辽宁喀左铜器窖藏、四川广汉三星堆祭祀坑、湖南宁乡老粮仓铜器群、江西新干大洋洲大墓等发现中看出，黄河早期文明对于所谓土著文明的影响和同化作用，就是通过这些东西实现的。反过来说，各地的地方文明正是在接受了黄河流域的礼仪制度和等级观念后，逐步开始按照黄河早期文明的发展模式向前发展的，西周的大分封和秦国的大统一，都是基于这种模式的一种发展结局。因此，我们可以说，黄河早期文明在华夏早期文明化进程中的作用和影响，是一个不断强化的过程。

有一点需要指出的是，黄河早期文明的这种作用主要是体现在文化和社会发展的深层次方面，即社会的意识形态和观念体系层面，但大多数情况下，并不表现在物质文明产品的基本形态上。也就是说，当各地的土著文明在接受黄河早期文明的影响作用时，一般不需要改变自身的基本生活方式，而仅仅只是按照黄河早期文明模式重新组合各自的社会阶层，确认各阶层的等级秩序。由于黄河早期文明的价值观念得到了广泛的认同，它才得以长期存在，并成为中国广大地域范围内各种不同文明背景和不同文明传统中的共有特性，也即成为华夏古代文明的基本内涵。

黄河早期文明作用还表现在它推动了华夏地域文明的形成。黄河早期文明的先进性、正统性和包容性，造就了其非凡的同化力，使之在与多元文明的交往中，始终处于主导的地位，使进入这一地区的各种文明很快被融合、同化。如元初许衡对忽必烈说："考之前代，北方之有中夏者，必行汉法，乃可长久。故后魏、辽、金，历年最多；他不能者，皆乱亡相即。史册具载，昭然可考。"20世纪初期，当近代考古学刚刚引入中国之际，最初发现的就是在黄河流域广泛分布的仰韶文化。时至今日，仰韶文化仍然是黄河流域最具代表性的新石器时代晚期文化，虽然其分布范围覆盖了整个黄河中游地区。但是，这种文明的中心区域始终是在黄河沿岸一线。黄河、黄土、黄帝这些概念，构成了华夏远古文化历史画卷中的基本要素。仰韶文化时期，在其影响下，在渭水中、下游流域，豫西和晋中、晋南地区这一广大范围内形成具有比较统一文化面貌的文明区域，因此不难想象，与周边其他相关考古文化相比，黄河早期文明在这一时期不仅是当时处于中心地位的强势文化，而且在当时中国境内各类文明的发展态势中起着明显的主导作用。

仰韶文化之后，黄河流域普遍进入龙山时代，一时间，各种地方类型文化百花齐放，出现了前所未有的多元化发展趋势。考古资料揭示，中原龙山文化中的王湾三期文化甚至向南深入到江汉平原，导致了当地的强势文化石家河文化的衰亡，显示了中原龙山文化的强大扩张力量。到了“龙山时代”的后期，中原龙山文化已经构成当时华夏境内诸文化的核心，以中原为中心的文化发展态势和割据已经形成。黄河早期文明成为推动华夏境内各种早期文明交汇激荡产生的强大的动力，直接推动了华夏文明的形成进程，并带动周边地区一起迈入文明化进程。随着夏族的兴起，夏人很快统一了中原地区，建立起中央集权的世袭王朝。夏商周三代沿袭，中原王朝统一的范围逐步扩大，终于在秦帝国时期达到了整个黄河、长江流域的空前统一，奠定了今日中国文明的基本框架。

黄河早期文明所处的特殊的地理位置，又成为后来华夏南北多元文明的荟萃交流要冲之地，使其能够在吸收汇合多元文明的过程中具有得天独厚的条件。黄河文明和多元文明的交流是双向的。当龙山时代在黄河流域和长江流域形成南北对峙的局面时，在黄河以北的农牧业交接地带，也出现了两种文明传统的碰撞与融合现象，以内蒙古长城地带为中心，此时分布着大范围的畜牧经济文化，朱开沟文化和夏家店下层文化都具有这种畜牧文化的特征。畜牧经济和游牧经济都需要不断地寻找新的草场，不断的扩张分布的范围，这种扩张在向南发展时就不可避免地要遭遇那些早就在从事农业生产的定居民族。因此，农牧之争既是对土地和其他资源的争夺和反争夺，也是农牧两种文化观念的渗透和反渗透过程。最终，在中国北方游牧部落从黄河早期文明那里获得了粮食、礼仪制度和等级观念，而黄河文明也从游牧文化那里学得先进的武器制造和战争技术。弓箭、青铜短剑等新式武器，以及车战法和骑兵技术等都是首先出现在游牧文明之中，然后传入黄河流域的。由于长期的相互影响、相互渗透，黄河文明和其他多元文明间形成了“你中有我，我中有你”的格局，以至最后发展到政治上“胡汉越夷共一家”，血缘上“华宗上姓与毡裘之种相乱”，经济上以农业为主、农牧渔业并举，习俗上“相忘相化，而亦不易而别”的民族文明大融合的局面。这种以黄河文明为核心的多元一体文化系统，既有其主体特征，又有广泛的代表性，最终造成了中华文明的统一性和不可分割性，至今仍是我们维系国家统一和民族团结的精神文化支柱。

华夏早期文明的更新发展还是与黄河流域民族融合同步进行的。从古至今，在中华大地上，众多民族在冲突、战乱、迁徙中血液交融，种系混合，保持了华夏文明的载体——中华民族自身种族的强化，不断焕发出强大的创造力量。每一次大的民族融合，就是华夏文明融合、同化其他民族文明的过程。秦汉统一帝国的建立，便是以华夏文明为主体加速吸收、融合、同化周围众多民族文明的成分，如羌、戎、狄、楚、越、苗、蛮等，最后形成以汉族为主体的新文明形态。其后，经过两晋南北朝汉族与匈奴、鲜卑、羯、氐、羌等少数民族的大融合，五代两宋汉族与契丹、党项、女真等少数民族的大融合，以华夏文明为主体的中华文明使自身获得了持久发展的动力。华夏文明就这样大多保持了多样化与统一性相结合的多元复合特质，并与世界其他单一文明的消亡或解体形成了鲜明对照。

黄河早期文明的作用也表现在她为华夏早期文明提供了深刻的内涵。经过漫长岁月的浸染，黄河早期文明在思想意识和价值观念等方面都形成了独特的特征，对华夏早期文明产生了深刻的影响。其中，“天人合一”、“道出于天”的理念思想是其核心。这种观念认为人类社会是自然界中的一员，人的认识，从物质、意识到精神都与客观的自然界相应相通，即“天人合一”。这里的“天”是反映物质的、客观的自然界，“人”指人事，人类社会。承认天道与人事、自然界与人类社会存在密切的联系，是相类相通的，要注意调节人类社会与自然界的关系。第二种理念思想是中庸之道。这种思想认为“中也者，天下之大本也；和也者，天下之达道也。致中和，天地位焉，万物育焉”。承认客观正反两者的存在，主张采取“致中和”的办法，使之达到平衡与协调、和谐，进而求得统一，以避免斗争的激化。第三种理念思想是“大一统”观，认为：“天下有道，则礼乐征伐自天子出”，把大一统看作是“天地之常经，古今之通宜”。此后颂扬华夏国家统一的大一统思想，一直长盛不衰，广泛流行。第四种理念思想是既倡导重义轻利又重视发展经济，以提高物质文化水平，认为对人生价值的意义更为重要，主张把义当作一切行动的准绳、伦理道德的最高境界、人生最崇高的价值指向，同时承认物质文明是精神文明的基础。第五种理念思想是“自强不息”和“厚德载物”，认为“天行健，君子以自强不息”，“地势坤，君子以厚德载物”。这些思想理念不仅哺育了一代又一代的中华人，构成华夏早期文明的重要内容，而且对周围邻近的国家产生了广泛的影响。

三、黄河早期文明的传播和辐射

总体上讲，黄河早期文明在中国和东亚文明史上具有独特的地位，为人类文明发展作出了巨大贡献，产生了巨大影响。对于黄河早期文明的地位如何看待，我们可以借外国人之口加以评价。如狄德罗就认为：“赋有一致的情感中国人，就历史的悠久，文化、艺术、智慧、政治以及对哲学的举而论，均非其他亚洲人可及。并且，根据某些作者的判断，他们在这些问题方面，可以和欧洲最文明的人争先。”当代观察者眼里的黄河早期文明，同样是一个令人艳羡的高度文明。德国哲学家克林士伯爵认为：“在古代中国形成了历史上最完美且极具典范性的人类社会形态……中国创造了迄今为止最高层次的世界文明……她的伟大深深吸引了我，令我感触颇多……这片国土上的伟人代表着一种比我们更高级的文化形态……那些君子们，是一个非凡社会的楷模；其温文尔雅的风度令人着迷……这些有教养的人们的礼节是多么得体……任何环境下，他们的行为举止都是无可挑剔的……也许，中国人是世界上最有深度的人群。”

考察黄河文明的历史形成和发展，在宋元以前，黄河文明处于上升阶段，取得了超越世界文明发展水平的辉煌成就，居于世界前列，自然会像太阳一样，把其光芒照射到远方。不但中国周围的少数民族因黄河早期文明的吸引而“近悦远来”，最终融入华夏文明的洪流之中，就是更远处的西方，美洲、非洲，都曾受华夏文明的影响。向东，黄河文明与朝鲜唇齿相依，与日本一衣带水，演出了箕子赴朝、徐福东渡及遣唐使赴长安等幕幕喜剧；向南，她与长江文化相互依存，那些寓居南方的客家人、河洛郎越过岭南，深入东南亚，并且漂洋过海，把黄河文明带到海外；向北，她影响辽河流域，并越过白令海峡，与北美、中美发生了关系；向西，黄河早期文明对西方文明的影响远在春秋战国时代就开始了。《旧约》以赛亚49章12节有这样的话："看呐，这些从远方来，这些从北方、从西方来，这些从希尼国来……"这里"希尼"显然是"秦"的音译，有些中文译本的《旧约》直接译为"这些从秦国来……"。《旧约》的成书年代约相当于中国的春秋战国时代，即公元前6世纪至公元前4世纪期间。这说明，秦在穆公称霸西戎之后，声名就随着戎狄的流动，向西方传播，"秦"遂成为域外民族对中国的称呼。秦帝国建立后，更加声名远扬，西方人自然把"秦"作为中国的代称并逐渐演变为"支那"(China)。从这里可以看出秦文明巨大的世界性影响。随后，通过丝绸之路，中国的丝织品、漆器、铁器、瓷器、麻织品及造纸、火药、印刷等技术源源不断传往西方，西域的毛皮、马匹、瓜果、香料，罗马的珍物，伊朗的银器，犍陀罗的艺术，印度的佛教，欧洲的基督教，西亚的伊斯兰教等也传向东方。历史文化传播的使者如张骞、甘英、法显、宋云、玄奘、耶律楚材、马克·波罗等，还有数不清的商人、工匠、士兵、传教士都留下了深深的足迹。正是依靠这条条文化桥梁，美索不达米亚文明、埃及文明、花剌子模文明、印度文明和远东文明才得以联结、传播，促进了世界文化的交流、融合和人类文明程度的共同提高。

第四节　黄河文明与华夏文明的关系

黄河文明内涵丰富而凝重，它是华夏文明之根。黄河文明以其根性和绵延不断而优越于其他地域文明。华夏文明正是因为有了黄河文明作为主体，才灿烂辉煌、历久不衰，永远矗立在世界文明之林。

一、黄河文明形成与发展的历史阶段

黄河文明的形成期大体在公元前4000年至公元前2000年之间，前后经历了从磁山—裴李岗文化到仰韶文化再到河南龙山文化的发展序

列。在这一时期，黄河流域有甘青文明、中原文明、海岱文明，其代表性的考古学文化有仰韶文化、中原龙山文化、大汶口文化、山东龙山文化、马家窑文化等。而在华夏大地也出现了其他许多区域性文明，如在长江流域有成都平原文明、江汉文明、太湖文明，其代表性的考古学文化有大溪文化、屈家岭文化、石家河文化、崧泽文化、良渚文化等；在东北有燕山地区文明，其代表性的考古学文化主要是红山文化。尽管这些区域性文明都发展到相当高的水平，学术界给以高度评价，但是到后来有的文明中断了，有的文明走向低谷，只有黄河文明恰如中流砥柱，朝气蓬勃，吸纳、融合了各地区文明精华，向更高层次发展。

这一时期的黄河文明处于大交融的形成时期，可以称为邦国文明，也可以说是华夏文明的初级阶段。与其相对应的是中国历史上的五帝时代，即黄帝、颛顼、帝喾、唐尧、虞舜以及海岱地区的太昊、少昊。据文献记载，他们主要在黄河中下游地区繁衍、生息、发展，创造了灿烂的黄河早期文明。此外，如“舜作陶”、“羿作弓”、“伯益作井”、“蚩尤作兵”、“皋陶作刑”等，都反映了黄河文明对中华文化发展的贡献。这时的社会是邦国林立，出现了城郭、农业生产社会化、手工业专门化、礼制规范化，贫富分化，阶级产生，文化艺术也有长足的发展。

夏商周三代是黄河文明的发展阶段，主要凝聚在黄河中下游的大中原地区，这一地区的文明是黄河文明的中心。虽然传说中的夏朝还没有完全得到考古发掘的证实，但如果有关传说基本属实的话，其统治范围还没有超出黄河流域。从已经发现的我国最早的文字——甲骨文的内容判断，关于商朝的历史文献记载大致是可信的。虽然有人认为商的先民来自辽河流域，但商人在取代夏人的统治以前就已经生活在黄河流域，以后的统治区也在黄河流域，到晚期才扩展到淮河流域，这是大家所公认的。周人的始祖后稷，据说是尧的农师，被舜封于邰(今陕西武功县西南)。这些记载当然并不一定可靠，但周人发祥于关中平原应是事实。后稷的后裔公刘迁到今陕西旬县西，开荒定居，其后的活动区域也都在黄河流域。

夏商周时期也是黄河文明初步显示其创造力的时代。在这一历史阶段，出现了父传子家天下的政权体制，形成了比较成熟的国家机构，制定了比较完善的礼乐制度，出现了比较规范的文字，科学技术、农业、手工业、商业贸易飞速发展，划时代的青铜文化闻名中外。文字创造、国家建设、青铜文化上所达到的成就展现了黄河文明所蕴涵的创造能力。同时，出现了中国最早的诗歌总集《诗经》和哲理丰富的《易经》等许多不朽之作。影响中国几千年的道家、儒家、墨家、法家、兵家、名家等学派也如雨后春笋般一齐涌向社会，开创了中国学术界百家争鸣的黄金时代。黄河文明为华夏文明充实了内容，输入了新鲜血液，文明的光芒照亮了亚洲的东方，不仅大江南北、长城内外望尘莫及，即使在当时世界范围内，也享有极高的声誉。

从春秋战国时期到宋代，是黄河文明发展的鼎盛时期，也是进入封建帝国文明的历史阶段。这一时期，不仅文化自身的发展达到了繁盛的阶段，文化形态齐备，内容、形式多彩多姿，在世界上居于无与匹敌的领先地位，而且更重要的是，黄河文明在这一时期充分发挥了它的创造能力。中国历史上最强大的封建王朝，最为人称道的封建盛世，中国人的许多带有世界性的伟大创造，都产生于这一时期。

春秋战国时期，以各诸侯国为中心，各地的开发都取得了进展。周天子的名存实亡形成了政治上的多元性，经济、文化的发达程度也因各诸侯的情况而异。但在黄河流域以外的主要诸侯国只有楚、吴、越以及与中原各诸侯国还较少交往的蜀和巴，其中吴国的统治者还是周人的后裔。当时主要的政治舞台是在“中国”，即中原，具体上说就是黄河中下游一带；就是南方诸国也都承认这一事实，所以他们发展的方向就是向中原扩展自己的势力，甚至把国都迁到中原去，如越国在灭吴后一度迁至琅玡。到了战国，七个主要的诸侯国中就只有楚国是在黄河流域之外了。以农业、手工业为主的经济也属中原地区最为发达，所以中原也是商业活动集中的地方。如越国的范蠡，在辅佐越王勾践灭吴后就弃官从商，他的经营区就是在黄河下游号称天下之中的陶（定陶）。孔子的门徒端木赐（子贡），也经商于黄河下游的曹卫之间，发了大财，“家累千金”，足以与各国国君分庭抗礼。

春秋战国时的黄河流域也是文明最发达的地区。齐文化和鲁文化出现了一体化的端倪并出现了一大批杰出的人才，如孔子、孟子、荀子、管仲、晏婴、孙武、孙膑等，儒学及以《孙子兵法》等为代表的兵学便是他们留给后人的宝贵文化遗产。秦统一中国后，齐鲁文化在全国继续保持着领先的地位；齐鲁地区无论是文化发展水平，还是文化影响力，都堪称是秦王朝的文化重心区。儒家学说的创始人孔子是鲁国曲阜人，他曾周游列国，晚年回到曲阜，致力于儒家经籍的整理和教学。他拥有众多学生，主要来自鲁国和卫、齐、宋等国，明确记载来自非黄河流域的仅有言堰（子游），是吴人。另有两位，据后人说是楚人。这些门徒学成后大多就在这一带传播儒家学说，所以齐鲁地区就成了儒家文化最发达的地方。战国时期的百家争鸣，几种主要学派的创始人和主要传播地区也集中在黄河流域。毫无疑问，地处黄河流域之外的楚国也具有发达的经济和文化，所以对黄河流域的学者也有一定的吸引力，不少人曾经游学楚国或在楚国活动。战国后期，楚国还出现了杰出的诗人屈原和以屈原的作品为代表的新的文学形式——"楚辞"。不过，楚国的地位远不能与整个黄河流域抗衡，而且随着楚国的衰落以至灭亡，楚文化的鼎盛时代也就结束了。

秦朝和两汉是黄河流域的黄金时代。也是在这一阶段，黄河文明的基本素质，通过各种方式融合于中华民族的民族心理结构之中，塑造了中华民族的民族精神、民族性格以及民族的思维方式，并形成了以黄河文明为基本内核的中华文明传统。黄河文明在鼎盛时期的具体文明成就，特别是它所造就的汉、唐时代的政治、经济、文化的繁荣，都为人们所熟知。天象历法、农学、地学、医学、水利、机械、建筑、冶炼、陶瓷、酿造、纺织、造纸、活字印刷等科学技术，都创造了历史奇迹；汉赋、唐诗、宋词以及书法、绘画、雕塑等，都攀登上文化艺术的高峰；留传后世的各类史书浩如烟海，记载了古往今来王朝兴替以及社会发展的历史。有人统计了两汉时期见于记载的各类知识分子、各种书籍、各个学派、私家教授、官方选拔的博士和孝廉等的分布，发现绝大多数都集中在黄河流域。看来两汉时期"关东出相、关西出将"的说法的确反映了当时人才高度集中的实际状况。著名的丝绸之路的起点，西汉时始于西安，东汉至隋唐时始于洛阳，西安、洛阳在当时是对外文化交流、商业贸易的国际大都市，由此，中国历史上的汉唐文明享誉世界。这一切，都充分说明黄河文明的确发展到一个新的历史阶段。

根据黄河流域内局部的和地区的多样性，黄河文明可以划分为三秦文明、中州文明、齐鲁文明三个核文明区和三晋文化、燕赵文化、河湟文化三个亚文化区（或称次文化区）。汉唐时期，以长安文化为主体的三秦文明达到了鼎盛，如日中天，光芒四射，影响遍及世界各地。随着政治中心的东迁，东汉时期洛阳地区的河洛文明迅速崛起，再次成为全国文化最为发达的地区。魏晋南北朝时期，河洛文明仍是黄河文明最发达的地区。如北魏孝文帝时，“天下承平，学业大盛，故燕、齐、赵、魏之间，横经著录，不可胜数，大者千余人，小者犹数百”。故南人陈庆之在出使北魏回来后对人说：“昨至洛阳，始知衣冠士族，并在中原。礼仪富盛，人物殷阜，目所不识，口不能传。所谓帝京翼翼，四方为则。如登泰山者卑培塿，涉江海者小湘、沅。北人安可不重？”隋唐五代时期，中州文明人才辈出，哲学家有姚崇、刘禹锡；著名的诗人有上官仪、杜审言、宋之问、岑参、崔颢、杜甫、元稹、元结、李贺、李商隐等；散文有韩愈；史学家有李延寿、吴竞、司马贞；书画家有被后人誉为“画圣”的吴道子及褚遂良、孙过庭、郑虔等；佛教有高僧玄奘、神秀；道教学者有成玄英、司马承祯；科学家有一行和尚、尚献甫、刘佑、甄权、甄立言、张文仲、李虔纵、孟诜等。此外，唐代龙门石窟及这里的印刷、陶瓷等也都称雄于海内。北宋时，中州文明不仅继续领先于三秦文明和齐鲁文明，而且在全国也是首屈一指的。首都开封是全国的文化中心，乃百嘉所毓、人文精华荟萃之地，无论是文化设施、文化活动，还是文化素质、文化品位，都是第一流的，代表着宋代文明发展的繁荣和高度。

从元至清，是黄河文化的迟滞与衰落时期。这一时期，黄河文化的某些方面、某些文化领域仍然在发展，也有不少新的文化因素产生。但就其重要方面来说，文化模式已基本定型，它所塑造的人们的思维方式、价值观念、心理习俗已经形成了固定的传统，它的儒家学说的理论形态再没有突破性的发展。于是，黄河文化便进入了缓慢发展、迟滞不前以至于衰落的阶段。安史之乱以后，三秦文明急剧衰退。昔日宏伟壮丽、繁华似锦的唐都长安城，也“日渐衰耗”。至南宋以后，三秦文明更是一落千丈，几无人才可言，其登科进士在南宋一代竟至空白，元代也仅

14人，只及浙江的五分之一；明清时仍然如此，有名者屈指可数。黄河流域由盛转衰，固然与战争动乱造成的破坏有关，但根本的原因还不在此。要不，为什么经过从三国到十六国、南北朝近400年的分裂割据和天灾人祸，还会出现隋唐时代的繁荣呢？而经过金、元两代，为什么就不能恢复呢？这还得从黄河和黄河流域本身寻找根源。

二、黄河文明对华夏文明的历史贡献

黄河文明在中华文明形成和发展过程中起着无可代替的、至为重要的作用。尽管考古发现已经证明，古代文明如满天星斗，遍布了中国各地，但这些文明大多没有延续到今天，不是中断了、迁移了、消失了，就是被黄河文明所融合，所替代，或者影响范围有限，发展程度不高。只有黄河文明具有巨大的优势，较早地成为华夏文明的主体，为华夏文明作出了巨大的历史性贡献。

在经济方面，黄河文明发展了我国最早精耕细作的农业、高超的手工业和发达的商业。黄河流域的先民以自己的智慧发明了耒耜，改进农业生产工具，推广农业耕作技术，使农业跨入锄耕农业新的历史阶段；兴修水利工程，治理黄河，化害为利，使黄河中下游成为10世纪前中国最重要的农业区，黄河上游逐步成为中国最重要的畜牧区；商周工匠已掌握了青铜冶炼和铸造技术，商代青铜器以礼器、兵器和手工工具为主，西周、春秋向实用方面发展，战国以后则基本上成为工艺品，冶铸青铜的火花照亮了文明社会的道路；西周晚期出现的人工冶铁技术、东汉时期发明的冶铁机械“水排”均比欧洲早1000多年，西汉末发明的炼钢技术也居于世界领先地位，河南巩义铁生沟、渑池城东等地发现了重要的冶铁遗址；汉唐丝织业及唐代唐三彩，宋代白瓷、青瓷、紫红瓷饮誉世界，“丝”、“瓷”一度成为中国的代名词；兰州、长安、洛阳、开封、临淄、南阳早已发展成为著名的商业城市，其中长安、洛阳、开封跻身为世界级的大都市，商业区由面朝后市、外廓里坊、坊市分区发展为店铺、行署、居民区错杂其间，并出现夜市的繁荣；前后轴心、前庭后舍、左右厢房成为中国传统的建筑模式，“百千家似围棋局，十二街如种菜畦”成为城市的总布局，土和木为主成为沿黄地区的材料特色；贝、铜、铁、金币，最后出现纸币兑换，至北宋还开创了金融业。

在思想学术方面，黄河文明中的“河图”、“洛书”、《易经》集中反映了“天人合一”、“天人和谐”的哲学思想。阴阳对立统一的宇宙观，“自强不息”、“厚德载物”的民族精神，“和合”思维理念，一向被学术界誉为中国传统文化的活水源头。先秦诸子百家形成了不少学派，影响后世最大的是儒、道、墨、兵、杂诸家，他们活动的地域大多在黄河中游地区，出现了《老子》、《庄子》、《论语》、《孟子》、《韩非子》、《孙子兵法》、《战国纵横家书》、《吕氏春秋》等传世佳作，其中儒家思想对后世影响最大。由于诸家思想影响而产生了思孟学派、稷下学派、宋尹学派、黄老学派、今古文经学派及玄学、理学等，周公、老子、孔子、孟子、韩非子、墨子、孙子、董仲舒、周敦颐及程颐、程颢都是各个时期思想的代表人物。公元1世纪之后，随着佛教、伊斯兰教、基督教在沿黄地区传播，又出现了诸如玄奘的宗教大师。在同唯心主义的斗争中，荀子、王充、范缜等唯物主义思想家作出了重要贡献，自始至终影响着整个中华民族的文明进程。

在文学艺术方面，黄河文明群星灿烂，推动华夏文明达到高峰。从最早的诗歌总集《诗经》到先秦散文、汉赋、唐诗、宋词，从《竹书纪年》、《史记》到《资治通鉴》，汇集了黄河文史之大成，锤炼出贾谊、司马迁、班固、左思、李白、柳宗元、司马光等一大批如椽之笔的大文豪；从编钟、石磬到鼓、瑟、琴、筝，从《韶》、《武》到《秦王破阵乐》、《胡笳十八拍》、《霓裳羽衣曲》，伯牙、师旷等拨转琴弦，成为高山流水的知音；赵飞燕、公孙大娘等舞姿翩翩，冠绝一时；从甲骨契刻、陶瓷装饰到岩石、青铜刻雕乃至宣纸泼墨，沿黄绘画、雕塑、篆刻、书法出现了《熹平石经》、《兰亭序》、《女史箴图》、《步辇图》、《清明上河图》等传世名作和麦积山、敦煌、云冈、龙门等艺术宝库，涌现了阎立本、皇甫轸、吴道子、颜真卿等丹青大师；从辟雍到国子太学，从简单的私塾到大师书院，出现了孔子、荀子、程颐等教育大家。东汉在国都兴建太学，是国家的最高学府，学生最多时达到三万多人，给国家培养了大批人才，揭开了中国教育史上辉煌的一页。

科技发明教育方面，黄河文明促进了中华文明领先于世界。由于农业生产和定时计数的需要产生了最早的天文历法和数学，沿黄地区夏代关于流星雨和日食，春秋时期关于哈雷彗星，汉代关于太阳黑子、勾三股四弦五原理以及三国时期关于圆周率，唐代关于子午线长度测量等记载在世界上都公认是最早的。从《夏小正》到宋《十二气历》，中国历法制度日渐精确；从《周髀算经》到《数学九章》，概括了我国数学的伟大成就。所有这些辉煌由僧一行、沈括等天文、历法家及刘徽、秦九韶等数学家在支撑。中国传统医学在世界上独树一帜，扁鹊"四诊法"至今为人所用，华佗"麻沸散"比西方制造麻醉药早发明1600多年，"医圣"张仲景的《伤寒杂病论》奠定了中国医疗学的基础；"药王"孙思邈的《千金方》大大丰富了祖国医药学的宝库；而唐政府组织编写的《唐本草》则是世界上第一部国家药典。黄河文明中最早的铸铜技术和冶铁术的发明，对社会发展起到划时代的作用。汉代的球墨铸铁技术早于西方国家1000多年。汉代的叠铸技术、造纸技术、水利机械、制造技术以及后代的活字印刷技术等都是首先出现在黄河流域。此外，治理黄河也达到一定水平，大禹、贾让、王景等都是著名的治黄专家。《考工记》、《禹贡》、《水经注》、《齐民要术》、《梦溪笔谈》等反映了我国工、农及地理学等方面的技术成就。造纸术、印剧术、火药、指南针是沿黄地区最为辉煌的四大科技发明，是黄河文明对世界文明宝库的重大贡献。

在典章制度方面，黄河文明较早地产生了礼乐制度，或称礼仪制度。礼仪制度是宗法等级秩序、政治体系和全面的伦理道德规范，是中国古代精神文明的集中表现。可以肯定地说，反映高度文明的礼制都是在黄河地区历代国都中制定的。黄河文明的突出代表《周礼》、《仪礼》、《礼记》，以"惟土建国，辨方正位，体国经野，设官分职，以民为极"为中心思想，其实这"三礼"便是当时的典章制度，是古代国家机器正常运行的法则，是人们言行的标准，国家赖以生存，社会赖以安定。夏商周直至秦汉以后的典章制度，即礼制不断完善以至更加成热，成为精神文明重要的组成部分。

三、黄河文明在华夏文明中的主流地位

应该说，黄河文明虽属地域文明，但它不同于一般区域性文明，它以其特殊的地理环境、历史地位、人文精神，在华夏文明中居于主流地

位。这种主流地位首先表现在，黄河文明是华夏文明的源头和核心，就是说黄河文明在整个中华文明体系中具有发端和母体的地位。无论是人类记载的史前文明，还是有文字记载以来的文明肇造，都充分体现了这一点。

从“盘古开天”、“女娲造人”、“三皇五帝”、“河图洛书”等神话传说，到早期的裴李岗文化、仰韶文化等考古学文化，都发生在黄河流域。夏、商、周三代，被视为中华文明的根源，同样发端于黄河流域。作为东方文明轴心时代标志的儒道墨法等诸子思想，也正是在研究总结三代文明的基础上而生成于黄河流域的。在五帝时代，邦国林立，神州大地出现了许多地区性的文明。如江汉地区文明、太湖地区文明、海岱文明、甘青文明、巴蜀文明、燕山地区文明以及中原文明，但华夏文明的源头却是在黄河。关于文明的要素和文明社会形成的标志，国内外学者提出了许多不同标准，汇总起来有：文字、会对自然物进一步加工、一夫一妻制、城市、第三次分工、阶级和国家、礼仪建筑、宫殿庙宇、巨型建筑、青铜等。这些标准或称之为要素，与黄帝时代的黄河文明相对应，基本上都很吻合。即使退一步说，把中华文明源头认定在尧舜时代，与其对应的考古学文化是中原龙山文化。近来文明探源工程确定了四个要点，即山西临汾的陶寺遗址、河南郑州市辖区的登封王城岗遗址、新密的古城寨古城遗址、新寨古城遗址。这就是说，从考古学角度来看，学术界也把中华文明的源头锁定在黄河中游地区。

中华文明不仅其源头出现在黄河流域，而且从它几千年发展史来看，其核心地区也在黄河文明圈内。这里我们不妨以国都为例。国都是国家的政治、经济、文化的核心，也是一个国家的代表。不同时代、不同国度的国都文化，是黄河文明区别于其他地区文明的最大特点，它不仅是华夏文明的核心，在一定意义上讲也是华夏文明的代表。从五帝到三王再到秦汉以后，其邦国、王国、帝国的国都基本上都在黄河流域。沿黄地区6处古都群是黄河岸边6颗璀璨夺目的明珠。古城郑州，从“人文初祖”黄帝立都“有熊”（今新郑市）始，又曾是夏禹（都阳城，有说在今登封市）、启（都阳翟，新郑市与新密市之间）及太康、仲康、有穷后羿、少康、桀（皆都斟寻，有说在今巩义一带）之都，后来商仲丁都敖（一说为商汤都亳，今郑州市区内）、郑武公都新郑、韩哀侯都新郑，前后影响中国达千年之久。黄帝之后，颛顼之墟在今河南濮阳，而尧、舜、禹活动的中心则在今晋南地区。其中尧都平阳（今临汾西），舜都蒲阪（今山西永济县西南），禹都阳城（有说在山西晋城西，或说在山西翼城），后来晋南成为夏族的大本营。夏族活动的另一中心在豫西，"处天地之中"的洛阳自然成为天子所居，从夏（斟寻一说在今洛阳偃师市，即二里头遗址处）、西周（洛邑）、东周（王城），乃至东汉、曹魏、西晋、北魏、后梁、后唐、隋、唐及武后"周"都，共历13朝，近千年之久。商汤灭夏前后屡屡迁徙，史有"前八后五"之说，自盘庚徙殷，至殷灭亡，273年没有变更政治中心，殷即现在的河南安阳市西北殷墟。后来，三国曹魏、东晋十六国与南北朝时期的后赵、冉魏、前燕、东魏、北齐相继在安阳互为隶属的邺城（今河北临漳县）立都，安阳因此而被列为当今七大古都之首。武王伐纣、灭商后便回归老家建立西周。西周的大本营丰、镐便在今山河拱戴的"四塞之地"西安。此后，秦在咸阳，西汉、西晋（愍帝）、前赵、前秦、后秦、西魏、北周、隋、唐均在长安立都，刘玄、赤眉、黄巢、李自成曾在西安建立政权，东汉、曹魏、五代后唐也曾以此为陪都。西安可以说是我国历史上建都最多、建都时间最长的城市。而地处黄河南岸的豫东开封，古都大梁，又名汴梁。战国时就是魏国都城，此后五代时期后梁、后晋、后汉、后周以及北宋又以此为京师，金朝后期为避蒙古人猛烈的攻势，也曾迁都于此。开封古都因而有"七朝都会"之誉。

现在看来，黄河文明与世界文明也是紧紧联系在一起的。例如，汉代与中亚、西亚、南亚、东南亚、东北亚乃至地中海沿岸的欧洲国家，都有商贸往来，黄河文明中的丝绸、铁器、生产技术、文化典籍传往域外，为世界文明作出了巨大贡献。正因为汉帝国的强盛，使黄河文明声威远播到了比秦更远的地方，其影响更为巨大，以至于华夏族被称为"汉族"，延用至今；还有，中国的语言叫汉语，文字叫汉字，都反映了黄河文明影响之深远。唐帝国是华夏文明史上最灿烂辉煌的时代，不但版图大，而且经济、政治、文化均居世界前更，在国际上享有极高的声望，这从吸引大量的域外留学生来学习就可以看出。当时，与唐帝国友好往来的国家达70余个，地跨亚、非、欧三大洲，大唐帝国几乎成为当时世界文明的中心，其影响直到今天还能看到，如世界上的华人居住区被称为“唐人街”或“唐城”，便是极好的例子。宋元以后，从总体趋势上看，黄河文明走了下坡路，但在《马可·波罗行纪》中，元代的中国在西方人眼里还是庞大、富实的东方帝国。

黄河文明在华夏文明的主流地位还表现在，黄河文明对构建整个中华文明体系发挥了筚路蓝缕的开创作用。无论是元典思想和政治制度的建构，还是汉文字和商业文明的肇造，乃至重大科技的发明与中医药的重大发现，都烙下了黄河文明的胎记。《易经》、《道德经》对宇宙、社会、人生的独特发现，极大地影响了中国人的民族性格和民族文化心理。黄帝“都有熊”置百官和李斯提出的郡县制，确立了中国几千年封建社会的基本制度模式；张仲景的《伤寒杂病论》、张衡的浑天仪，都在中国历史乃至世界历史上占据着举足轻重的地位。黄河文明所包含的“民为贵，社稷次之，君为轻”等治国思想，“上兵伐谋，其次伐交，其次伐兵，最下伐城”等军事思想，至今仍闪烁着智慧的光芒，黄河文明正以其无可比拟的系统性、丰富性、完整性，为中国经济社会的发展提供了不竭的智力支撑。正如一名著名考古学家所说：黄河流域以外的文化区都紧邻或围绕着黄河文明，很像一个巨大的花朵。这些外围的文化区是花瓣，而黄河文明是花心。正是花心的不断绽放，才形成了华夏文明这朵绚烂的文明之花。

黄河文明在华夏文明中的主流地位之第三个方面表现在，黄河文明在华夏文明系统中处于主体、主干的地位。黄河文明在与其他文明不断的融合交流中，自身的外延也在不断扩大，并由此催生了华夏文明的形成。黄河文明的核心思想，如“大同”、“和合”，都成为了华夏文明的核心思想；黄河文明的核心价值观，如礼义廉耻、仁爱忠信，都成为了华夏文明的核心价值观；黄河文明的重大民俗活动，如婚丧嫁娶、岁时节日等，都成为了华夏民族的民俗活动。而另一方面，黄河文明的辐射和传播，不仅使华夏民族由野蛮走向文明，而且由松散的政治实体逐步走向统一和融合。在此前后，汉族、回族、蒙古族、藏族、裕固族、撒拉族、保安族、东乡族、土族等沿黄大杂居、小聚居的多民族中先后涌现出夏禹、商汤、周公、孙武、秦始皇、汉武帝、魏孝文帝、唐太宗、宋太祖、王安石、耶律阿保机、成吉思汗等大批政治家和军事家，推行了封邦建国、商鞅变法、独尊儒术、魏孝文帝改革、科举制、永贞改新、周世宗改革、王安石变法等一系列政策措施，出现了宣王中兴、秦始皇统一中国、文景之治、光武中兴、贞观之治等历史的繁荣，使华夏文明达到世界一流水平。

黄河文明对华夏文明还有着重要的推动作用，黄河文明产生的新思想、新知识、新技术有力地推动了中国经济社会的发展。从周代的“封邦建国”到北宋文官制度的全面繁荣，从北魏孝文帝改革到王安石庆历新政，中原大地上的每一次重大改革都推动了中华民族政治文明的递进。从殷商王朝对商业经济方式的自觉选择，到以宋代交子、汇票等为标志的商业革命，都促进了社会分工的极大发展，实现了社会生产效率的显著提高，先后创造了我国奴隶社会与封建社会的繁荣时期。新技术作为促进经济社会发展的直接动力，黄河文明也作出了彪炳史册的贡献。东汉蔡伦发明的造纸术实现了文字载体的新突破，北宋毕昇的活字印刷迎来了铅与火的新时代，开创了知识传播的新纪元；成熟于宋代的火药，把人类征服自然的能力提高到一个新水平；指南针导致了航海技术的革命，为近代文明的到来准备了必要的条件。黄河文明就如一台功能强大的引擎，从不同的方面不断把中华历史甚至世界历史的车轮推向前行。

黄河文明对华夏文明还有着支撑作用，即黄河文明具有对中华民族共同精神的维系、智慧成果的传承功能。一个民族是要有精神的，一个没有精神的民族就如同一盘散沙。在黄河人看来，黄河流域即天下之中国，九九归一，中心不变。“五服”制度也随之确立了，即以黄河中游为中心，把华夏族在数千年文明扩张中所取得的地理空间由近及远地规划成与黄河文明中心有不同从属关系的五个文化圈。很显然，由黄河文明的同心圆辐射型结构已逐渐蒸馏出了黄河人极强的文化认同感与优越感。可以说，在漫长的历史发展中，黄河逐步成为中华民族的象征与旗帜，成为中华文化的象征与旗帜。在国人的心目中，黄河已经远远超过了一般意义上的自然河流。黄河以及由此衍生出的黄河文明，就如同维系所有中华文明脉络的主干，成为中华民族心理认知的最基本的参照坐标。我们常常把中华文明称做黄色文明。天生一条黄河，黄河、黄土、黄帝、黄种人，还有什么能把中华民族这样自然和谐地融合在一起，能使这条中华巨龙如此紧密地联结在一起，奋而腾飞？黄河成为中华民族的象征，成为中华民族的旗帜，正如上苍造物一般自然、和谐、必然。黄河文明对华夏民族精神的塑造发挥了重要的作用，无论是后羿射日、嫦娥奔月、愚公移山等激励鞭策人们奋发向上的神话故事，还是岳飞报国、木兰从军等宣扬爱国主义的文化母题，都是华夏民族极其宝贵的精神财富，今天仍然给我们以强大的精神支撑。这种精神，尤其在民族存亡的危难关头，无不成为支撑全民族的坚强力量。在抗日战争时期，一曲《黄河大合唱》，曾使多少中华儿女热血沸腾，毅然投入到抗日战争的滚滚洪流之中。黄河在咆哮，中华民族在怒吼，中国人民在战斗。这就是黄河发出的战斗号令，黄河发出的战斗号令就是中华民族的战斗号令。历史发展反复证明，团结和谐、爱国统一始终是黄河文明倡导的主题，中华民族无论怎样一波三折，甚至分分合合，但维护团结、追求统一的历史主流始终没有改变。千百年来，这样的思想一直广泛而深刻地影响着华夏民族，远离故乡必带一把黄土，浪迹天涯仍思叶落归根，功成名就想“衣锦还乡”，飞黄腾达不忘造福桑梓，就是这种文明认同感与优越感的正面效应。

第五节　黄河是中华民族和中国文化的摇篮

河流是人类生存发展的重要支持系统，是人类文明的发源地。历史上，人类文明与河流相生相伴，任何一个民族的发展都与河流有关。就像古埃及是“尼罗河的赠礼”，古巴比伦是幼发拉底河和底格里斯河两河文明的产物，印度文明又称为恒河文明一样，在诗人的笔下，源远流长的黄河被称颂为中华民族的“母亲河”；人类学家，称黄河为“中华民族的摇篮”。作为这两个美称的注释，黄河流域以为数众多的古代文化遗迹，由远至近、系统地展现了我国远古人类延续发展的漫长过程，清晰地描绘出人类进化的轨迹，记载着中华民族成长的历史进程，证明了黄河流域是中华民族和中国文化的重要发祥地。

近年来，随着中国考古研究的进步，不少新的文化遗址被发现、被确定。加上各地普遍重视地方文化，十分关注本土文化的来源，有些学者提出这样的观点，说中国文化、中华文明犹如满天星斗，遍地开花。我们经常可以在媒体上看到这样的报道：某地发现了几千年前的文化遗址，对黄河文明提出了挑战。或者说某种文化的发现已经改写了中华文明的历史。也有人认为，黄河被作为中华民族的母亲，黄河流域作为中华文明的摇篮的观念已经动摇了。

我们不赞成这样的观点，因为到目前为止，没有任何事实可以证明这一点。尽管我们在黄河流域以外，的确已经发现了很发达的早期文明，比如长江流域，就有河姆渡文化、良渚文化，它们的规模和发达程度超出了我们原来的想象，比起黄河流域的文化来毫不逊色。四川的三星堆遗址、金沙遗址，长江中游中期的古城遗址、稻作文明，的确使我们耳目一新。北方也是如此，在内蒙古、辽宁等黄河流域以外的很多地方，的确发现了很多与黄河流域早期文明不同的文化遗址。近来我看到报道，岭南也发现了5000年前或者更早的文化遗址。但是为什么这些发现没有能动摇我们对黄河文明的信念或者改变这个事实呢？因为所有这些文化、这些早期的遗址，至少到目前为止，我们还没有能够证明它们是延续的，是从古延续到今的。比如河姆渡文化、良渚文化，它们的早期是很发达的，但是以后出现了衰落和断裂，最后不知所终。照理说，遗址文化层所反映的文明应该是逐渐进步的，但这些遗址中往往出现这样的情况，在几千年前的一段时间里的确是进步的、发展的，但到了某一阶段却退步了，再往后就消失了。但是在黄河中下游的遗址大多是延续的，可以从最早阶段连接到先秦、秦汉。事实上，我们说黄河是中华文明的“摇篮”，是“母亲河”，是可以从下面几个方面找到证据的。

一、黄河拥有优越的自然条件和地理环境

黄河是中华民族和中国文化的摇篮，首先是因为黄河拥有优越的自然条件和地理环境。

现在的黄河流域，大部分地区干旱少雨，但在远古时代，这里的气候比今天优越得多。那时，亚热带的北界在秦岭、淮河一线以北，黄河流

域的中游、关中盆地一带都属于亚热带，气候温和湿润，雨量充沛。这个区域内，光照时间比较长，一年中大多数时间天气晴朗，充足的阳光可以充分地满足农作物光合作用的需要。年降水量主要集中在夏秋两季，此时正值全年气温最高的时候，农作物生长旺盛，恰当的温度和降水组合，有利于农作物的生长。冬季不太寒冷，夏季不太炎热，分明的四季又有利于人的健康、长寿。

黄河流经世界上最大的黄土高原，这里土壤肥沃，为发展原始农耕提供了极好的条件。古代的黄土高原，草本植物生长得很茂密，土壤中腐殖质含量较高，腐殖层较厚，而且黄土结构也比较疏松，对于使用石器等原始生产工具的古代人来说，比较容易耕种。《诗经·大雅·生民》记载："诞后稷之穑，有相之道。茀厥丰草，种之黄茂。"意思是后稷种植庄稼，好像有神人相助，除掉繁茂的野草，使之长出金黄色茂盛的庄稼，生动地描写了周人先祖后稷在肥沃的土地上种植农作物获得丰收的情况。同时，远古时代，黄河流域大部分地区森林茂密，种类繁多的野兽和人类共同生存在这片土地上。人们攻击野兽，把战利品当作食物，用兽皮缝制衣裙，蔽体御寒。而深厚的黄土具有较好的直立性，易于挖洞，洞内冬暖夏凉，先民们在黄土中挖掘洞穴，避难藏身，繁衍生存。现在黄土高原上仍然存有许多窑洞和天井窑院，虽然现在人们的居所远胜于当年茹毛饮血的祖先，但黄土地古老而优越的印迹，仍然告诉我们祖先当年生存的情形。

水是生命的源泉，逐水而居是人类的生存本能。作为我国北方的主要水源，黄河与黄河流域成为我们祖先的自然选择。

二、黄河孕育了华夏民族的起源

由于黄河流域优越的地理环境和自然条件，从远古时代起，黄河两岸就成为人们赖以生存的所在，黄河抚育着中华民族从一棵幼芽成长为枝繁叶茂的大树。循着黄河流域远古的蓝田人、北京人、大荔人、丁村人、河套人的足迹，考察仰韶文化、马家窑文化、大汶口文化、龙山文化等灿若群星的古人类遗址，我们犹如徜徉在中国古代文明的长河中。这些古人类文化遗迹，数量多、类型全、总体水平高，延续发展、由远及近地展现了中国历史的童年发展过程。

人类学家和考古学家认为，人类至少在二三百万年以前就在地球上出现，在200多万年的漫长岁月里，人类经历了直立人、早期智人和晚期智人三个发展阶段，这三大阶段的远古人类化石在黄河流域均先后被发现。在黄河流域，直立人最早的化石以陕西蓝田猿人为代表。1964年，在陕西蓝田，考古人员发现了早期人类化石，定名为“蓝田人”。这种生存在距今100万至150万年前的猿人，是迄今已知的亚洲北部最古老的直立人。他们能够直立行走，并能用天然石块打制简单的工具。制造工具，是人类告别动物所迈出的关键一步。蓝田人的出现拉开了中华民族历史的序幕。

在距离蓝田人栖息地数千里之遥的华北大平原北部，“北京人”及其文化在中国乃至世界历史上都占有显赫的地位。“北京人”的发现，为“从猿到人”进化过程中的阶段性特征提供了可靠的标尺。从70万年以前开始，“北京人” 在周口店居住长达数十万年之久。在这漫长的年代里，他们为我们留下了丰富的遗产：不仅普遍使用石器，制作骨器，而且具有控制火的能力，脱离了茹毛饮血的动物式进食方式。在艰苦的环境中，他们的生产、劳动、群体组织和语言都得到了发展，适应环境的能力日益增强。劳动，使他们与那些同祖的兄弟——留连林间树上生活的猿类分道扬镳，并远远地把他们抛在后面。

“大荔人”、“丁村人”和“许家窑人”，都是在黄河流域发现的早期智人。大荔人生活在20万至30万年前的陕西大荔县，他们的嘴部不那么突出，脑量也增大了。世界上属于这个时期的完好的人类化石，十分罕见。1978年，考古学家发现大荔人，在黄河流域远古人类活动的链条上，补上了重要的一环，使黄河流域古人类活动呈现出连续的画面。“丁村人”，大约于10万年前生活在山西襄汾县丁村附近，他们在汾河岸边利用河边滩地上的砾石，加工成各种工具，捕获山林中的野兽，采集可食植物以维持生活。山西高阳县的许家窑人，与丁村人的生活环境和发育状况大致相同。

在距今3万至5万年的黄河支流无定河上游萨拉乌苏河边，生活着著名的“河套人”，他们呈早期智人向晚期智人的过渡形态。河套人以从事采集和狩猎为主要经济活动，他们使用的石器已经非常精细，主要为尖状器、削状器和雕刻器等；他们的体质已经接近于现代人，此时的社会形态处在母系氏族公社形成过程中。在黄河流域内的山西沁水下川，陕西蓝田的涝池河，甘肃环县的楼房子、刘家窑，庆阳的巨家塬和镇原的黑土梁等地，都发现有同时期的文化遗存。

与北京猿人同处一地的山顶洞人，是早期智人向晚期智人过渡时期的典型代表。山顶洞人生活在大约18000年前，他们继承了猿人时代以来长期的经验，积累了比较丰富的生产技能，不断改进打击和修制石器方法，能根据不同的需要打制各种类型分明的石器。比如狩猎的工具，就分成捕杀、切割和剔挖等不同的种类。他们利用这些工具，捕获天上的飞鸟、地上的走兽和水中的游鱼。山顶洞人由此获得了空前丰盛的食物。除此之外，山顶洞人还能加工精致的骨器和角器。考古学家在山顶洞人遗址曾发现了一根骨针，这根骨针不仅工艺精巧，而且它还是世界上已发现的最早的缝纫工具，说明山顶洞人已经学会用兽皮缝制衣服，开始脱离赤身裸体的蛮荒时代。黄河流域古人类化石在人类历史进程中的完整性、系统性，是我国其他地区无法比拟的，而位于山西省芮城县的西侯度文化遗址的发现，则把黄河流域出现人类活动的时间上限再次上提到180万年以前。

据考证，大约在4000年前，黄河流域已经聚居着许多血缘氏族和部落。相传最早的是黄帝和炎帝两大部族。黄帝族发祥于陕西北部的姬水。黄帝是有熊氏，又号轩辕氏。随着这一部族势力的发展壮大，它逐渐地向南面和东西迁移，定居在黄河中游我们今天泛称为“中原”的地带，成为这里一支显赫的势力。他们的活动影响深远，后世这一带的居民，都尊黄帝为自己的直系始祖。尧、舜、禹都是黄帝氏族的子孙，因而黄帝成为中华民族的“第一人”。现在，陕西省黄陵县有“黄帝陵”，分布在世界各地的炎黄子孙，都把这里看作是自己的根。与黄帝接邻的是炎帝部族，最初活动在今天中游渭水流域的姜水。姜水在今陕西岐山以东。炎帝号神农氏，传说神农氏种五谷、制陶器、尝百草，因而可以断定炎帝部族是一个农业部族。

随着社会生产力的发展、人口的增加，各部落也不断扩大，部落间为了土地和食物，不但相互交往、分化组合，而且不断进行战争或联盟。《淮南子》记载了发生在共工和颛顼之间的战争："昔共工与颛顼争为帝，怒而触不周之山，天柱折，地维绝。天倾西北，故日月星辰移焉；地不满东南，故水潦尘埃归焉。"古人认为天圆地方，不周山就是传说中撑天的柱子。共工力撞不周山，撞折了撑天的柱子，撞断了系地的绳子，于是天向西北方倾斜，日月星辰都跟着移动；地的东南角下陷，河流尘土都向东流去。最后，颛顼所属的黄帝部落击败炎帝部落，夺取了盟主地位，炎黄两族便逐渐融合，在中原地区定居下来，与东方的夷族、南方的黎族和苗族相互融合影响，共同发展黄河两岸的经济文化，使这个地区成为我国古代文化的摇篮。

相传夏、商、周的祖先也都是黄帝的后裔，他们自称"诸夏"或"华夏"，也称"华"或"夏"。由于中原地区是华夏族的发祥地，而古时候，人们认为中原是四方的中心，所以又把这里称作"中华"。华族是汉族的前身，所以现在的汉族人都把黄帝奉为始祖，而称自己为"炎黄世胄"，"华夏子孙"；后来，"中华"就成了整个中国的代称。而黄河流域被后代视为中华民族的摇篮，黄河当之无愧地被称作"母亲河"。

三、黄河创造了华夏灿烂的古代文明

勤劳勇敢的祖先，在黄河流域创造了璀璨的古代文明，给我们留下了丰富的文化遗产，让我们去追寻、去品味。据考证，历史上黄河下游变迁的范围北到海河，南达江淮。所以，我们在考察黄河流域的古代文明时，黄河流域的地理范围就远比今天的79.5万平方公里更为广大。与完整的人类发展轨迹相对应，黄河流域远古文化遗迹无论从数量上还是从其系统性方面，在我国都是首屈一指的。我国新石器时代母系氏族社会最典型的仰韶文化遗址，分布在黄河中游及其附近地区。其中心在陕西中部、河南西部和山西南部一带，以及汉水中上游，并且以此为中心向外辐射，北达内蒙古河套地区，西抵甘肃境内渭河上游，东接山东。仰韶文化时期，是新石器时代黄河流域经济文化大发展的繁荣阶段，因为这一遗址首先在河南省渑池县仰韶村发现，所以被命名为"仰韶文化"。

河南省渑池县，这处曾因发生过“完璧归赵”故事而载入《史记》的诸侯会盟地，1923年，又被瑞典地质学家安特生写入《中华远古之文化》这部重要著作里。1921年至1923年，安特生对仰韶村及渑池县其他村庄发现的同一时期遗址中发掘出的石器和陶器残片进行研究，认为这些遗址便是中国新石器时期的文化遗址，并将它们称为“仰韶文化”。在《中华远古之文化》中，安氏指出，仰韶文化是中国古代文化的前身。后来，考古人员又在黄河流域发现了同样性质的遗址100多处，如陕西西安半坡村、甘肃临洮马家窑以及山东滕县的大汶口等。

陕西省西安附近的半坡村遗址，可以作为仰韶文化的代表。半坡文化以房屋建筑为主，半坡人已经把他们的建筑分为房屋、墓坑和窑场。他们用木棍和草泥建成的房屋虽然简陋，但已经摆脱了漂泊无定、穴居洞藏的处境。半坡人的制陶技术也相当成熟，氏族中能工巧匠创造出的陶器，不仅是当时人们生活的必需品，而且在数千年以后，仍是具有巨大感染力的艺术品。在这里出土的人面网纹陶盆，形象古朴生动，充分地体现了半坡先民的审美情趣；以红色为主的彩陶图案，更是表现出当时人们日趋丰富的生活内容和源自生活的审美取向；而制陶工具——陶轮，则可以说是当时世界上最精密的一种手工机械。如今建造的半坡博物馆，为人们了解和研究原始社会提供了直观的场所。

仰韶文化时期，属氏族公社时期，社会结构表现出一定的复杂性，在村落中已按照血缘划分出不同层次的组织，人们也出现了显著的等级差别，并有祭祀活动。已经能建造房屋，开展农业生产和渔猎活动，粟的种植也已经相当普及，人们还会饲养家畜。如果我们把仰韶文化时期看作是黄河文化的第一个繁荣时期，那么，处于枢纽位置的黄河中游就宛如一个熔炉，在它的影响下，分布在广大黄河流域的原始居民，在人类社会早期的经济活动和意识形态上表现出的一致性，是令人惊讶的。

继仰韶文化而起的龙山文化遗址广泛地分布在黄河中下游，早期以河南三门峡庙底沟遗址为代表，晚期在晋、陕、豫、鲁均有表现。龙山文化时期，黄河流域的氏族部落开始由母系氏族公社时期进入父系氏族公社时期。1928年，在山东济南章丘附近发现了一处“一部深藏在黄土垄中的”“古代史迹”的新石器时代遗址，与这处遗址隔河相望的是龙山镇，于是遗址被命名为“龙山文化”。而与其同时期的河南、陕西、山西的文化遗址则分别被称为“河南龙山文化”、“陕西龙山文化”和“山西龙山文化”。

龙山文化时期的生产，较仰韶文化时期有了较大的进步，黄河流域以粟为主的原始农业空前发展，种植面积和产量大大提高。在山东胶县三里河遗址中，一个面积约为4平方米、深约1.4米的窖穴里就藏有1立方米多的粟。农作物的种类有所增加，除种植粟黍之外，还种植小麦、水稻，以及油菜、白菜等蔬菜。生产工具也得到改进，出现了耒和石镰、蚌镰。制陶、制玉等手工业生产开始专门化，陶轮被普遍使用。这时的陶器以灰陶为主，山东龙山文化中的蛋壳黑陶造型优美典雅、薄如蛋壳，代表了当时制陶工艺的最高水平。建筑营造技术也有提高，并掌握了打井技术，开辟了新的水源。

社会经济的发展和变化，给龙山文化时期的氏族社会带来了深刻的变化，私有制产生，贫富分化加剧，出现祭祀和占卜，母权制让位给父权制，进入父系社会。这是原始社会的尾声，人类社会的发展距离阶级社会只有一步之遥了。黄河流域的远古文化遗存，像是一部史书，它记载了我国远古人类活动的历史。那一处处人类遗迹，宛若一幅幅连环画册，向我们述说着中华民族的先民在漫长的岁月里如何艰难地繁衍生息，如何在劳动中推动着人类和人类文化的发展。

四、黄河是华夏古代政治、经济、文化中心

4000多年前，大禹治水，以河南嵩山为中心建立了夏王朝，从此人类告别了饮毛茹血的原始社会，进入奴隶制。至此，自夏到宋有数十个王朝都建都黄河流域，他们以其不同的政治、经济、文化蕴涵统领中华民族的发展，演出了一幕幕波澜壮阔的历史舞剧。纵观历史，黄河流域，尤其是它的中下游，不仅因其水土丰茂的先天优势令周边民族甘俯首，更因其政治文化的后天繁荣引无数英雄竞折腰。从传说中的炎帝黄蚩尤大战，到有文字记载的春秋五霸，战国七雄以及著名的楚汉鸿沟之争，袁曹官渡之战等，都是发生在黄河流域，都以争夺这块热土为目的。

同样，黄河流域也是被压迫者反抗的舞台，陈胜、吴广起义的猎猎战旗、西汉的黄巾军起义、唐末的黄巢、明代的李闯王都在这里演绎了威武的历史话剧。那照耀中华民族光明的延安宝塔山的灯光，迎来了新中国的黎明。黄河大合唱的旋律伴着中华人民共和国的诞生。

黄河还是我国古代经济的重心。从秦到北宋的1300多年中，特别是黄河中下游地区社会经济迅猛发展，在相当长的时期里，黄河流域地区的经济发展一直遥遥领先。劳动人民在农田耕作中，不仅对耕作的工具和技术进行了不断的制作和改造，还在农田水利灌溉工程上进行了大胆的探索，发展了漕运事业。例如，秦国郑国渠的修建，汉代白渠的修建等。历史上，黄河流域成为我国经济最发达的地区，并辐射东西南北，封建经济走上了鼎盛时期，譬如盛唐。即使后来我国经济重心转移，但黄河流域仍是我国经济中不可忽视的重要地区，我们的母亲河仍是中华民族的依托。

黄河还是华夏科学技术发展的重心。黄河流域的农业生产在北宋以前是全国的重心，特别是从春秋战国时期起，铁制农具广泛使用，牛耕流行，耕作技术不断改进。两汉时期的《汜胜之书》，主要记载了黄河中下游地区，特别是关中地区劳动人民提高单位面积产量的经验。北魏时期，贾思勰所著的《齐民要术》，反映了那个时期黄河流域农业生产及耕作技术的提高。该书对在干旱地区如何整地、中耕、保墒，如何保护、提高地力都有精辟的叙述，对黄河中下游地区水稻栽培技术也有详尽的记载。与农业生产相关的时令受到了先民们的关注。他们根据地球绕太阳公转的规律，结合黄河中下游地区农业生产的时令，把一年二十四等分，创立了“二十四节气”。长期以来，“二十四节气”是黄河流域(含以北地区)安排农事的时间依据，对促进农业生产起到了很大作用。

黄河两岸也是我国古代冶炼技术的发祥地和发展的中心。商周时代，青铜冶炼技术已达到相当纯熟的程度。黄河流域还是我国最早最广泛开发利用多种能源的地区。黄河两岸的先民们很早就懂得利用畜力、风力、水力，并制造出相应的机具。如“风力水车”、“龙骨水车”等。考古发掘表明，我国在西汉时期已经用煤炭作燃料。文献记载，北宋初年山西地区即有不少人以采煤为生，北宋后期煤炭经营已是“官卖”，可见那时煤炭开采已有相当的规模。关于石油的最早记载见于《汉书》，书中记载西汉时今陕西省延长地区，民众发现了一种可燃的石油。据《大元大一统志》记载，陕北地区元代就有人工开凿的石油井。

黄河流域数千年的文明史中，创立了磁学、声学、数学、光学、力学、地学、医学、药学、建筑学等学科，并得到极大的发展。同时，涌现出一批具有时代特色的、世界一流的科学家，创作了大量的经典著作。这是黄河对华夏民族的贡献，是黄河对全人类的付出。被世人称道的古代“四大发明”——造纸术、活字印刷术、指南针、火药都产生在黄河流域，就是最好的例证。文学艺术，以孔子编定的我国第一部诗歌总集《诗经》为起点，此后的汉赋、唐诗、宋词、元曲以及小说等，如黄河之水源远流长。黄河流域名家迭出，佳作累累。庄子、李斯、司马迁、柳宗元的散文，李白、杜甫、白居易的诗，苏东坡、辛弃疾、李易安的词，关汉卿的杂剧，曹雪芹的小说，各领风骚，千古流传。另外，书法绘画艺术，遍布黄河上下的雕塑艺术，也令人叹为观止。临潼秦始皇兵马俑、大同云冈石窟以及洛阳龙门石窟，黄河流域劳动人民创造的这些文化奇迹，在后人眼里，都疑为鬼斧神工，上天所留。各民族的音乐、舞蹈更如百花园中绚烂的花朵，竞相争艳。

应该说，历史毫不犹豫地选择了黄河流域作为中国政治经济的中心。黄河以母亲般的无私，支撑起民族的大厦；以她勇往直前的精神承担了历史的重任，不可争辩地在华夏政治、经济、科学、文化发展中起到了中坚作用。尽管有人把她叫河殇，但岂能更改她的地位：黄河——中华民族的摇篮，灿烂文化的沃土。千百年来，奔腾在辽阔富饶中华大地上的这条黄色巨龙似一只巨大的摇篮，摇曳着中华民族的祖先，吮吸着她的甘甜乳汁，世世生息繁衍，创造了灿烂的文化和中华民族的历史文明。毫无疑问，黄河当之无愧是一条孕育华夏儿女的母亲河。

第二章

黄河文明与长江文明比较

人类文明的创造、人类文化的发生发展，总是与水有着深远的渊源。世界公认的古文明发祥地之一的“两河文明”，是西南亚的底格里斯河和幼发拉底河流域。中国的文明也是两河文明，就是黄河文明跟长江文明。这两种文明从诞生之时起，从来没有间断过它们文明的延续和发展。我们的先人，在横贯东西、南北遥相呼应的两大江河之畔，不断地创造文明、推进文明。正如幼发拉底河、底格里斯河构成了巴比伦文明主干，印度河、恒河构成了印度文明主干一样，中华文明的主干是黄河流域和长江流域，龙凤呈祥，共创辉煌。

第一节　不同的自然地理条件

长江以“长”而得名，它不仅是中国最长的河流，也是世界著名的巨川之一。它像一条银色的巨龙，横卧在中国的中部，从唐古拉山的主峰——各拉丹冬雪山发源，越过草原肥美、矿藏丰富的青藏高原，横贯

"天府之国"的四川盆地，摆荡于"湖广熟，天下足"的两湖之间，滋润着"江淮稻粮肥"的苏皖大地，流经"富饶甲海内"的长江三角洲，沿途汇集了700多条大小河川，浩浩荡荡，一泻千里，在上海注入东海。干流流经10个省、市、自治区，全长6300公里，仅次于南美洲的亚马逊河和非洲的尼罗河，列为世界第三大川。

黄河、长江都源自青海的巴颜喀喇山，起源地相差不过几十里，但两条河流在中游地段，一南一北，跨度极大。它们的跨度，象征了中国本部历史的多元发展。最后，黄河、长江分别流入黄海、东海。这两条大河，一是黄色，一是绿色，正代表两种完全不同的自然生态环境。历史时期，由于自然地理条件的不同，黄河文明和长江文明在中国文明进程中呈现出不同的特点，为华夏文明的发展作出了不可磨灭的贡献。

一、地理环境差异

地理环境特点的差异决定了黄河和长江对中国文明影响的程度，也影响了两河在中国文明进程中的作用和地位。也就是说，由于所处地理环境的原因，黄河文明和长江文明在两个不同的区域发展产生了不平衡性，处于不同的社会发展阶段。例如，在我国，新石器时代的遗址遍布全国各地。但是，原始农业比较发达的主要是黄河中下游和长江中下游地区。历史发展的不平衡性，使得黄河中下游地区的发展超过了长江中下游，最早进入了阶级社会，这就是两河处于不同地理环境原因所造成的。

根据近年来地理和考古研究的新成果，我们对中国古代黄河流域和长江流域的地理环境情况有了较为全面和清晰的了解。黄河流域幅员辽阔，地形复杂，各地气候差异较大，从南到北属湿润、半湿润、半干旱和干旱气候区。但在全新世中期，伴随着世界性气候的回暖，黄河流域属于"仰韶温暖期"，处于温暖湿润的气候环境，从河南安阳殷墟出土的水牛、象和貘等喜暖动物可以证明。黄土高原在远古时期也根本不像现在这样植被破坏严重、千沟万壑，其东部地区在2000年前还覆盖有茂密的森林和竹林，秦岭山区仍存在大片原始森林。进入全新世以来至二三千年前，华北亦普遍分布有茂密的天然森林植被。在黄河流域的西安半坡遗址中发现了距今约6000年的獐、竹鼠和貉等动物遗骸，这些动物现今则主要生活在气候温暖湿润又多沼泽的长江流域。在京津地区当时生存有一些现今见于亚热带地区的动植物，且以栎、榆等为主的阔叶林占优势。据天津地区孢粉研究证明，在7000年前这一地区生长有今天见于淮河流域的水蕨。在京津地区以南的河南、山东的新石器时代遗址中发现的大量喜暖动物和竹类，推测当时黄河流域年均气温较现今约高出2℃。这种温暖气候期大致下延至公元前16~前11世纪的殷商时代。

但长江流域的情况则不同。根据孢粉分析研究，距今11000~8000年前，长江流域以松或栎等阔叶树种为主，植被从森林草原型向森林型方向发展，属于落叶阔叶树稳定上升期，这个时期气温迅速上升。距今8000~6500年前常绿(落叶)林达到顶峰，这个时期气候温暖潮湿。5000年前长江流域的气候普遍较今温暖湿润。如，上海附近地区年均气温比现今高2~3℃，相当今浙江中南部气候。太湖地区自全新世中期以来，也处于气候热暖潮湿的环境之中。浙江余姚河姆渡遗址的动物遗骸中发现了象、犀等现今生活在热带地区的动物，说明当时的气候大致近于现今华南地区的广东、广西南部和云南。新石器时代杭州湾年均气温高于现今4℃以上。其他如长江中游洞庭湖周围、江西南昌地区及下游安徽安庆地区均有孢粉分析的结果，表明距今5000年前气候较今温暖。传说中的蛇身人首的伏羲可能就是爬行动物众多的长江下游和华东地区人们的远古始祖。后来“包牺氏没，神农氏作”，意味着农业就从这里开始了，但其中的原因并不清楚。

著名学者竺可桢先生《中国近五千年来气候变化的初步研究》一文指出，五千年来中国气候的大势是由暖变冷，具体表现是温暖时期一个比一个短，温暖程度一个比一个低。应该说，从8000年到3000年前，黄河流域的气候条件为人类的生存和发展提供了丰富的资源，也有利于原始的农业生产，最终为黄河流域的巨大人口规模奠定了基础。黄河流域气候较今温暖湿润多雨，低温和干旱威胁较轻，黄土高原和黄土冲积平原土质疏松，旱作农业技术又较简单，花费劳动少，开垦较易，使以木、石、蚌、骨为材料制成的工具及原始农业技术较易生产出剩余产品来。同时，黄河水系发达，湖泽众多，土地植被覆盖良好。阮籍的咏怀诗写道:“徘徊蓬池上,还顾望大梁。绿水扬洪波,旷野莽茫茫。走兽交横驰,飞鸟相随翔。”表明当时的蓬池是一个水波浩淼、野兽出没、飞鸟聚集的地方。相形之下,长江流域当时过于炎热潮湿,不如黄河流域宜于居人,不少地区覆盖着大片的原始丛林,平原地区则湖泊沼泽四布,榛莽丛生,加上土质紧密,种植的农作物又主要是水稻,平整土地和引水灌溉劳动量大,技术要求高,在原始的生产工具和技术条件下,大量开垦困难,即使有一些比较发达的地点,由于大面积的河湖沼泽丛林榛莽的阻隔,也不易扩大交往,连成大片,形成强大的力量,人口发展也因此受到限制。因此,黄河中下游地区首先成为中国古代经济文化的中心地区。

到了中国历史上的炎黄五帝时期,越来越多的人发现黄河中游一带是一个气温冷热适宜、淡水充沛的好地方。各个部落、不同种族的人开始了对这块土地的占据,炎黄之战、炎黄蚩尤之战、夏商周的更替之战因此而生。于是黄河流域中游成为了中华文明的发源地,直到如今都被所有炎黄子孙所称颂。东周、秦汉时期气候应该还是差不多,故而黄河中游地区依然维持了中国的人口、文明、文化中心的地位。

《汉书·地理志》对长江流域曾有过这样的描述:“江南地广,或火耕水耨。民食鱼稻,以渔猎山伐为业……食物常足……饮食还给,不忧冻饿,亦亡千金之家。”这生动地勾勒出长江流域独特的自然环境对人类生存活动的影响。也就是这样一条浩浩荡荡的大河,孕育出与黄河流域完全异质的地域文明。而别有韵致的长江文明,也是培育南方文化最重要的根系。从三国两晋南北朝开始,长江流域特别是长江下游的经济发展速度超过了黄河中下游。这除了人为的因素 (如战乱及人口迁移等)以外,地理环境的缓慢变化也是因素之一。近两千年来,我国气候的总趋势是逐渐变冷,长江流域的气候从过去的过分炎热潮湿变得更适于人类居住和农业的开发。随着人口的增长和农业技术的进步,垦田面积明显增加,长江流域在降水量、温度、总热量等方面的优势充分显示出来。主要种植的高产粮食作物——水稻特别是双季稻的普及,更使其在全国经济中占了优势。反之,黄河流域气候渐趋寒冷,水体大为减少,气候干燥,加之黄土高原经过长期开发,天然植被严重破坏,水土流失加剧,土壤肥力下降,水利灌溉日益困难,由此引起了水旱灾害。再加上黄河流域是全国政治军事重心，战乱比长江流域多，而周边地区经济文化比较落后的民族往往南下，常在一段时期里造成破坏，影响了经济的发展。

到唐中期之后，气候又再次变冷，黄河开始结冰。黄河天堑在冬季再也不能保护洛阳了，长安也变得逐渐干燥而不适于人类大规模居住。一阵天下大乱结束了唐朝之后，中国进入了五代十国时期。中国的经济中心和文明中心开始随着气候和移民的变迁而倾向长江流域。宋代，中国的文明、经济中心彻底地从黄河流域转移至长江流域——事实上，当时长江流域的气候，恰恰与夏商周秦汉时期的黄河流域相仿。元朝建都北京，中国文明也从长安、洛阳东西两京时代进入了北京、南京南北两京的时代。明朝朱元璋“驱除胡虏、恢复中华”，建都南京。这事实上也再次印证了长江流域在气候、文明、经济上的中心地位。后燕王朱棣迁都北京，但并未改变长江流域中国文明中心的地位。在这样一个人与自然及人与人的复杂的交互作用的历史过程中，我们可以充分认识地理环境对河流文明发展速度的作用。

二、水量差异

水量大是长江有别于黄河的又一个特点。全世界河口流量在1万立方米每秒（相当于年径流总量为3154亿立方米）以上的河流共有18条，其中在中国境内入海的只有长江和珠江。

长江流经中国南方十几个省（区），气候条件基本上属于亚热带和热带，空气湿润，雨量充沛。长江水系北部以秦岭、伏牛山、桐柏山、大别山与黄河、淮河为界；南部以南岭、黔中高原、大庾岭、武夷山、天目山等与珠江及浙闽水系为界，东西跨越31个经度，南北相距11个纬度，拥有180多万平方公里的流域面积，遍及16个省、市、自治区，占全国总面积的1/5。在辽阔的流域内，65%是高原山地，22%是丘陵，11%是平原，2%是河流、湖泊和沼泽。全流域除上游河段伸入青藏高原腹地、年降水量在500毫米以下外，其他地区都在1000毫米以上，有的地区甚至高达2000毫米以上。丰富的降水，赋予长江丰沛的径流，使长江多年平均入海水量达1万亿立方米，次于亚马逊河（37843亿立方米）和刚果河

(13560亿立方米),居世界第三位。但是,长江流域的径流模数却超过了横跨赤道的亚马逊河,而居于世界之冠。若长江与美国最大的河流——密西西比河相比,长江流域面积仅及密西西比河的55.1%,年径流总量却为密西西比河的165.5%;长江流域平均径流深度为542毫米,密西西比河仅183毫米,只相当于长江的1/3。

若与黄河相比,长江流域面积达180多万平方公里,约占全国总面积的1/5,处处都是太过充沛的河流湖泊,所以有“水乡泽国”之称。据统计,长江流域及其以南地区的水资源占全国的81%之多。且不说如鄱阳湖、洞庭湖、太湖、洪泽湖等有名的淡水湖泊,也不说江南水乡星罗棋布的水系河网,单是一条长达6300公里的主干就足已说明一切,涵盖一切。流域内大大小小的支流数以百计,年入海水量占全国河流总入海水量的1/3以上,是黄河流域的19倍。雅砻江、岷江、嘉陵江、乌江、沅江、湘江、汉江和赣江等8条支流的多年平均流量都在1000立方米每秒以上,超过了黄河水量。其中,流域面积以嘉陵江最大,为16万平方公里;长度以汉江最长,为1577公里;水量以岷江最丰,为877亿立方米。

而黄河流域大部分属于干旱半干旱的大陆性气候区,多年平均降水量476毫米,降水年内分配不均,大约60%的降水量集中在6~9月,径流的补给主要靠降水。因而,黄河的水量远远小于长江,平均年径流总量仅占全国河川径流总量的2%。黄河的流域面积为珠江的1.66倍,长度为珠江的两倍半,而水量仅为珠江的1/6。黄河流域面积为闽江的12倍多,但水量仅及闽江的92%。同时,黄河水量年内分配不均匀,年际变化大,干流最大年径流量与最小年径流量的比值为2~3倍,洪、枯水流量变幅大,洪水暴涨猛落。相形之下,长江流量变幅小,洪水涨落缓慢。例如,黄河最大洪峰流量(花园口站)达22300立方米每秒,而最小枯水流量接近于零;长江最大与最小流量相差仅17倍。

在这样的景况下,长江水系漫长,水域宽阔,水流舒缓,自然容易滋生出无数诗情画意来。在诗人的眼里,长江之美,不同于黄河孤寂荒凉的壮美,而是呈现一番悠远静谧之美,如李白形容“孤帆远影碧空尽,唯见长江天际流”;王安石则描绘“青山缭绕疑无路,忽见千帆隐映来”。而黄河却不同,河滩很宽,水流奔腾豪放不羁,“君不见黄河之水天上来,奔流到海不复回”的气势浩瀚，“谁开昆仑源？流出混沌河”的雄浑惆然，“九曲黄河万里沙，浪淘风簸自天涯”的风急浪高，就是对黄河的最好写照。便是一代伟人毛泽东，面对长江他是一副“胜似闲庭信步”的从容，可面对黄河，却持着“大河上下，顿失滔滔”的敬畏。

在优越的自然环境之下，长江流域孕育出品种繁多的动、植物资源，为人类的生存繁衍提供了丰厚的条件，蕴藏着巨大的能量。今天的统计数字显示出，长江流域内的耕地面积约占我国耕地总面积的1/4，其粮食产量占我国粮食总产量的40%以上，流域内淡水鱼的总产量约占我国总产量的65%以上。

三、含沙量差异

黄河的含沙量居世界大河之冠，以多沙著名。今日之黄河，一个“黄”字已不够用，纯然是满河泥浆。黄河的含沙量有多少？河边百姓说，发洪水时一杯水能沉淀出半杯泥。科学的数字是：平均含沙量为每立方米37.6公斤。世界上著名的多沙河流，含沙量多在1公斤上下，上10公斤的超级沙河也有一两条，以几十公斤论的，唯有黄河了。黄河每年挟带的泥沙，4亿吨淤积在干流河道，8亿吨淤积在河口三角洲，4亿吨入海，年均输沙总量为16亿吨。自1947年黄河回归现行河道至1985年底，共计填海造陆1220平方公里，平均每年造陆31.3平方公里，河口一带海岸线平均向海内推进390米。黄河含沙量为闽江的260多倍。相比之下，长江的含沙量要少得多，长江干流为0.57公斤每立方米，只及黄河的1/74。

河水中的泥沙主要是流域坡面上流水侵蚀作用的产物。对流域表面的侵蚀能力常用侵蚀模数来表示，即每平方公里面积上，每年被侵蚀并被带入河流的泥沙吨数。河流含沙量大，无疑流域侵蚀模数也大。黄河干流（陕县以上）可达2330吨每平方公里。而黄土高原上的窟野河局部地区甚至高达30000吨每平方公里以上，相当于每年把地面削低18毫米。黄河年均土壤侵蚀总量20亿吨，如果把这些泥沙筑成高宽各一米的长堤，可绕地球赤道37周。但长江却不同，除金沙江的上游河段及嘉陵江可超过1000吨每平方公里外，宜昌以上的山区侵蚀模数略大于200吨每平方公里，宜昌以下则不超过这个数值。

目前的研究表明，古代希腊文明和玛雅文明突然崩溃的原因是水土流失。当然，这绝非孤例。曾养育了辉煌中国文明的黄河流域，同样在严重的水土流失下趋于衰落。公元前数世纪至公元9世纪，在长达近两千年的岁月里，这里是中国经济、文化、政治的中心。数十位帝王在这里建立了伟大的都城。直到今天，那些绵延数百里的如金字塔般宏大的帝王陵墓，还在向我们述说着当年的繁荣。兴盛的代价则是森林植被减少、水土流失加重。如今，黄土高原水土流失剧烈的7.7万平方公里内，年土壤侵蚀量可达每平方公里万吨以上；其最惨烈之处，竟达2万吨以上。在西周时期（公元前11世纪~公元前3世纪），黄土高原的塬面尚比较完整，远不是今天这般被切割得千沟万壑、支离破碎。渭河北岸的周塬遗址，现已呈长条状，最宽处不过13公里；而历史上的周塬，长70多公里，宽20多公里。现存的面积最大的董志塬，在唐代（618~917年）时长42公里，宽32公里；现在最宽处18公里，最窄处仅半公里。塬的产生及塬的消失，正是黄河文明从繁盛走向没落的标志。

随着水土流失的加剧、人口的迁徙，文明的重心遂向东南转移到水土丰茂的长江流域。近年来，有学者研究发现，大约从公元初年至14世纪末年，中国的人口重心一直以年均0.43公里的速度向东南作直线运动，经过了长达1400年的漫长跋涉，从黄河中游转移到长江下游附近。

四、支流差异

支流集中是长江别于黄河的又一重要特点。长江水系庞大，好像一棵枝叶繁茂的参天大树，干支交错，枝枝相连，布满整个流域。据统计，长江干流拥有700多条一级支流，其中流域面积1万平方公里以上的40多条，5万平方公里以上的9条，10万平方公里以上的4条。浩荡的长江干流加上沿途700余条支流，纵贯南北，汇集而成一片流经180余万平方公里的广大地区。较大的支流几乎全部集中在长江干流中段的“一盆二湖”地区，即四川盆地和洞庭湖、鄱阳湖。在四川盆地，从左岸汇入长江的有雅砻江、岷江、沱江、嘉陵江；右岸有乌江。洞庭湖一带的支流有从右岸入长江的清江、澧水、沅江、资水和湘江，而长江最大的支流汉江，则从左岸汇入。鄱阳湖水系包括修水、赣江、抚河、信江和饶河，集中在长江右岸。长江干流从雅砻江河口至鄱阳湖口，流程仅1761公里，占全江的28%，而得到的水量补给却近8000亿立方米，占入海水量的80‰。在长江下游的主要支流中，青弋江和黄浦江虽较为有名，但其长度和水量都与上述的支流无法相比。

湖泊好似嵌在大地上的明珠，如果它与河流相通，也应属于该河流水系的一部分。长江中下游是中国著名的湖泊稠密区之一。江串湖，湖连河，江湖相依，好似瓜藤相接，这是长江与其他河流相比所具有的突出特点之一。通常所说的“五湖四海”中的五湖，即鄱阳湖、洞庭湖、太湖、洪泽湖和巢湖，都集中在长江中下游地区。长江中下游到底有多少个湖泊呢？据统计，仅湘、鄂、赣三省沿长江两岸，面积在百亩以上的湖泊就有1200多个，面积在200平方公里以上的也有18个之多。长江流域的湖泊总面积为22000多平方公里，其中中下游两岸约为21000平方公里，占97.8%。长江中下游众多的湖泊，虽然成因不尽相同，但它们都是与长江演变有关的河迹湖。长江中下游众多的湖泊，是天然的水库，对长江干支流起着良好的调节作用。特别是在洪水期，大量洪水蓄存在湖内，大大削减了洪峰，到枯水期再慢慢放出，增加了长江水量，使洪旱灾害减少。

黄河全长5464公里，为中国第二大河。黄河汇集了40多条主要支流和1000多条溪涧，流域面积为75万平方公里。黄河的主要支流在上游段（河源至河口镇）有大夏河、洮河、湟水（包括大通河），其中洮河是黄河上游的最大支流，发源于甘肃斜山东麓，在刘家峡附近入黄河。中游段（河口镇至河南郑州的桃花峪）有无定河、汾河、渭河、伊洛河、沁河。渭河是黄河中游的最大支流，发源于甘肃省渭源的鸟鼠山，横贯有八百里秦川之称的关中平原，在潼关汇入黄河。黄河下游段（郑州以下至河口）处于华北平原上，是地上“悬河”，两岸几乎所有河流都无法注入黄河，只有发源于山东泰山的大汶河（又名汶河），居高临下，借助于京杭大运河，才使其一部分水量注入黄河。

五、洪涝灾害差异

中国是一个洪涝灾害多发的国度，尤其是大江大河的洪水，自古以来就是中华民族的心腹之患。黄河既是中华民族的母亲河，又以害河、“中国之患”闻名于世。史载，自公元前602年至1949年的2500多年中，黄河下游因洪水决口泛滥达1500多次，平均三年两次，有时一年之中竟多次决溢；下游改道26次，其中较大且长时间的改道有9次之多，曾出现过7个入海口，涉及范围北至津沽，南达淮河，约25万平方公里。唐以后，黄河水患日益严重。五代时期的55年中，黄河决溢的年份为18年，决溢三四十处，远远超过了前代，开创了黄河决溢的新记录。北宋160年间，黄河决溢达80多次，平均两年一次；元代近百年间黄河决溢年份达51年计62次。明清500年间，黄河下游决溢300多次，平均3年两次。下游平原地面抬高，城池湮没，开封城先后6次被黄河冲淹，城内地表堆积在7~15米之间。黄河每次决口泛滥，都造成“江河横流，人为鱼鳖”的惨象。如1933年黄河大水，下游决口漫溢72处，冀、鲁、豫三省67个县受灾面积达12000平方公里，364万人无家可归，18000多人被夺去生命。在长达700年的黄河夺淮期，整个淮河水系遭到严重的破坏，成为水灾频仍的害河。

黄河流域的旱灾也十分严重。如，从公元前1766年至1944年的3710年间，有历史记载的旱灾高达1070次。其中仅清代的268年中，就有旱灾201次。严重旱灾的结果是“赤地千里，饿殍载道”。如1876年至1879年，晋、冀、鲁、豫4省连续大旱，饿病而死者达1300多万人。明清500年间，仅河南即发生旱、涝、风、雹等灾达700多次。黄河泛滥引起河湖淤塞，土地沙化、盐碱化，下游地带水系遭到摧毁性破坏，湖泊绝大部分湮没消失，自然平衡机制的破坏，加之气候灾害更加频繁，开始从根本上改变了黄河流域农业生产赖以依靠的条件，黄河农耕文明长期处于显著衰退之中。北宋以后，黄河流域不仅失去了全国经济重心的地位，而且失去了政治、文化重心的地位。

因此，在中国文明的历史进程中，黄河这条背负太多责任和历史的母亲河，曾见证过两岸的欢乐和繁荣，也见证过太多的悲伤和苍凉。与那些伟大的北方青山一样，除却充满刚性的力量，便是令人慨然的苍凉。相比之下，长江却是以壮丽富饶展示于人类。尽管，长江也曾给沿岸人民带来了无数灾难。据记载，从汉代至清代2000年间，长江中下游共发生较大洪灾200多次，平均10年一次，中小洪灾则难以数计。到了近代，增加到3~5年一次。但与黄河相比，长江却更富有诗意和清淡、秀丽，特别是明清两代，也就是江南经济高度发达时期，江南才子更是名满天下。在清代，状元共114人，江苏得49人而浙江得20人、安徽得9人，其人才之密集由此可见一斑。

第二节　不同的人文地理条件

长江文明一如哺育它的大江，溯其源，追其流，上下几千年。许多代人默默地劳动，开辟良田，建造房屋……忽然间，马蹄踏稻麦成鞠草，战火焚城为废墟。文明的进程被中断，又重新开始。长江文明在其发展进程中，展现出与黄河文明不同的特色，是与其人文地理条件分不开的。

一、经济基础差异

关于中国两河文明经济基础的差异，概而言之，发达的稻作农业是长江古代文明产生的基础，而发达的粟作农业是黄河古代文明产生的基础。

环顾世界，所有古代文明都是在谷物农业发达到一定阶段的基础上发生的。例如西亚地区的古代文明，是在以小麦、大麦种植和绵羊、山羊饲养的经济基础发达到一定阶段以后产生的。埃及文明和印度河文明也是受到西亚的以小麦为主的旱地农业的影响，分别在尼罗河和印度河发展到一定程度以后产生的。中美洲的古代文明是以玉米为主的谷物农业发展到一定阶段以后，在那个基础上产生的。

中国的黄河文明，则是在以粟的种植为主的旱地农业的基础上发生起来的。黄河早期文明属于旱作文化区域，虽然黄土地带年降水量较少，但雨水集中在夏季，有利于耐旱作物的生长。现代科学表明，由于受水热、土壤、地形条件控制，在当时的黄河流域，野生植物经人工驯化后成为栽培植物的只能是粟。粟宜于黄土地带生长，成熟期短且易于保存，粟类作物至今仍在黄河流域大量种植也从某种程度上证明了这一结论的正确。我们可以从一些考古遗址上找到足够的证据，如新石器时期的磁山文化。该遗址位于河北省武安市磁山镇,太行山脉与华北平原的交界处,范围有8万平方米,是古代先民聚居的一个村落。在这里发现的灰坑多达数百个,数量最多的是平面作长方形的。这类灰坑多半是贮存粮食的窖穴,深1~2米,最深的达5米以上。在其中的80个这类坑中发现了腐朽的粮食堆积,厚度在0.3~2米不等。鉴定结果这些粮食属于耐旱的粟类作物。据考古人员研究,残存的粮食以十余万斤计,说明当时农业生产的规模已经很可观,农业已经在当时居民的经济生活中占据了主要地位。正是这种比较稳定的食物来源,保障了人们的定居生活。

与黄河文明相比,长江文明主要是以稻文化为基础的。在长江流域的新石器时代遗址中,普遍发现了稻谷的遗存。1973年冬至1974年春,考古工作者们开始了对浙江余姚河姆渡新石器时代遗址的发掘工作,发现了时间距今达7000年的新石器稻谷。在5000平方米左右的挖掘范围内,普遍发现由稻谷、稻谷壳、稻秆、稻叶和其他禾本植物混在一起的堆积物,厚度达40~50厘米。据当时考古学家的测定,稻谷总量当在120吨以上。这些被发现的谷粒已经炭化,但外形基本完整。颗粒大小接近现代栽培稻,比野生稻要大得多。遗址中又有许多稻作农具共存,可以肯定这些稻谷堆积的遗存属于栽培稻的收获品。这个出现震动了中国乃至世界,被誉为是史前水稻文化最辉煌的发现。

长江下游新石器时代稻谷的发现,河姆渡不算是第一次。早在1954年冬天,发掘无锡仙蠡墩遗址时,在其下文化层就见到了成堆的稻壳。以后在南京、吴县、青浦、吴兴等地遗址中,都发现史前稻的遗存。河姆渡的发现也不算最后一次,继其之后,在宁波、上海、海安和常州等地方一系列史前水稻遗存相继被发现。在长江中游,1956年,考古工作者在湖北京山屈家岭遗址中已发掘出稻谷。1956年6月至1957年2月的第二次发掘中,在红烧土堆积中都发现了大量的稻谷壳和稻草的痕迹。在面积约500平方米、体积约200立方米的红烧土中都掺有稻谷壳和稻草茎,有的地方更是密结成层。以后在湖北天门、随州、武昌、宜都、枝江、秭归、江陵、郧县、云梦,河南淅川,湖南华容、平江,江西修水、九江、萍乡等处均有新石器时代的稻谷遗存发现。在这些遗址中,稻谷遗存大都是作为房屋墙壁或地基的掺和料,后经火毁,泥土变成了红烧土,稻壳稻草的痕迹才得以保存下来。在长江中游地区,这种用稻谷壳和稻草做掺和料来抹墙壁的做法一直存在，尽管当年这些遗址的主人已经大多被远远地赶离了这个地区。在长江上游云南元谋猿人的家乡,20世纪70年代出土了一批稻谷遗存,这批稻谷的年代距今3000余年。在云南宾川、剑川和滇池东岸,稻谷的新石器遗存都有发现。现在我们知道,长江流域史前的水稻栽培,构成了长江古代文明的重要环节。

长江流域所栽培的水稻究竟源于何方？传统的说法是水稻的原产地在从印度的阿萨姆邦到中国云南的椭圆形地区。经由云南传入黄河流域，经越南由海路引入长江下游。这是国际上学者们所持的基本观点。国内的学者对此有不同的看法,他们认为长江中下游,尤其是下游地区很可能是水稻的起源中心之一。理由有二:其一,国内目前已经发现的70多个有水稻遗存的史前遗址，河姆渡因为出土稻谷数量最大而且时间最古老,从而显得最为重要。以河姆渡和桐乡罗家角为中心,稻谷遗存的年代为7000年左右;向外扩展至整个长江下游地区,那些稻谷遗存的年代为5000~6000年;扩展至长江中游则为5000年左右;到长江上游,则只有3000~4000年历史。这种年代的顺序排列,使长江下游很像一个水稻起源的中心地,随时代推移,水稻的栽培逐渐向外扩散,因而下游、中游、上游呈现不同的时间差,显示出很强的规律性。其二,从生物学的观点看,栽培稻源于野生稻,栽培稻是人类对野生稻不断驯育的结果。因此,长江流域有无野生稻分布的记载是很重要的。巧得很,我国记载中出现的野生稻,主要分布在浙北和江苏中部南部,与上述遗址的分布相合。根据这些分析,人们很谨慎地猜测长江中下游地区和华南区构成一个水稻起源中心。栽培稻的培育成功,是长江原始居民对长江文明的最初贡献,也是长江史前文明区别黄河史前文明的一个基本点。

在稻作农业的基础上产生过文明吗?过去是问号,要寻求答案主要有两个地区。一个是印度的恒河流域,一个是中国的长江流域。长江流域现在是全世界稻米产量最多的地方,也是人口最集中的地方。那么在长江流域有没有自身产生文明的土壤？还是说只有等中原文明传播到长江流域,或者说影响到长江流域,之后才产生了文明？这是摆在考古学者、历史学者面前的一个问题。由于前些年在长江流域很多从新石器时代到青铜时代的一系列文化的重要发现，所以大家觉得这个问题值得深思。我个人觉得，稻作农业对文明产生的作用，绝对不可低估。稻作农业发展到一定时期，在它的基础上完全有条件产生文明。这个文明，包括物质文明，也包括精神文明。这些年在长江流域发现的如良渚文化、石家河文化的许多遗存，大家都很关注，在讨论文明起源时候，都提到这些文化。这些文化中并没有青铜器，只有比较发达的稻作农业，比较发达的手工业，如制造玉器、丝绸等。所以说，稻作农业是可以在它发展到一定阶段以后产生文明的。

二、文明核心不同

按照目前学术界比较流行的观点，中国两河文明的内核最大不同之处就是，黄河文明是“龙”文明，长江文明是“凤”文明。从另一方面来说，即黄河文明是儒家文明，长江文明属于道家文明的范畴。

黄河文明的源头，可以上溯到新石器时期。从上个世纪20年代开始，通过考古发现，黄河文明在新石器时代主要有仰韶文化、齐家文化、龙山文化和大汶口文化四个文化系统。后来，脱胎于这四大文化的商周青铜器文明，标志着黄河文明趋于成熟。不仅仅是器具质量、用料的变化，而且是在青铜器上刻铸的大量文字——不仅有了象形文字，而且有了会意文字；而作为黄河文明图腾标志的“龙”，也以青铜器物上主要部件或图饰的形式，日益被进一步彰显，终于成为君王的形象代表。到了周代，龙便成了图腾崇拜物。这一传统，一直延续到清代。

而与“龙”文化因子相对应的则是中国文明中长期占主导地位的儒家文化，它构成了黄河文明的轴心，其领军代表人物是孔子与孟子。儒家文明极力主张“克己复礼”、“天下归仁”，一心要用“仁义”挽救“礼崩乐坏”的局面，要求人们以“亲亲之爱”为起点，在人与人之间架起一座相互关心、相互帮助的“仁爱”桥梁，并且还向人们描绘了一幅“老有所终，壮有所用，幼有所长，鳏寡孤独残废者皆有所养”的大同社会理想蓝图。后来的孟子更进一步，其性善论为孔子倡导的“为仁”学说提供了人性依据。所以，他在孔庙里列于“亚圣”的位置，绝非浪得虚名。由孔、孟共同构建的以“仁、义、礼、智、信”为核心的理论体系，作为黄河文明的核心价值观而成为华夏文明的一大标识。这个文明系统，在汉代获得了统治者的认可，从此成为华夏人的主流意识形态，对中国文明的发展起着规范、制约的作用。

与黄河文明新石器时代同时，长江流域也存在四大古文明系统，自西向东分别是：大溪文化、屈家岭文化、青莲岗文化和良渚文化，后来形成了三大文化：巴蜀文化、荆楚文化、吴越文化。长江文明的标识，在“三星堆”里得到了充分的体现——“三星堆”的上千件青铜器给我们营造了一个鸟的文化氛围。浙江的河姆渡遗址中，也发掘出了大量鸟图腾崇拜的器物，仅鸟形牙雕就有6件，如鸟纹碟形器、鸟形匕首、双鸟纹骨匕。不仅如此，吴越还有一种特殊的“鸟书”文字，在每一个篆字旁边都有鸟形文饰。到了战国中期，这种“鸟文化”观念终于在《庄子》一书中淋漓尽致地表达了出来。庄子讲了这样一个关于鸟的故事：有一只鸟，其名为鹏，背若泰山，翼若垂天之云，抟扶摇羊角而上者九万里，绝云气，负青天，然后图南（向南方飞去）。明代学者对《庄子》的注释，说鹏就是凤凰，这很容易使我们想到了古代人所说的龙凤呈祥。

学者研究已经证明，老子与庄子将其顺应自然、开拓进取的理念，注入长江文明的内涵，使长江文明在理论层面上有别于黄河文化，而成为华夏文明中的又一个个性鲜明的文化系统。在荆楚文化中，后来的屈原，他的最大贡献也跟老子一样是问苍天，这样的发问最后成就了他的楚辞，使之可以跟诗经媲美。他对世界的一种观察，对世界的一种理解，包含有很多的道家思想。

三、文明连续性程度不同

放在世界文明史的大背景下来看，中国的两河文明与西亚的两河文明有许多具体不同。西亚两河文明的最大特征是她的“文化一体化”，而中国的黄河与长江要比西亚的幼发拉底河与底格里斯河长得多，两河相距近者数百里，远者越千里。两河的地貌、气候、人文环境均大异其趣。因此，黄河与长江所孕育的文明必然会具有鲜明的不同特征。

就纵向的角度看，黄河文明的演进轨迹是连续的。这主要以黄河中游的中原文化区为代表。它以晋南、豫西、陕东为中心，以陕西、山西、河北、河南四省为范围。这个地区的新石器早期有老官台文化和磁山文化，到新石器晚期融合为仰韶文化，再后来又发展为中原龙山文化。仰韶文化晚期与中原龙山文化，与历史传说的五帝时代及其活动范围基本一致。紧接五帝之后便是夏商周三代的前后连续，而夏商周三族文化又都源于中原龙山文化。中原龙山文化包含有许多地方类型。正因为如此，当我们追溯文明起源时便会发现，从五帝到夏商周，有关城市、礼仪中心、青铜器、文字等文明要素，都经历了由初始到壮大、由简单到丰富的一脉相承的发展过程。在此基础上，才出现了此后的秦汉统一帝国，乃至于魏晋、隋唐、宋、元、明、清等朝代。由此可以得出结论，以中原文明为主体的是连续发展的文明，悠悠五千年奔流不息，从未间断，为世界古文明所罕见。这是中国古文明的主流。

但长江流域的文明演进轨迹并非如此。如长江中游，在新石器时代，由城背溪文化——大溪文化——屈家岭文化——石家河文化，形成了一个前后相承的文化序列。其中石家河文化已处于文明起源阶段，出现了规模巨大的城堡、制作精美的玉礼器和随葬品丰富的大墓等文明因素，其发达的程度可以与中原龙山文化相媲美。按照常规的发展趋势，石家河古城文明之后，相当于中原的夏王朝时期，这里也应该出现源于石家河文明并高于石家河文明的独立文明古国。然而，由于夏商文化的南下，打乱了这里的发展序列，使该地区最终失去了独立进入文明古国的机会，新石器时代晚期的石家河文明起源不久，在进入夏商时代却断绝了。在长江中游代之而起的是夏商文明。夏商文明与石家河文明是属于不同渊源的异类文明，彼此之间不能衔接。

在长江下游，继河姆渡文化、马家浜文化、崧泽文化之后，发展起来的是良渚文化。良渚文化的年代与中原龙山文化大致相当。良渚文化因其大型礼仪性建筑、高规格的大墓、精美的玉礼器和陶器、玉器上的多个相连的文字符号等因素的出现，可以毫不夸张地说，当时的文明已处于一个相当辉煌的阶段。因此，按照一般的发展趋势，良渚文化之后，相当于中原的夏代，这里也应该出现更高程度的文明方国。

然而至今还令人迷惑不解的是，大约在公元前2000年开始，即相当于中原夏王朝初始，良渚文明突然在她的家乡消失了。“土筑金字塔”式的大型礼仪性建筑不见了，成套的玉质礼器及其“饕餮纹”悄然绝迹，扁薄穿孔石斧也明显减少，成组的刻划文字也少见了。这种衰落现象持续了三四百年，其时中原正处于夏文明的兴起与繁荣时期。大约到了商代，在良渚文化区域内，才开始出现越文化的前身——马桥文化和吴文化的前身——湖熟文化。虽然，马桥文化和湖熟文化中都出现了青铜器，但到目前为止还没有充分的证据说明这两种文化的文明程度高于良渚文明。正因为如此，《史记·越王勾践世家》记马桥文化的子孙越国人“文身断发，披草莱而邑焉”；《史记·吴太伯世家》载商代末年，周太王之子太伯、仲雍来到湖熟文化的后裔吴地时，仍要“文身断发，示不可用”。由此可见，长江下游在新石器时代晚期曾经辉煌一时的良渚文明，到了夏商周时期便开始衰落了。

长江上游的三星堆文明的情形也是如此。据2000年初考古工作者对三星堆遗址的再次发掘，发现三星堆古城内城墙残长400~500米，高度为5.6米，上端宽10多米，墙基宽约40米。专家们估计这一中心城区有3.5平方公里大小，与郑州商城的规模接近，也是当时中国最大的城市之一，居民估计在3万至5万人。然而，到了商周交替之际，灿烂辉煌的三星堆文明正当其发展的高峰时，突然从成都平原消失了，三星堆古城被废弃了，许多精美的用于宗教活动并象征主权的青铜器、玉器等被毁坏或掩埋。至于遇到了什么变故，是什么原因使其突然在成都平原消失的，至今还是一个谜。我们今天所确知的一个事实是，三星堆文明发展到商周之际，没有延续下来，而是突然中断了。

虽然在长江中游，继石家河文明以后，有盘龙城商城文明；长江下游继良渚文明之后，有江西清江吴城商城文明，但盘龙城商城实际是商文明南下的结果，是商文明的有机组成部分，与石家河文明没有联系。清江吴城商城是在商文化强烈影响下而发展起来的赣江流域一支土著青铜文明，与良渚文明没有联系。因此，在长江流域，从新石器时代晚期的文明起源阶段到夏商周时期的文明形成发展阶段，虽都有文明中心的存在，但这些文明中心之间却是断续的关系，与黄河流域的连续的文明形成鲜明的对照。这应该是中国两河文明的最大特点。

为什么黄河文明与长江文明在起源与形成过程中会出现如此迥然

不同的演进轨迹？这是一个需要深入研究而目前尚未有满意答案的课题。由于黄河文明与长江文明是中国文明的主体，因此继续探索长江文明的演进轨迹，对于我们正确把握河流文明，无疑具有积极的意义。纵观世界文明历史，世界上有许多古文明之谜，如印度古文明与玛雅古文明的消失，以及埃及金字塔与古巴比伦空中花园的出现等。一个有趣的现象是，这些古文明之谜与长江流域古文明一样，均处于北纬30度左右。这究竟是偶然的巧合，还是暗示着世界古文明发展史上的某些共性？这是历史学家和考古学家们需要讨论的世界性课题。

四、文明因素的差异

就中国两河文明因素看，从新石器时代晚期的龙山时代到夏商周三代，黄河文明与长江文明起源与演进过程至少有如下特征值得注意：黄河文明因素以青铜器、城市和文字为特征，长江文明因素则有玉器、大型祭坛和文字。

学术界曾将判断是否出现文明的要素概括为青铜器、城市、礼仪中心和文字四个方面，但这只是就一般情况而言。事实上，文明起源具有区域性和多样性。我们必须考虑到不同区域的文明在其演进过程中所呈现的物化形式是有差别的。例如，中美洲墨西哥的特奥蒂瓦坎文明和玛雅文明都是没有铜器的文明；而南美洲秘鲁的印加文明，虽已建立了强大的帝国式的国家，却没有文字的使用；古埃及前王朝时期的诺姆文明不是以城市或都邑而是以灌溉区的修建和划定来体现的。

这种情况不仅在世界古文明起源与形成发展过程中是这样，在中国也是如此。黄河文明以青铜器见长，从文明起源到文明形成过程中，青铜器一直是其重要标志。但我们至今未在良渚文化遗址里发现铜器，在马桥文化遗址里虽发现有铜器，但数量既少，水平又低——长江文明显然不能以铜器作为标志。真正能代表长江下游文明水平，并可以与中原青铜器相媲美的，是良渚文化的玉器。良渚文化玉器数量之多、制作之精美、内容之丰富，早就引起了国内外学术界的赞美。良渚玉器的种类有琮、璧、钺、镯、璜、管、珠、锥形饰、半圆形额饰、冠状饰、三叉形饰、柱形器、柄形器、插座、杖端饰、圆牌、坠、纺轮、新月形饰以及鸟、鱼、蝉、龟等20多种，不少器种目前只能暂用描述性的名称。在这些玉器中，琮、璧、钺可视为礼器，具有特别重要的意义。琮是神权的象征，只出现在大墓之中，表明它是特殊身份和地位的人才能使用。其内圆外方的形状可能与古代天圆地方的宇宙观念有关，而“神人兽面纹”则与巫术观念中借助动物伙伴以沟通天地神灵有关。而璧可能是财富的标志物，至于玉钺则是军权的象征。在良渚文化大墓里常见钺、琮、璧三器同在的组合，这应该是墓主军权、神权、财权三位一体的象征。可以说，青铜器在黄河文明起源进程中的重要意义在于他们是等级地位、社会财富、酋邦政权、宗教神权以及礼仪制度的物化形式。同样，良渚文化玉器在长江文明起源进程中的重要意义在于他们也是行政管理、军事统辖、宗教意识的物化形式。良渚文化玉器构成了长江文明起源，有别于黄河文明起源的个性模式。

原始城市的产生，是古代中国两河文明进步的一个重大标志。黄河文明在龙山时代即已出现了许多古城，如淮阴平粮台古城、郾城郝家台古城、安阳后岗古城、辉县孟庄古城、登封王城岗古城等。到了夏商周时期，城市的规模更大，内涵更丰富，完全成了国家的中心的商周王都又沿此格局而更趋完善。一般城内都具备宫室和宗庙两大部分。宫室是政治、军事、经济、文化的中心，而宗庙则体现了中原民族敬祖追远、崇拜先祖列宗的特点。总之，城市是构成黄河文明的重要因素。

黄河文明中这种布局严整的城市在长江流域里几乎不见，在长江文明中，则以独立的大型礼仪性建筑来体现其文明特色。这些祭祀遗址大多是人工堆筑而成的高台，学者们称其为“土筑金字塔”。在良渚文化中这种典型的大型祭坛有浙江余杭县内的瑶山祭坛、汇观山祭坛和上海青浦福泉山祭坛。这些祭坛一般都建在山顶上，都呈方形，大多由三层方台逐层建成，具有“高上加高”直至“通向上天之意”。这些祭坛上，一般都伴有大型墓葬，墓中的随葬品则以琮、钺、璧等大型玉质礼器为主。这些大型祭坛，不仅就其内涵看，是一个神权、政权、军权高度集中的具有酋邦性质的文明古国的中心场所，而且就其精心设计、认真施工的角度看，也充分体现了其文明程度。但长江文明中这些大型高台祭坛及大墓没有在其后的马桥文化中心延续下来。相反，在文献记载中的有关夏商周三代的社坛,却可在良渚文化祭坛中找到印证,故有学者认为夏商周社坛正是渊源于良渚文化祭坛。

五、开放程度的差异

从长江文明的整体功能来看,它是一个开放的文明系统。所谓开放性,一是指它具有兼收并蓄、容纳百家的恢弘气度,在充分认识自己文明的基础上,吸收和融汇异质文明的养分,不断地更新自己;二是指它在吸收异质文明养分的同时,源源不断地输出自身的文明能量,给异质文明以影响。例如,在长江文明中的楚文化,以"抚有蛮夷,以属诸夏"的博大胸怀,择善而从,为我所用,包容了一切有生机的文化。以至有的学者对楚文化作了这样的分解:其文化主流虽可推溯到祝融,但其干流是黄河流域的黄河文明,支流则为蛮夷文化,三者的交汇合流,才构成了典型意义的楚文化。吴越文化也不例外,齐人孙子入吴传授兵法,吴公子季礼赴鲁观礼和楚人文种、范蠡入越治军、辅政、筑城,显示出吴越文化的开放襟怀。而巴蜀文化不仅吸收了楚文化、吴越文化、滇文化和黄河文明的先进因素,而且还吸收了西亚文明、东南亚文明和印度文明中的某些养分。同时,又将自己的文明传播到上述诸地。秦汉以后,长江文明的开放精神有增无减:在中华文明重心南移的过程中,长江文明积极汲取西方文明中的先进内容,率先接受了西方先进的科技文明;在中华文明的现代化进程中,几乎总是以上海为龙头,以长江流域为龙身而起舞,从而演绎出一曲曲波澜起伏、雄奇壮观的历史活剧。

正是由于文明的开放性,在长江文明中还孕育出个性鲜明的诸多地域文化和民族文化。例如在长江文明中的建筑文化,像皖南的西递村、苏南的周庄镇、三样民居、三样村镇,格局和风姿都迥异,这在黄河流域是找不到的。此外,金沙江和岷江之间有碉楼,武陵山有土家的干栏(吊脚楼),清水江两岸有苗家的木楼,苏州有举世无匹的园林,等等。如果把这些加上去,长江流域的建筑就更美不胜收了。相形之下,黄河文明中的民居和村镇的地域差异和民族差异,就不那么鲜明而生动了。岂但建筑如此,无论山水、生物、资源、产业、民族、语言、风俗、学术流派、艺术样式、宗教支系等,长江流域的都比黄河流域的丰富得多。显然，造成这些特点的出现，和长江文明的开放性不无关系。

第三节 对中国历史进程的阶段性差异

考察古代世界的四大文明古国，尽管相距遥远，互不接触，却可以得出一个基本认识：即古代(农业经济时代)的经济文化中心应当产生在大河流域，易言之，一条大河就有条件有可能孕育一个经济文化中心即文明区。当然，在中国广袤版图上的黄河和长江，亦应当形成两个文明区。事实上，中国文明在形成了黄河文明的时代，长江流域已经存在一个潜在的文明区，这个文明区的出现迟了一些，但一经出现就会超过此前独领风骚的黄河文明区，因为长江文明区的自然地理条件决定了它的能量更大，更有发展潜力。从这个意义上来说，也正是受自然和地理环境影响，以不同的物质生产方式和生活资源攫取方式为基础形成的黄河文明和长江文明，汇成了中华文明累世不竭的源头活水，只不过两者在中华文明不同阶段发展进程中所担负的责任和所起到的作用不同而已。

而今，当我们面对满目疮痍的黄河流域的时候，我们往往感到十分困惑：中华文明何以会最先产生于这片并不富饶甚至干旱贫瘠的土地上呢？要找到正确的答案，我们就需要穿过时光隧道去开启被尘封已久的黄河历史。

一、文明重心处于黄河流域时期

地理环境的特点影响着生产力发展的水平和速度，从而使不同地区、不同民族、不同国家的社会发展产生不平衡性，处于不同的社会发展阶段。在我国，新石器时代的遗址遍布全国各地。但是，原始农业比较发达的主要是黄河中下游和长江中下游地区。历史发展的不平衡性，优越的地理环境为原始人类的繁衍生息提供了自然基础。因而早在100万年前，原始人类就开始在黄河流域居住活动，大约在1万年前人类社会进入新石器时代。大量的考古资料证明，黄河流域是当时最先进入开发，并从商周到秦汉，黄河流域的经济和社会发展一直领先于长江流域。

公元前21世纪至8世纪的夏、商、西周时期，国家的统治中心均在黄河流域。虽然夏、商两代曾十多次迁都，但始终没有离开黄河两岸的谷地和平原地带。春秋列国和战国七雄仍主要集中于黄河流域，各国对自己地域作了较大的开发，如齐国、鲁国对今山东半岛的农业开发，晋国对今山西北部地区的开发，秦国对成都平原的开发都值得提及。尽管这一时期由于人类活动扩大，经济区的拓展，黄河流域的原始状态开始被打破，但当时人口还很少，经济开发程度不高，因而人类社会对环境的影响并不大，黄河流域远古时期延续下来的地理环境仍然基本上保持着。

秦汉时期统治中心仍集中于黄河中下游，农业文明核心地位进一步确立。据《史记·货殖列传》所记载的18个经济区分布来看，其中有13个在黄河流域，而只有巴蜀、西楚、东楚、南楚和岭南5个区域在长江流域，而且在北方还有一个龙门碣石的游牧区；手工业和商业的发展：当时全国设有铁官49处，其中山西13处，关东29处，江南只有5处，龙门碣石一线2处，主要分布在黄河流域。西汉时设的盐官36处，其中山西7处，山东17处，江南只有3处，龙门碣石一线9处，也主要分布在黄河流域。秦汉时期桑蚕业中心仍在黄河流域。可以看出当时经济发展的重心区在北方黄河流域。应该说，黄河中下游地区因为政治经济发达而成为封建王朝的支撑点。

但是，就在黄河文明不断走向强盛的时候，其潜在的衰落因素也在悄悄地来临。随着生产活动的扩展，特别是黄河中游地带垦殖农业的扩大和单一农耕经济格局的形成，黄河流域的地理环境开始发生较大变化。秦与西汉定都关中，积极实行"实关中"和"戍边郡"的移民政策，多次由人口较密集的内地向边郡即今陕北、宁夏、陇口、内蒙古河套等地大规模移民，每次人数多达数万至几十万，使得这一地带人口迅速增长。除移民外，西汉还在边郡一带实行大规模的兵屯。人口的大量增加，使黄河中游的草原大部分被开垦为耕地，一部分山地森林也受到破坏。同时，秦汉为营建都城，大量砍伐关中附近的森林，加重了原始森林植被的破坏。黄土高原的侵蚀显著加重，黄河水中泥沙加大，至西汉时"黄河”的称谓正式出现。同时下游河岸提高，很长河段上升为“河水高于平地”的“悬河”。从西汉起，黄河开始了历史上第一个泛滥期。从西汉文帝十二年(公元前168年)至东汉中叶200多年间，黄河决溢12次，给下游造成了巨大灾难。东汉、魏晋南北朝时期，随着北方游牧民族向黄河中游边郡地带的大量迁居和向内地的入侵，众多已开垦的农田又大量地转为草原牧区，使黄河中游的植被得到了很大程度上的恢复。魏晋南北朝的近400年间，黄河基本处于安流状态，从而也保证了黄河文明在中国文明进程中的地位和作用。

迄今为止已经发现的古人类和古文化遗址显示：长江流域和黄河流域等地区一样，是中国最早的人类发祥地之一，并孕育了足以与黄河流域并驾齐驱的灿烂的早期文明。1986年起在四川(今属重庆市)巫山县发现了目前所知中国最早的人类化石——距今约204万年的“巫山猿人”。在湖北郧县发现的猿人化石与“蓝田人”的年代相同或更早，距今75万~65万年。河南南召云阳镇的“南召猿人”化石与北京猿人的时代大致相同。在南京汤山发现的猿人头盖骨的时代稍晚于北京猿人，距今约30万年。在安徽和县龙潭洞发现了30万~40万年前的猿人化石，巢县银山的古人类化石距今约20万年。在湖北长阳赵家堰发现的“长阳人”属于“古人”，年代约在10万年前。1995~1996年，四川丰都县(今属重庆)烟墩堡出土的一万多件标本类型众多，特色鲜明，可能代表了一种新的旧石器文化。1993年和1995年在江西万年县仙人洞发现了距今2万~1.5万年的旧石器时代末期及距今1.4万~0.9万年的新石器时代早期遗址，提供了中国目前从旧石器时代向新石器时代过渡的最清晰的地层关系证据。新石器时代的遗址分布更加广泛。在长江下游，在浙江余姚河姆渡村发现的河姆渡文化距今7000~6000年。大量遗物证明，当时已进入农业定居生活，有了家畜饲养、渔猎捕捞，并有了原始的乐器和艺术品。以余杭良渚镇为代表的良渚文化距今5500~4300年，在长江三角洲分布很广。20世纪90年代发现的比较完整的祭坛和一些大墓使我们有理由相信，当时已具有国家和城市形态，而这一带正是一个政权的中心。类似的证据还有江苏昆山赵陵山的良渚文化遗址，那里也发现了大型土筑高台、大墓和大量人殉现象。5500~4800年前的大溪文化和4700~4600

年前的屈家岭文化广泛分布于长江中游，前者得名于巫山（属重庆市）大溪镇，后者得名于湖北京山屈家岭。90年代发现的以湖北石门皂市为代表的皂市下层文化已有七八千年的文化遗址，还有很大的发掘前景。湖南澧县城头山发现的古城遗址据信是中国已知时代最早的城址。在长江上游的成都平原，广汉三星堆出土了大批精美的金器和青铜器，数量之多、水平之高、艺术形象之丰富，显示了4000多年前的水平。近年来陆续找到了一批距今四五千年的古城遗址，更说明了广汉三星堆的惊人发现并非个别和偶然。尽管不能排除人口迁移和外来文化的影响，例如不少文化与黄河流域的仰韶文化、龙山文化相似，三星堆文化有明显的外来影响；但长江流域的主要文化类型是在本地独立发展起来的。如此众多的文化足以构成一个与黄河文明并存的长江文明，它的发达程度和重要性至少不亚于黄河文明，它也是中国早期文明的重要组成部分。但是我们不得不承认，长江文明在走过了一段辉煌后就衰落了，一些文化出现了明显的断裂，有的不知所终。学术界对其原因目前还不能作出完整的解释，有人认为是不利的自然条件的影响，如洪水、海侵等；有人认为是外敌的压力所致，造成一些部族的外迁或灭绝。到春秋战国时，尽管长江流域先后出现了巴、蜀、楚、吴、越等与北方诸侯抗衡的政权，尽管它们都曾有过富有地方特色的瑰丽多采的文化，但在总体上已难以与中原文化相提并论。到秦和西汉时期，长江流域无论在经济文化，还是政治军事，都明显落后于以黄河流域为主的中原地区。

二、文明重心开始南移时期

三国两晋南北朝时期是中华文明重心南移比较明显的时期。地理环境的缓慢变化是因素之一。黄河流域气候渐趋寒冷，水体大为减少，气候干燥，加之黄土高原经过长期开发，天然植被严重破坏，水土流失加剧，土壤肥力下降，水利灌溉日益困难，由此引起了水旱灾害。再加上北方地区是全国政治军事重心，东汉末年和三国时期，北方军事集团割据混战，导致人口大量死亡流徙，社会经济破坏严重。北方气候变冷，游牧民族南下压力增大，战乱不已，到了十六国时期，北方五胡乱华，游牧民族南下，中国北方更是处于一个战乱纷纷的时期；北方地区农业经济受到破坏，农业地区相对缩小，黄土高原与河套地区成为牧区；“河洛丘墟，函夏萧条，井湮木刊，阡陌夷灭，生理茫茫，永无一归”是当时黄河流域农业经济受到摧残的真实写照。上述各种因素使得黄河流域经济的发展从唐宋以后陷于停滞、缓慢的状态。

而同时长江流域的农业经济有了较大发展，揭开了文明重心南移的序幕。两晋南北朝时期，是文明重心南移过程中较为突出的时期；长江流域则在相对稳定条件下利用黄河文明南迁的大批劳动力和先进的生产工具、生产经验，使长江文明持续发展。如果说，长江文明的第一次崛起主要是出于内因的话，那么它的第二次崛起在很大程度上是由外部原因所促成的。“江南卑湿，丈夫早夭”，曾经是中原人将长江中游南部视为畏途的主要原因。湿热的气候、低洼的地势，过于茂密的植被，导致传染病流行，使人口寿命降低。公元前1世纪前后，气候由暖转寒，黄河流域的农业生产受到一定影响，而长江流域的气候却变得相当适宜，从而获得了一次意外的机遇。但长江流域人口稀少，经济基础相当落后；加上政治中心一直在北方，在北方的农业生产还没有饱和并出现危机之前，中央政府不可能重视南方的开发，更不可能为此而投入额外的人力和物力。在这种情况下，少量迁入长江流域的人口也大多是“罪犯”、无地农民、贫民或低级官员，数量和质量都不能满足大规模开发的需要。东汉末年至三国的分裂局面，曾经形成一次空前的人口南迁。但短期的分裂结束后，蜀、吴两国的上层人士，包括土著在内，都被迁往北方，南方的开发刚起步就中止了。

公元3世纪初，西晋的内乱和少数民族入主中原驱使大批上层人士和汉族民众南迁，并以建康（今江苏南京）为首都建立了东晋和南朝政权，南北分裂的局面一直延续了近300年。为了维持自己的政权，南迁的统治者和北方移民致力于南方的开发，并不得不调整与土著的关系，使自身的整体优势得到充分发挥。

这次被称为“永嘉南迁”的大移民的迁出地遍及黄河的上、中、下游，而以中下游为主；迁入地也遍及长江上、中、下游，也以中下游为主；迁出人口包罗各阶层，中上层占有较高比例；移民在迁入地居统治地位，拥有政治特权和经济文化优势，但在数量上是少数。这就形成了一次黄河文明的系统南迁，但也经历了一个本土化的过程。所以当公元589年分裂结束时，南方文化与北方文化已旗鼓相当，甚至比北方文化保留了更多的中原传统。尽管由于政治中心依然在北方而使其开发进程再次延缓，但南方的经济基础已经奠定。

公元755年爆发的安史之乱和随后绵延不绝的内乱外患，使黄河流域再次沦为战场。由此引发的人口南迁出现一次次高潮，一直延续到10世纪前半叶的五代。在北方遭受战祸，经济倒退或停滞的200年间，南方却由于较少战乱或基本维持了安定而以前所未有的速度得到发展，这既得益于源源不断的移民，也是在经济上摆脱了中央政权的财政重负的结果。

一般认为，到10世纪后期中国的经济重心已经南移。尽管这一说法还缺乏量化分析的支持，但中国人口的南北分布比例从此经常保持在6比4，在基本依靠人力生产的条件下，经济实力的比例大致不会相差很大。而当时长江流域以外的南方开发程度还不高，所以说到10世纪中叶，长江流域在经济实力上已超过了黄河流域。

公元1127年的“靖康之乱”和此后一个半世纪的分裂，使中国再度出现数百万人口南迁的局面。北方的上中层人士大多迁出，经济文化实力大受影响，而在此期间北方遭受的天灾人祸又远比南方严重，特别是在蒙古人入主中原之初，以至出现了中国人口分布南北比例8比2的极点。

明朝初年，长江下游史无前例地成为全国性的政治中心，很大程度上反映了该地区在全国的重要地位。尽管以后首都仍在北方，但南方的经济文化优势已经完全确立，从此再未逆转。明清二代，南方负担了中央财政的绝大部分，也占据了文化、政治人物的大部分，这一优势一直维持到了本世纪。但从明代开始实行的闭关锁国政策，使长江流域基本处于一个封闭的环境，对外的影响只限于周边中国文化圈和几种有限的商品。在西方出现工业革命和政治进步的巨大变革时，长江流域依然停留在传统的农业社会，直到西方列强的军舰驶入长江，尽管它依然可以“人间天堂”自诩，却早已落后于世界了。

三、两河文明并荣时期

唐代是中国历史上一个气候温暖的朝代，黄河流域农业经济有所恢复。从全国发展格局看，魏晋南北朝时期黄河中下游地区由于受到严重战乱的摧残，社会经济暂时被社会环境相对安定、经济发展较快的长江下游地带赶上。但黄河中下游地区毕竟在长期的发展中积累了深厚的经济文化基础，加之唐代前期开明的统治政策，使社会经济得到了迅速恢复和发展，重新确定了黄河中下游地区在全国经济的重心地位。特别是关中地区作为唐代的政治中心，自然着力发展地区的经济，这些都使关中地区农业经济有了恢复，仍然成为当时全国最富庶的地区之一。连当时相对干旱的陇右地区也是“闾阎相望，桑麻翳野”。唐玄宗八年，正仓超过100万担的有关内、河北、河南、河东，其中河南最多，达580万担，而义仓超过千万担的只有河北、河南两道。

同西汉的强盛一样，唐代的强盛也是以环境失衡为代价的。东汉至唐中叶，黄河800年基本安流，其主要原因是黄河中游良好的森林植被保护了区域生态平衡。隋唐时期，黄河中游大范围的森林植被开始普遍遭到破坏，大规模营建长安和洛阳，所需大量巨木就近在黄河中游地带无节制砍伐。隋唐时期，长安城人口达百万，是当时世界上最大的城市。为了增加粮食供给，唐代在黄河中游地带大量垦殖，并在黄河中游牧区逐步恢复了州县设置。在这样的背景之下，草原面积迅速缩小，大大加重了黄河中游地带植被的破坏，生态平衡的自调节功能衰减，黄土高原失去保护，地表径流的侵蚀冲刷重新加重，水土流失加快，黄河中挟带的泥沙又开始大量淤积于下游河道中。

从唐中叶起，黄河决溢明显增加，“安史之乱”到唐末的160多年中，黄河在下游决溢16次，开始了长达千年的第二个泛滥期。长达8年的“安史之乱”导致了唐王朝由盛至衰，同时又启动了经济重心的南移，这标志着黄河文明开始步入持续衰落的通道。唐以后，黄河水患日益严重。五代时期，黄河决溢的年份为18年，决溢三四十处，远远超过了前代，开创了黄河决溢的新记录。黄河泛滥引起河湖淤塞，土地沙化、盐碱化，加之气候灾害更加频繁，开始从根本上改变了黄河流域农业生产赖以开展的条件，黄河农耕文明长期处于显著衰退之中。北宋以后，黄河流域不仅失去了全国经济重心的地位，而且失去了政治、文化重心的地位。

同时在中唐以后，长江文明也有了较大的发展。从人口上来看，长江流域人口已经开始超过了黄河流域。唐代人口分布经历了一个贞观年间“南重北轻”、到天宝年间“北重南轻”、再到元和年间“北轻南重”的发展轨迹。到了唐代后期，由于各种因素的影响，黄河流域人口密度为5.65人每平方公里，而长江人口密度为7.25人每平方公里。在这样的背景下，中国出现南北黄河文明和长江文明同时发展的局面。当时黄河流域有长安、洛阳等大城市，而长江流域有“扬一益二”之称，长江上游的成都和下游的扬州经济也十分发达。唐代文明重心向南开始移动导致了宋代中国政治经济文化重心的东移南迁。

四、文明重心处于长江文明时期

长江文明在唐宋及其以后在中国文明发展进程中居于重要地位，是由于多方面因素造成的。隋的暴政激起各路烟尘，对黄河流域社会生产的破坏无可置疑，大运河开凿则为长江文明发展提供了广阔前景；同时，自安史之乱后，继之而起的藩镇割据和五代的军阀混战主要集中在黄河流域，再加上北方中高纬度地区气候变冷趋势发展，北方游牧民族南下冲击农耕区，黄河流域农业生态受到严重的影响。相形之下，长江流域却因为大量北方人口地迁入，补充增添了许多新的生产技术，社会整体生产力的提高，文明迅速发展，商业繁荣，出现了大批繁华城市，北宋后期人口数量超过20万的州郡，长江流域有44处而黄河流域仅有11处，十分鲜明地表明出古代文明重心已完全转移到南方。

长江流域经济在全国有举足轻重的地位，长江下游已经有“苏湖熟，天下足”之称，成都平原成为后方粮草的重要生产基地。在城市经济方面，重要城市的分布重心东移南迁，临安、成都成为重要的经济都会；经济发展水平特别快，宋代江南的圩田发展较快、圩田土质肥沃，灌溉便利；农业技术文献在良种引进与培育方面宋代的成效也较大；粮食单位面积产量总和明显高于黄河流域。一言一概之，即在唐末五代时期长江流域经济发展积累的基础上，宋代开始了中国文明重心东移南迁的实质过程。

至于文明重心南移的具体时间，史学界有不同的表述。有的认为在唐后期或五代十国时期，有的认为在北宋，还有的认为是在南宋建立之时。实际看来，经济文化重心的南移是一个历史过程，并非一蹴可及，从不同角度不同行业看，南移的时间并不一致，比如丝织业生产重心南移的完成已经到了元明时期了。所以，对这个具体时间不宜过分追究，否则貌似精确实际上更不准确，只概括地讲“唐宋之际”也就可以了。

宋、金、元时期黄河流域地理环境继续趋向恶化，黄河中游地带的森林遭到比隋唐时期更剧烈的破坏，致使黄土高原水土流失加重，给下游造成了巨大灾害。北宋160年间，黄河决溢达80多次，平均两年一次。元代近百年间黄河决溢年份达51年计62次。北宋时，黄河曾三次南流夺淮入海，两次北流天津入渤海。金代黄河长期三股分流夺淮入海。元代河道更为紊乱，在下游的扇形地带上长期交叉或并行着四五条河道。明清时期，黄河中下游地理环境继续恶化。中游黄土高原地带由于失去了植被保护，裸露的地表受到地表径流的强烈冲刷、切割，水土流失更加严重，大块“原”被分割缩小，有的甚至消失，形成千沟万壑、谷深坡陡的复杂地形。同时，风蚀加重，引起了大面积的土地沙化，沙漠步步南侵。

在下游平原地带，黄河中的泥沙量加大，引起河道淤积，河床抬高，致使决溢加频。明清500年间，黄河下游决溢300多次，平均3年两次。下游地带水系遭到摧毁性破坏，湖泊绝大部分湮没消失。许多河流因黄水冲淹而淤塞湮没。下游平原地面抬高，城地湮没。黄水的长期漫流浸渍，造成大面积沙地、盐碱地。自然平衡机制的破坏，加大了气候灾害的形成基因，明清500年间，仅河南即发生旱、涝、风、雹等灾达700多次。

明清以来长江下游经济继续发展，商业城市大量出现，出现了最早的资本主义萌芽，但长江上游的经济地位相对下降。在明清时期，东南沿海的经济也有了较大的发展，如珠江流域的经济地位有了较大的发展。在这样一个人与自然及人与人的复杂的交互作用的历史过程中，我们可以充分认识地理环境对社会发展速度的作用。我们仔细观察一下珠江流域的开发，就会发现这一点。珠江是中国的第三条大河，更靠南，更带有沿海地区的地理环境特征，气候炎热，开发的难度更大，所以开发更晚，直到近百年前才发展起来，但越到现代越显示出其巨大的能量。我们虽然不能说中国文明中心已经南移到了珠江流域，起码应当注意到从古到今、从南到北的中华大地上依次形成了三个文明区：黄河文明、长江文明和珠江文明。这其中地理环境的作用应该是一个不争的历史事实了。

总结以上，我们可以得出这样的结论：黄河文明向长江流域发展，在秦汉时就基本完成了与长江稻作区域文明的交融。汉唐以来的中国农耕文化，在展示中华文明灿烂辉煌的同时，更呈现出长江流域和黄河流域南北两种文明迥然不同的风格。于是，黄河文明以其安土重迁的稳持性和逐步向周边拓展的凝聚性，历经久远地维系着中国农耕文化和中华文明。对于中国古代的北方和西部民族游牧文化来说，黄河文明的昌盛，更具深邃的吸附力和互补性。

第四节 未来发展的不同基础

或许有人会问，既然中华文明主要由黄河文明和长江文明这二元耦合而成，而且长江文明的整体水平并不比黄河文明逊色，在某些方面甚至有过之而无不及，为何人们对黄河文明的青睐和对长江文明的冷漠会形成如此强烈的反差？其实，除了上面我们已经探讨的自然的、人文的因素外，还和我们的认识有关。

中国历来的政治中心大都在黄河流域，由此形成了一种以黄河流域为核心的政治文化，政治上的“中原正宗”必然导致文化上的“黄河一元”。《全上古三代秦汉三国六朝文》载袁准劝曹爽的一段话，便表露了中国古代士人的普遍心态：“吴楚之民，脆弱寡能；英才大贤，不出其土；比技量力，不足与中国抗衡”。这里的“技”即指文明，这里的“中国”即指中原。久而久之，人们很容易作出这样的逻辑推理：既然中华文明的摇篮只有一个——黄河，那么文明的诞生和发展就不应该偏离黄河这条轴线。

当然，这种认识上的偏差还和我们当前考古发掘成果的时间有关联。长江流域的重大考古发现，尤其是新石器时代的一些重大遗迹基本上是新中国成立以后才发现的，如屈家岭文化发现于1954年，河姆渡文化发现于1973年，大溪文化、北阴阳营文化、马家浜文化发现于20世纪50年代后期，而对其文化特征与类型的确认已到70年代了。同样，虽然良渚文化最早发现是1934年，但其名称则直到20世纪50年代末期才定下来。

与之相反，黄河流域具有代表性的新石器时代遗址大多在20世纪20年代就发现了，如仰韶文化发现于1921年，马家窑文化发现于1923年，齐家文化发现于1924年，龙山文化发现于1928年，只有大汶口文化例外，发现于1959年。即便如此，它仍早于长江流域大多数文化的确认和定名时间。至于1951年发现的青莲岗文化，则很难把它划入黄河流域或长江流域的范畴。这就是说，黄河流域的考古发现使得一些人类学家、考古学家、民族学家较早地认识了黄河文明，而当今学术界占统治地位的观点，有不少是20世纪二三十年代传统观点的沿袭和发挥。尽管50年代以来长江流域原始社会遗址的考古发现大大超过了黄河流域，但“先入为主”所形成的心理定势一时还难以扭转。

正是由于这些认识的偏差，才导致中华文明庶几成为黄河文明的同义语。而作为中华文明重要组成部分的长江文明，则没有被给予其应有的地位。从未来的文明走势来看，长江文明会日益受到人们的重视。这是历史的必然，也是时代的需要。

在国际大文明格局中，河流文明的研究、开发和建设已成为世界性潮流。世界上一些著名的河流文明，如亚马逊河、密西西比河、尼罗河、莱茵河、多瑙河、伏尔加河、恒河等大河文明，正日益引起世人的关注。作为世界第三大河流的长江，其河流文明的研究受到重视就是势所必至。

客观上讲，把中国的两河文明放在世界一体化与文明全球化的框架下去观察，虽然都是一种传统文明，但在当代仍然具有巨大的精神价值。即是说，对全人类而言，中国的两河文明依旧有着其独特的价值，仍然闪烁着独特的光彩，对人类社会的发展仍将发挥重要的促进作用。

具体地来讲，黄河文明“有容乃大”的宽容意识对于正确处理“文明的共处”有着巨大的意义。在当前经济全球化和文化全球化的趋势下，对于不同文化形态之间的关系，对于弱势文化和强势文化之间如何和谐相处，黄河文明"有容乃大"的包容精神，具有可资借鉴的重要价值。同时，以老子的眼光来看，所谓"文明的冲突"正是由于一些"新帝国"奉行"损不足以奉有余"的文化霸权造成的。在这个意义上，老子的"自然"思想对于消解"文明的冲突"，消解"新帝国论"也是具有意义的。黄河文明"天人合一"的文化理念，有助于正确处理人与自然的生态关系，实现可持续发展。例如，河南以占全国1.74%的土地，承载着全国7.1%的人口，人均土地资源不及全国的1/4，人均水资源不及全国的1/5，如此捉襟见肘的资源状况决定了我们经济建设必须走可持续发展的道路。黄河文明中所包含的"坚韧不拔、自强不息"精神，表现出的是民族"九曲不折"的民族韧性。从《易传》中"天行健，君子以自强不息"到"愚公移山"，都体现出这一文明意向。河南林县(现林州市)的"红旗渠精神"实际上就是黄河文明中"坚韧不拔、自强不息"精神在新时代的延续。在文化全球化的过程中，这种精神仍然是中华文化发展、复兴的伟大动力，是维系民族生存能力、竞争能力的优秀品格，对于提高我们的核心竞争力，提高我们的自主创新能力具有重要启示。在当前世界范围内种族、地区冲突不断，霸权、强权主义思想还无法消除的严峻形势下，黄河文明中所倡导的"和为贵"、"中庸"、"兼爱"、"非攻"等思想也是处理国与国之间、人与人之间关系的主要准则。可以说，黄河文明关于"和而不同"的认识，对于我们正确地处理文化、文明的共处问题具有重要的时代意义。如今，黄河文明中的伏羲文化、黄帝文化、少林文化、龙门石窟文化、安阳殷墟文化、周易文化、开封宋代文化、三门峡虢国文化、老子文化、庄子文化、朱载堉文化、黄河文化，等等，已经在海内外产生了广泛的影响。如今，黄河文明历经几千年的风雨沧桑，正逢上大发展的时代机遇。

而对于长江文明来说，也正是历史进程中最好的发展机遇期。当工业文明传入长江流域时，长江文明并非没有转型和发展的机会，一些志士仁人也做过一次次的尝试，但中国落后的政治制度、中央集权体制和外来势力的干预，使这些试验都以失败而告终。新中国成立后，长江流域的经济文化有了巨大的进步，但"左"的路线和一些错误的经济政策、特别是过于强调集权统一的结果，使长江流域又一次丧失了发展的机遇。但种种迹象表明，长江文明正酝酿着它的第三次崛起。这当然与世界和中国的发展趋势有关，例如中国的改革开放政策，中央与地方关系的进一步调整，世界经济和文化的多元化倾向等；但起更重要作用的是由于长江流域本身的自然和历史各方面的因素。

从全球气候的宏观变迁看，在未来数十年至一二百年间出现变暖或变冷的可能性都是存在的。虽然一些科学家预言，由于人类活动增加了大气中二氧化碳的含量必然导致气候变暖，但如果考虑到自然因素将起更大的作用，变冷的可能并不能完全排除。不过无论变暖还是变冷，处于中纬度的地区一般受影响最小，而长江流域恰恰是占了中国中纬度地区的大部分。如果年平均气温在2摄氏度的范围内变化，长江流域的自然条件仍将保持其优势。由于气候的变化是一个缓慢的过程，对于一些不利因素，如海平面或地下水位升高或下降，部分地区气温过高或偏低等，完全可以预防或采取必要的补救措施。

这类情况在历史上都曾经出现过，在当时生产力不发达的情况下，我们的先人也一一化解了困难，在今天的科学技术条件下，我们的适应能力一定会强得多。而且，已经建成和将要建成的一系列水利工程必定会发挥调节作用，不仅能有效地减轻或消除自然灾害的破坏性，而且可以产生巨大的效益。

航空、铁路、公路、特别是高速公路和高速铁路在交通运输中所占比例将越来越大，但水运的优势依然存在。在21世纪或更远的将来，水运仍将是远程、大宗货物的主要运输手段。环太平洋地区是未来发展的中心，所以长江及其支流的航运和与之连接的海运在中国和世界经济中仍有重要地位。以水运和沿江铁路、公路系统构成的运输网络也有利于流域内部的经济整合，使其整体实力进一步加强。

到1990年，长江流域已有3.86亿人口，约占全国总人口的1/3。拥有耕地2340万公顷，占全国的24.5%。粮食产量占全国37%以上，棉花占1/3以上。木材蓄积量占全国1/3，矿产资源也比较丰富。工业总产值约占全国40%。长江流域不仅拥有整体的优势，而且在经济效益、人均国民产值、经济增长率、管理水平等方面高于全国平均水准。这些都为长江流域未来的发展提供了良好的基础。三峡电站的建成及上游水力、矿产资源的开发，将与中下游的产业实行优势互补，形成合理的经济区域。在近代，长江沿线是中国开放较早的地区。西方文明以长江及其支流为渠道，传入沿江大中城市以至中小市镇。近代工业、交通、商业、金融、邮政、文化教育、医疗卫生等得到较快的进步，使长江流域在经济文化方面一直处于全国领先地位，民众具有较强的开放意识，还造就了一批适应开放的各类人才。

在历史上，长江流域的人口曾经有过共同的来源，在内部也有过密切的交流，如影响深远的“湖广填四川”就是以湖北、湖南、江西为主的移民大规模迁入四川并重新开发四川的过程；近代上海的人口绝大多数由江浙移民构成；江西曾经向湖南、湖北、安徽等地输出过大量移民，近年来的人口流动更加频繁。所以各个文化亚区之间既有各自的个性，又有很大的共同性和兼容性。如果说长江文明的第二次崛起得益于黄河文明的话，它的第三次崛起将不仅注意吸收国内其他地区的先进文化，也将受惠于全球的先进文明，这是历史上从未有过的因素。曾经长期困扰着长江流域和中国其他各经济区域的中央与地方关系，通过改革开放有望得到圆满的解决。

只要在维护国家统一和中央政府应有权威的前提下，充分发挥地方的积极性，赋予足够的自主权，就完全不必像历史上某些时代那样，只能通过分裂割据来推动地方的开发和发展。长江流域以较快的速度发展，选择更符合自己特点的发展模式，较早实现现代化，也将对中央政府和其他地区作出更大的贡献。天时、地利、人和，三者兼备于长江流域，这对于长江文明的第三次崛起来说，是一个千载难逢的机遇。

第三章

黄河文明与其他河流文明比较

目前已知的最早的文明都产生在大河流域：底格里斯河和幼发拉底河、尼罗河、印度河和黄河。这些大河流域联系着许多不同的地区，构成了它所流经地区的经济命脉和交往通道。研究这些大河流域的史前时代即走向文明的历程，是研究世界文明起源与发展规律的中心课题。相互间特征异同的比较，有助于我们理解黄河文明形成模式的特点与实质；同时这种比较也有助于从世界范围的角度把握和研究文明起源和发展的重大课题，探索各河流文明之间差异的成因。

第一节　不同的自然条件

在世界河流文明史上，有许多重大的问题令人难解：为什么尼罗河流域的埃及文明、底格里斯—幼发拉底河流域(即两河流域)的苏美尔文明、印度河流域的哈拉帕文明和黄河流域的华夏文明等几个最古老的河流文明，都在距今6000~4000年相继兴起？而从大约距今2500年前后开始，除了黄河文明之外，为什么几乎所有其他的河流文明都先后衰落？为什么昔日的河流文明带今天却变成了沙漠带？为了阐释世界河流文明兴衰荣枯的历史命运及其空间分布的规律，学者们提出了各种假说。但面对既要阐明河流文明空间分布的规律性，又要解释它们在时间演替上的同步性时，这些假说都明显表现出力不从心。实际上，研究这些问题，我们还是要回到人文科学和自然科学相互交叉的轨道上来。世界河流文明呈现出不同的发展阶段性特征，很大程度上与其河流所处的地理环境不无关系。

一、面临气候条件的不同

综观尼罗河、两河与印度河三个古老的文明，它们都有很多的相同之处。在自然条件方面，均位于北半球的北纬30°左右，气候上都属于干旱气候，又都位于大河之滨的平原上。这三个古典河流文明在距今6000~4000年气候湿润的时代先后兴起，而后又在最近二三千年来气候干旱化、沙漠化的肆虐下相继衰落，文明兴衰与环境变迁之间存在着非常明显的关系。当然，由于各个河流文明发祥地所处地理环境各有特色，因此，在环境变迁总规律支配下的各个河流文明，又经历着不同的历史命运。

在尼罗河文明初创时期，包括撒哈拉在内的整个尼罗河流域的气候环境都是相当优越的。在尼罗河谷地以及在撒哈拉大沙漠中所发现的大批岩画，证实了距今7000~5000年前湿润气候的存在。在埃及尼罗河流域，被描绘的是大象和长颈鹿等。在撒哈拉大沙漠中，四五千年前的岩画表现的也是大象、长颈鹿、犀、羚羊、水牛、河马和鳄鱼等。正是这种湿润的气候给大地带来了勃勃生机，才使得包括尼罗河流域在内的整个撒哈拉的文明都繁荣起来。大量史料证实了这点。在公元前12000年到公元前3000年，南部尼罗河流域的气候变化，经历了两个干旱周期，第一次干旱出现在20000年前左右，到公元前7000年似乎有了好转。但到了公元前4000年左右，干旱又进一步加剧。这两次干旱期很自然使人联想到东北非由狩猎采集向农耕文明的转化，因为这种转化正好是在公元前4000年左右形成的。第一次干旱使人们集中到尼罗河谷地，而第二次干旱，则使整个东北非洲只限于尼罗河谷和少数绿洲才适合人类生存。人口的集中加强了对该地区食物的要求，因此人们开始栽培植物、驯化动物，人为地增加食物的供应，开始了农耕文明。然而从距今4000年前后开始，尼罗河流域的气候已经开始干旱化，到公元前13世纪，河谷泛滥平原因无法灌溉而全部放弃，流动沙丘吞噬了昔日的沃土；政局动荡和社会混乱冲击着新王国的基石。此后的七八百年，尼罗河流域文明在后王朝的残续中渐趋衰落。

尼罗河被埃及人视为生命河、母亲河，毫不夸张，地处干旱沙漠中的国度，缺乏地下水资源，他们的所有淡水来源只有一条尼罗河。开罗城郊就是地老天荒的沙丘，尼罗河两岸，有水渠灌溉的地方便有绿洲，除了尼罗河入海口附近有一大块冲积平原三角洲而外，只是沿河有一条狭长地带有绿色。也许当年的纳赛尔总统想到了用水的安全就是国家安全，一旦枯水，全国每年550亿吨的用水将怎样解决？于是他与苏丹商议，决心动用举国之力在南方尼罗河上修筑阿斯旺大坝，拦洪蓄水，形成面积达500平方公里看上去如同海洋一样的纳赛尔水库，它的库容量也正好是550亿吨水。苏菲又自豪又遗憾地说："在你们的三峡大坝修成前，阿斯旺大坝世界第一，现在我们只好退居第二了。"这项得到苏联支援的水利工程从1960年开始动工，直到1971年竣工。

巴比伦的两河文明是与埃及同时代兴起于西亚的一个古文明。巴比伦位于现西亚伊拉克境内的幼发拉底河与底格里斯河的下游。这里与埃及的情况有些相同，它与埃及同处在大体与北纬30°线相近的中纬度。研究表明，距今6500~3500年间，两河流域气候不似今天一样干燥，气候为大陆性亚热带半干旱类型，北部和东北部山区为地中海型气候，季节只有冬夏两季，雨季从每年12月至次年2月（在山区从11月至次年4月），冬季最高气温16度，最低气温2度，有时有霜冻。夏季炎热干燥，白天最高气温可达49度，夜晚最低气温也仅为26度。年平均降水量为154毫米，但60%的地区降水量低于100毫米，而东北部山区则为1200毫米。丰沛雨水，使这里到处呈现一派葱笼茂密的自然景观。正是在这得天独厚的地理环境中，公元前4000年，苏美尔人创建了人类历史上的第一个文明。大约从距今3500年开始，由于西南季风衰退，副热带高压带再度南下，两河流域气候日趋干旱，导致周围山区植被退化，水土流失加剧，大量泥沙淤填河床、堵塞灌渠，灌溉系统终于全面崩溃。干旱气候条件下的大规模灌溉又引发了土壤的严重盐渍化，抑制了作物的生长。农业基础的崩溃必然导致农业文明的衰败，公元前539年，这个最古老的文明在波斯军队的喊杀声中退出了历史的舞台。

关于印度的古文明，其起源地点，并不在现今印度境内，而在巴基斯坦境内的印度河上。由于气候条件与埃及、巴比伦相近，因而最早这里的人们也是在大河边利用灌溉种植小麦，建立文明。但是什么原因使印度文明消失了呢？在印度河的北面，是一个地势较高的高原，它西连伊朗，北接中亚。印度的文明约在公元前2500年兴起，延续了近千年，到约公元前1500年消失。对于印度文明在该地的消失有各种各样的说法，但是，目前多数学者认为是其北部高原上的草原牧民——雅利安人在此时期大规模的南移，进入印度河平原，遂在政治上取代了原先居住于这两座古城的原住居民。后来，雅利安人继续向东转移，随着其文化的发展，遂于公元前1000年前后，在恒河上建立了属于他们自己的国家。之后，到公元前4世纪时，出现了孔雀王朝。

在中国黄河流域，虽然发现的甲骨文只是商代，距今只有3500~3600年历史，比埃及、巴比伦和印度都晚一些，但是其文明却一直没有中断，而且延续至今。从地理条件来看，黄河流域的中、下游为中心的地区，是北方旱作粟高产地区。该地区的农业高产亦成为中国黄河文明形成的经济基础。这个条件与其他文明起源所需的环境条件相同。但是，在相同中亦有不同之处。这主要是粟，是耐旱的作物，而且在生长发展旺盛期正是我国北方高温多雨时期。因此，该作物不需灌溉，也就是说它需要夏季有一定降雨的气候，而不是过于干旱的气候。在早期，黄河流域粟需要的劳动量少于长江流域的水稻，而且产量按单位计算也高于长江流域的水稻。只有在唐代时开始，水稻中插秧技术的广泛使用才使长江流域水稻作物单位面积产量超过黄河流域旱作的粟。这也就说明，为什么在早期中国文明重要标志的王朝首先出现在黄河流域的原因。

二、河流泛滥的程度不同

在世界古典河流文明中，黄河一个最大的特点就是和其他河流的泛滥程度不同,从而相应导致所产生的文明不同。

尼罗河发源于热带雨林地区,南北走向,这就决定了它的下游必定穿越茫茫的草原与沙漠，有2000多公里是穿越了代表死亡的撒哈拉沙漠,其中没有接纳一条支流。以至于原本丰沛的水量到最终进入地中海时已经所剩无几。在世界上没有一条河流能够在沙漠中走这么远,也没有一条河流能够在如此之远距离内不接纳一条支流。在古埃及语中,“尼罗河”是“不可能的河流”的意思,而尼罗河是怀着坚定的信念在没有旁人帮助的情况下独力地实现了这种可能。古尼罗河文明是世界上唯一被沙漠所包围的文明,也是世界上自然条件最为恶劣的文明,然而,像尼罗河一样,它也在不可能中实现了可能,成为人类文明最早的起点。对于尼罗河在埃及文明所中起的作用,无论如何评价也是不夸张的。

每年6月份,埃提奥庇亚山脉溶化的积雪汇合源头地区按期降落的山雨,使尼罗河水渐渐上涨,7月份河水溢出河床,淹没河谷两岸;9月份泛滥达到高潮,尼罗河两岸变成一片沼泽地;11月份河水下落。这个过程周而复始,年复一年。尼罗河水有规律地上涨、泛滥、下落,每年在尼罗河两岸留下一片黑黝黝的松软、肥沃的泥土,有效地改变了古代埃及的生态环境。接着把种子撒在厚厚的湿土中,秋冬季节适宜的阳光会使它们在3月和5月成熟,其间根本不再需要灌溉。夏收之后,大地干裂,土壤曝于空气中,防止水分和盐分在土壤中过多滞留。这样就构成了古代埃及日历上的三个基本季节:阿赫特(泛滥)、佩雷特(生长)和舍毛(干旱)。每年河水泛滥后,土地实现自然灌溉和施肥。可以说,尼罗河的定期泛滥给埃及带来了充沛的水源和肥沃的土地,也带来了生命和繁荣。希罗多德曾记述了古埃及农民的生产过程:“他们要取得收获，并不需要用锄头锄地,不需要用耨掘地,也不需要做其他人所必须做的工作。那里的农夫只需要等河水自行泛滥出来，然后每个人把种子撒在自己的土地上,叫猪上去踏进这些种子,此后便只是等待收获了。他们是用猪来打谷的,然后把粮食收入谷仓。”古埃及文明在农业的基础上产生,在农业的基础上发展。难怪这位历史学家说“古代埃及是尼罗河的赠礼”。并且尼罗河泛滥了几千年,几千年都没有成灾。

所以,可以说,埃及文明起源是以尼罗河为依托的,尼罗河的定期泛滥为埃及定居农业造就了高投入和高回报的环境,促使埃及社会的复杂化,对埃及文明产生了极大的影响。

其一,为埃及法老权力的强化奠定了经济基础。统一的灌溉农业促进了埃及王权的加强,埃及法老具有神圣不可侵犯的威严,法老被认为太阳神之子或太阳的化身,身前具有至高无上的权力,一切以法老的意志为转移,死后还要永享于冥世,威慑众生的心灵,永世不得动摇。金字塔、狮身人面像、帝王谷等建筑就是法老权威的象征。

过去,人们普遍认为修建金字塔是奴隶在承受极度压迫的情况下进行的,现在的研究正逐渐推翻这种说法。因为修建金字塔总是在夏季农闲的时候,单纯依靠强制的手段,恐怕难以让几万劳工协作起来,完成如此巨大的工作。劳工们一定相信自己的福祉与法老有着不可分解的联系,才会在酷热的沙地中挥汗如雨地工作。集体协作性质的劳动也会给个体的劳工带来令人振奋的亲近感和集体成就感。发现于金字塔石块上的标记,如“充满活力小组”、“耐久小组”,看来也证明了这一点。法老似乎是最大的“雇主”,他们在农闲时,把劳工集中在修建金字塔的工作中,年复一年,增强了法老的凝聚力。在连常备军或国家民兵都没有的古王国时期,这种宗教和集体的凝聚力是农业国家从事大规模农业生产和水利灌溉所必需的。近年埃及考古专家哈瓦斯博士在金字塔周围甚至发现类似酒吧的遗迹,有相当数量的劳工接受过各种医疗手段的治疗。从现存一些带有文字的纸草和石板上面,发现有类似假条一样的记载。这些现象,也说明修建金字塔的古埃及人是在一种较宽松的条件下进行的。

随着金字塔的年代离我们越来越远,随着现代社会越来越多的变化,人们也许永远没有机会弄清关于金字塔的全部答案,而这正说明金字塔永恒的魅力。西方有句名谚:美好的青春惧怕时间,而时间惧怕金字塔。如果说尼罗河周期性的泛滥象征四季交替,象征生命的复苏,法老期冀在生命的轮回中达到永生,那么通过金字塔,古埃及人的确创造了超越时空的永恒。即使现在金字塔内部不再有法老的木乃伊，即使金字塔不是法老的陵墓，作为纪念碑的金字塔仍然象征着埃及曾经有过的辉煌，仍然是现代埃及传承古代文明的见证。

其二，促使了尼罗河文明的稳定而保守发展。尼罗河每年的泛滥可以预知、趋势平缓，从而助长了埃及人的自信和乐观。埃及人则把洪水之神看作"它的到来会给每个人带来欢乐"的神。一位古埃及诗人是这样描述给万物以生命的大河的慈善：

看，这位伟大的君主，
既不向我们征税，
也不强迫我们服劳役，
有谁能不惊讶？
有谁，
说是忠于他的臣民，
其能做到信守诺言？
瞧，
他信守诺言多么按时，
馈赠礼物又多么大方！
他向每一个人馈赠礼物，
向上埃及，向下埃及，
穷人，富人，
强者，弱者，
不加区别，毫不偏袒。
这些就是他的礼物，
比金银更贵重。……

其三，挑战强度的不足，缓慢了埃及文明发展的步履。历史的发展有时就是这样矛盾，优越的地理环境为埃及农业的发展提供了良好的条件，使埃及成为古代世界的一大粮仓，然而埃及的社会生产力并不因此而得到飞速发展。相反，几千年来却是步履艰难，发展非常缓慢。正如有学者研究的那样，在古埃及也许时间确实没有多少意义，这个社会最令人惊奇的特点是几乎都是一成不变的……早在公元前3000年，尼罗河谷地区已是人类生产力最为发达的地区之一,但是二三千年过去了,这个地方生产水平的增长仍不显著。……古埃及的农具2000年来除了犁的改进外,似乎没有显著变化。而一直到新王国时期,埃及的青铜器才取代石器,古王国和中王国这近千年中一直处于金石并用的时代。在这段时间中,其他地区的古代文明却大踏步地向前,进入了铁器时代。

相形之下,两河流域的中下游是平坦的冲积土地,巴格达到波斯湾边的两河入海口的高度仅相差10米。缓慢流动的河水带来大量的沉淀使河床升高,河水经常漫过河堤甚至改变河道。由于干旱炎热的气候——巴格达7~8月平均气温34℃(南部最高50℃),12月至来年1月平均为11℃,绝大部分地区年降雨量在250毫米以下;南部则更少。土壤干而坚硬,一年中有8个月不适合农作物生长。因此,用两河的河水进行人工灌溉成为两河文明诞生的关键和发展农牧业生产的命脉。奇怪的是公元前1万年左右在两河流域高降雨地区和其边缘多丘陵地带产生了农业生产的萌芽却并没有在这些地区产生文明,而农业生产却在自然环境恶劣但人工渠网密结的两河流域地区开出了大规模生产的花朵并结成了它的丰硕成果——世界上最早的古代文明。但两河流域地理环境对该文明发展产生的影响与埃及有很大不同。首先尼罗河上游有大湖调节,每年泛滥水量比较稳定,不易成灾;而两河流域因上游雨量变化较大,加之"两河"流程较短,水量也不确定,易于成灾,水害在下游形成大片沼泽。其次,尼罗河的冲积土有大量腐殖质肥料,而两河流域则缺少这种天然肥料。再次,两河对农业致命的影响还是耕地的盐碱化。尼罗河由于先沉积了一层沙砾,然后才盖上埃塞俄比亚高原流下来的泥土,这就有可能使洪水渗入地下,从地下排到海里去。因此,埃及新土壤的表面大部分不至于沼泽化、盐碱化。而两河流域恰恰相反,地下几乎无法排水,长期汲水灌溉,特别是水渠渗出的水和过分灌溉会造成地下水位的升高和土壤中盐分的积累。美索不达米亚平原的盐碱化很早就成为一个普遍的社会问题。从公元前3500年左右到公元前2500年,1000年无组织力量的积累使土壤盐分大大增加了,对盐灵敏的小麦平均亩产不断减少,公元前2400年小麦每公顷产量2600公斤;到了公元前2100年,每公顷降到1500公斤;到公元前1700年,每公顷就只有1000公斤了。

小麦的种植面积更是大幅度减少。大约在公元前3500年，美索不达米亚南部小麦和大麦种植面积大致相等，但到了公元前2500年，减少到15%左右。为了对付盐碱化的威胁，古代两河流域农民不得不采用休耕轮作，以及改种耐盐作物等方法，而这只能减慢盐碱化速度而不能克服它。整个两河流域的文明，不得不随着盐碱化向北移动，去占领那些未开垦的土地。未开垦的土地是有限的，迟早整个灌溉的土地要被密密麻麻的盐层所布满。两河流域这块哺育了古代文明，曾被誉为神话中伊甸园的地方，今天80%耕地已盐碱化，其中1/3已无法耕作，成为一片不毛之地。

苏美尔人和其后继者的宗教信仰深受两河每年河水泛滥的影响。给他们留下深刻印象的不是河水泛滥的周期性，而是泛滥的时间和洪水量的不可预见性。北部地区的大雨加上札格罗斯山脉和托罗斯山脉上的积雪，常引起特大洪水，不只充满灌溉沟渠，而且毁坏了农田。在苏美尔人的眼里，他们的洪水之神尼诺塔不是一位慈善的神，而是一位恶毒的神。苏美尔人的文学作品中，常可见到这样的词句："猖獗的洪水呀，没人能和它对抗，它使苍天动摇，使大地颤抖。……庄稼成熟了，猖獗的洪水来将它淹没。"对每年洪水泛滥的恐惧，使苏美尔人深深地感到，仿佛自己正无依无靠地面对着许多无法控制的力量。有一首苏美尔人的诗写道，"只有人，他的寿命不会很长，无论他做什么，只是一场虚无"。美索不达米亚人的人生观带有恐惧和悲观的色彩，这反映了自然环境的不安全。他们以为，人生来只是为神服务，神的意志和行为是无法预言的。因而，他们用种种方法来预测变幻莫测的未来。一个方法是解释形形色色的预兆，尤其是各种梦。另一方法是剖肝占卜术，就是通过检查被屠宰的动物的肝脏来预测吉凶祸福。还有一方法是占星术，如前所述，是以观察星辰运行来预言人的命运，因为在他们的想象中，星辰运行对人的命运是有影响的。最后，每个人都尊奉一位属于他个人的神，把它当作自己的良师。他们以为，一个人的愿望和需要可以经它传达给相隔遥远、不便直接通话的诸位大神。

美索不达米亚人也试图通过编制完备的法典来减轻笼罩人们的不安全感。汉穆拉比法典是其中最杰出的一部，后来成为闪米特人其他各族如亚述人、加勒底人和希伯来人制定法律的基础。法典的开头是汉穆拉比的一篇引言。他在引言中说，古时诸神早已预定，巴比伦应是世界上的至高无上者，巴比伦应担负起“让正义之光照耀整个大地，消灭一切罪人和恶人，使强者不能压迫弱者”的使命。引言下面是法典本文，本文共300条左右，旨在明确地、永久地调整一切社会关系。因而，这部法典不仅阐明了古巴比伦的法律制度，也照亮了当时的社会。

而黄河水灾特别频繁，使黄河文明发展呈现以下特征：

第一，史不绝书的水旱灾害，使中国人民自古以来重视兴修水利。大禹治水有功，被禅让为王；王景、潘季驯治河卓著，名留青史。黄河流域的灌溉农业主要靠河水、小溪以及汇流到湖泊里的雨水，必须在坚硬的土地上开凿沟渠、建筑堤坝等，这些都需要较为坚硬的金属工具，较大的劳动强度，所以黄河流域称得上“水利工程”的，开始于铁农具广泛使用的时代。上古华夏先民凭借顽强的意志，把握农业发展命脉的水利建设，所以尽管频繁的天灾人祸，然芸芸众生肆力垄亩，能恶衣食，致其蓄藏。在宋以前的一二千年中，黄河中下游地区曾是全国最富裕的地区之一。大量财富的创造和积累为政治的强大和文化的发达提供了雄厚的物质基础。

第二，形成强烈的以农为本、广占土地、囤积谷物的观念。上古黄河流域频繁的水旱之灾，使得古代中国君民十分重视谷物积蓄，把它看作长治久安的保证。“夫腹饥不得食，肤寒不得衣，虽慈父不能保其子，君安能以有其民哉！明主知其然也，故务民于农桑，薄赋敛，广蓄积，以实仓廪，备水旱，故民可得而有之。”而生产谷物的土地便成了皇帝、官僚、地主、商人追求的对象，有了它，皇帝可以稳坐龙椅，立于不败之地；贵族地主能坐享其成，钟鸣鼎食，封官拜爵。于是土地兼并层出不穷、世代不绝。

三、河流的交通环境不同

世界古典文明的印迹，无不打上河流的标记。在埃及文明中，神庙和金字塔乃至方尖碑的巨石都是从1000公里之外的南部阿斯旺开凿北运的。几百吨一块的石头怎么运？这全是尼罗河的功劳，没有尼罗河，也就没有尼罗河文明的人类文化遗产。尼罗河就像一根天然的纽带，把整个流域地区连接成一个稳定、有效的整体。尼罗河平缓的河流使北上的航行极为容易，而盛行的北风、西北风又使返航毫不费力。因而，埃及人拥有对可靠的交通运输极为宝贵的手段，它促进了整个流域地区在约公元前3100年时的统一。

与神秘的金字塔一样，古埃及的文明充满了许多令人困惑的东西。它的文明停滞性就是其中之一。古埃及虽然早在公元前3000年就有了较高的农业和手工业水平，也产生了最早的商业，但直到3000年后，其生产力依然没有显著的增长。古埃及的政权动荡多变，大规模的王国变换有5次，历经的王朝达30个之多，最长的王朝不到250年，最短命的只有5年。改朝换代速度甚至超过了中国，但激烈的政治变动没有产生革命性的影响，古埃及在分久必合、合久必分的循环中历尽沧桑。古代尼罗河的交通环境决定了这种局面。埃及地处欧亚非交界，扼地中海、红海、波斯湾、里海、黑海要冲，是著名的"五海三洲之地"，今天看来，交通实在便利。但在古代，却是封闭的，撒哈拉沙漠和阿拉伯沙漠阻挡了它向东西方向的扩展。南部尼罗河上游连续排列着6个落差极大的瀑布，北部是浅滩密布、礁石罗列的地中海和沼泽密布的尼罗河三角洲，几乎封闭了埃及与外界的联系。

从交通的外部环境上看，尼罗河流域西面是利比亚沙漠，东面是阿拉伯沙漠，南面是努比亚沙漠和飞流直泻的大瀑布，北面是三角洲地区没有港湾的海岸，古埃及人就处在这样自然屏障的怀抱中，可以安全地栖息，无须遭受蛮族入侵所带来的恐惧与苦难。埃及人生活在这块安全的流域地区，可以自由自在地安排自己的命运，无须应付闪米特人或印欧人不时地如洪水似的入侵，因而能使其种族本身从法老时期一直保持到今天。埃及这种受到环境保护的生活为种族的稳定创造了条件。使具没有因不时的外族入侵而引起的万花筒似的帝国更换。现在尼罗河两岸的农民与古代神庙和金字塔上雕刻或描画的人物极为相似，都是矮矮的身材、瘦小的体格、笔直的黑发、深陷的眼睛、微带钩状的鼻子。

幼发拉底河和底格里斯河形成两河流域内部运输的两条南北大动脉。幼发拉底河河水平缓，不利于大型船只航行，灌溉为主要功能，但小型船只可以通行，特别是古代两河流域人用芦苇和沥青制造的平底船至今仍是幼发拉底河航运的主要工具。两河之间有上下纵横的许多渠网连接各个城市。由于冬季陆地上覆盖着河水泛滥留下的厚泥层，而春季洪水又常发生，水路运输往往超过了以骆驼和驴车为主的陆路运输。两河流域文明处在一个连结近东地区各部分的贸易网络的中心地带，它从一开始就具有强烈的贸易和商业特点。

在中国，黄河流域处在大海、荒漠和世界屋脊的包围中，是在相对稳定的环境中，在较少外族干预的情况下，较早开始农业生产，并产生定居的农耕文化，因此表现出对熟悉的土地的眷恋，对生存条件相对稳定的要求。黄河流域正是具有了这些地理环境特点，使其离文明中心较远的游牧民族很难进入该区域，从而也就保护了黄河文明中心免受游牧民族的威胁和侵袭。

在中国历史上，有的少数民族越过此地带占据北方的半壁江山，也有的少数民族入主黄河流域，控制全国，形成新的王朝。可是，在这种情况下，中国的文明却并未因此而消失、中断，这是什么原因呢?其原因在于黄河流域的交通环境的特点起了重要作用。当北方游牧民族冲过西北高原上的山地、占据黄河流域时，黄河流域的政权往往转移到长江以南，形成南北对峙的局面。这就使得黄河文明在南方完整无损地保存下来，并且得到继续发展。在黄河流域，尽管控制半壁江山的少数民族建立其政权，但是在汉民族人口占绝对优势的情况下，掌握政权的少数民族也无法扭转这种文化优势，而不得不融入以汉文化为主体的文化之中。更重要的是汉文化是一种在农业经济基础上形成的文化，而建立在以牧业基础上的少数民族文化，虽然已进入到黄河流域广大农业地区，但无法将农业生产、农业经济、农业社会以及以农业为基础的上层建筑改变成牧业生产、牧业经济、牧业社会以及以牧业为基础的上层建筑。所以，一旦在这种环境里建立起政权，也就要适应这种环境，适应这种环境中的人地关系。

北魏的孝文帝在控制黄河流域后，认识到其所处的环境，主动地推动学习汉文化运动。蒙古族的忽必烈控制了黄河流域后，曾想把黄河流域变成一个大牧场，但是并没有实现。少数民族虽多次进入黄河流域，不论其控制黄河流域，还是控制全国，非但未能改变汉文化的主体地位，而且在适应黄河文明的过程中亦有所创新，推动了黄河文明的新发展。这样，黄河文明在黄河中下游出现以后，虽然也受到少数民族文化的冲击，但没有消失、中断，反而得到一些新的发展，使黄河文明形成更广泛的包容性。其所以逃脱其他古典河流文明的中断命运，其中当然还存在其他一些原因，但是，从上述情况看来，毫无疑问河流地理交通环境在其中是一个重要的因素。

第二节　不同的人文地理条件

黄河文明与尼罗河文明、两河文明、印度河文明一样，作为世界的古典河流文明，由于所处的人文地理条件不同，从而造成在文明形成的机制、所走的道路模式、特征都不尽相同。相互间特征异同的比较，有助于我们理解黄河文明形成模式的特点与实质。

一、文明起源模式不同

河流的流向在一定程度上影响着河流文明的特色和进程，正因为河流流向的不同，世界呈现出许多各具特色的河流文明。尼罗河定期泛滥为埃及定居农业造就了高投入和高回报的生境，促使埃及社会的复杂化，表现为在公元前5000年，埃及出现的城镇政体，各自控制着泛滥平原的某一条带。这种多元的地方中心并没有有利的地理屏障，为建立统一的政体在地理环境上铺平道路。同时，狭小的生存空间，促使野心勃勃的地方统治者极力通过统一活动扩大自己的支撑区，导致统一集权机制的形成，终于在公元前3100~3000年，由上埃及国王孟尼斯实现统一，埃及文明形成。尼罗河水流由南向北流，上埃及国王可以清楚地预言向北灌溉的区域，奠定了埃及统一是上埃及统一下埃及的格局，也限定了埃及的官僚体制一开始就是内向型的，注重内部行政体和部门化建设。尼罗河狭长的地理环境，促使古埃及的文化选择了狭长带状、由南向北的多元一体化文明起源模式。

而两河流域在前5000年前后，由乌贝德人疏浚幼发拉底河摆动故道成为运河，建立灌溉网络，客观上要求超出单个聚落等级之上的社会组织出现，社会复杂化，表现为聚落形态的复杂化——社会人口、聚落向中心聚落凝聚合并。当公元前4000纪中叶，这一凝聚过程完成时，伴随着周围聚落的消失，城市出现。这种城市包容着一个政治、经济和宗教中心，专业分工的市民居住在城墙内，发展成一股强大的政治势力，这就是所谓的城邦。可以说，两河流域的地理单元决定了其文明的走势和走向。幼发拉底河流域内的小区域有地理破碎的局限，因此形成的多元政体同样也是碎裂化的——城邦——各城市控制自己周围的一小片地区，未能马上形成尼罗河那样的集权性政治大一统。另一方面，"等级化家族公社式的城堡政体"脱胎于原始农村公社民主制，从本质上抑制了集权的发展，因而不可能形成政治大一统，政治格局必定是碎裂化的。两河流域文明起源采取的是类似苏秉琦先生所谓的"续生型"模式，从城邦到早王朝，从苏美尔文明的大帝国到乌尔第三王朝的过渡，都不是同一族群、文化、社会、甚至文明进程的自然演化，而是中断后的一个完全不同的后续。

公元前2600~公元前1900年，印度河文明之光首先在今巴基斯坦和印度西部出现。公元前1900年以降后600年间，由于河流的改道、贸易路线的废弃，原先的贸易—政治联盟的文明被轻而易举地侵蚀而衰落，文明中心转向今印度北部的恒河流域。这时印度—雅利安人从礼教、语言和文化方面全面取代原生文明。印度河谷文明的全貌远没有弄清，就目前的资料看，也可能是一种"续生型"模式。

黄河流域位于亚洲东部，面向太平洋，背倚欧亚大陆，幅员辽阔，发展空间绝对比尼罗河和两河流域要宽广得多，因而黄河文明模式更容易倾向于中心辐射型。黄河流域实际无大的地理阻隔和大的破碎地理单元，政体倾向于至少在文化区内的集权化。所以，黄河文明过程更趋向于从酋邦社会向成熟的早期国家过渡，不大有机会进入到两河流域式的"原始民主制"城邦。随着龙山时代尧、舜、禹酋邦在黄河从黄土高原向华北大平原跌落的出口上稳稳地站住脚跟后，黄河在此无法随意摆动又给黄河中游带来可预测的丰富的水利。这个文明起源的中心之一，选择了一条可持续发展的道路，稳步前进。而长江中游石家河文化、下游良渚文化和早先的辽河流域红山文化，因选择了非可持续发展的道路而先后崩溃或原地踏步，最终促成以黄河中游为中心文明一枝独秀的局面形成。

中原文明核心形成后，采纳大河文化心态，汇聚千流，吸纳百川，使中原文化具有水一样优良的融合性、渗透性。禹开九州贡道，将原各文明起源中心的优秀精华吸纳于中原；集四方成就之大成，方使中国文明生生不息。禹贡九州的分划，五服、九牧、十八岳的官僚体制的出现，充分显示出中原文明核心辐辏八方的外向型行政管理手段，同埃及内向型官僚体制迥然不同。

埃及人无不以他们拥有的5000年文明而自豪，这和中国人以长城、兵马俑为骄傲是一样的。但是，现在占埃及总人口87%的阿拉伯人并不是当初创造尼罗河文明的民族。可以说，埃及从公元前525年被波斯人征服起，就失去了自主。公元前30年罗马人入侵并统治埃及长达600年之久，随后阿拉伯人进入埃及并建立了阿拉伯国家，这事实上是埃及的长达3个世纪的阿拉伯化过程。这以后，它又曾沦为奥斯曼帝国的一个行省，1789年被法国人拿破仑占领，1882年成为英国人的殖民地，1914年又成为英国的“保护国”。这多灾多难的漫长的历史演变过程，如同撒哈拉大沙漠正逐步吞噬绿洲一样，很难廓清历史的尘埃了。

还有一点必须指出的是，在世界古代四大河流文明中心，有一个文化的相互影响和中断、转型的问题。印度河文明在青铜时代文化发生了中断，土著文化被外来种族灭亡。而到铁器时代，又经过亚历山大的征服，加进了西方的因素。尼罗河文明和两河文明更是相互影响，民族斗争像走马灯似的频烦，以后又有希腊化和拉丁化的问题，再加中世纪阿拉伯文化的兴起，故在这里，文化被扰乱的现象，已经很难加以复原，大部分文化都成了死文化。只有黄河文明是一个特殊，三大考古文明不但循序渐进地相互更替，而且每一个阶段的文明，都留下了它的积极成果，活在现实之中。故只有黄河文明，才是河流文明的活化石。

所以，黄河文明的特征和发展规律，不能拿欧洲铁器文明的规律来硬卡，也不能用变型的印度文明的规律来卡，更不能拿中东地区文明发展的无序状态作为衡量的标准。

二、经济基础不同

古代大河流域以农业文明为特征，农业是这些地区最主要的生产部门。尼罗河流域、两河流域、印度河、恒河流域和黄河、长江流域都是古代农业发达的地区，农业是这些地区国家形成和发展的经济基础。古埃及、古巴比伦和古印度这些亚非文明古国，就是在农业经济的基础上建立和发展，并表现出自己的文明特征的。

黄河流域和长江流域被现今学术界认为是中国的原始农业的两大起源区，其中黄河流域的早期农耕文明以河北武安滋山遗址和河南新郑裴李岗遗址所代表的农业为代表，长江流域则以浙江余姚河姆渡遗址所代表的农业为代表。与其他世界古典河流文明的农业文明不同，黄河文明中的农耕文明基础不是外来的，而是由其本土产生的。它也曾向外传播，但是在向北方蒙古高原寒冷地带的纵深跃迁式传播受阻，因为那里不适合种植业。因此黄河流域的农耕传播，就只有向周围地区有限的地区进行宣泄人口压力式的传播，这是一种不得不进行的传播，它的农耕传播所至远远没有西亚向欧洲腹地传播后所面临的优越自然条件。黄河农业文明在其发展过程中，针对所面临的恶劣环境，发明了一整套针对北方气候干燥、少雨多风等不利条件的抗旱保墒技术，诸如耕耙耱耕作技术、代田法、区种法等，以确保农业丰收，并以此作为文明发展的基础。

同时，黄河流域的农业文明在其最初的时代，不会人为偏废种植业和畜牧业，但是随着农耕和畜牧的发展，特定条件的限制，必有取舍。从后来发展趋势来看，明显的事实是种植业的比重逐渐占优势。与黄河流域中心地带相距不远的周边地区的游牧部落和半农半牧部落，在先秦时期要么迁出中原，要么留在原地被农耕民族所同化，过上主要营种植业这一单一经济的生活，秦人和商人就是一个典型的例子。秦人其先伯益“驯育草木鸟兽”，在秦惠王时，有人骂秦为“西方牧犊儿”。但是很快，到非子时期，秦人已适应了西陲农业生产的特点，完成了主营农业的转换，开始有了比较稳定的生产基地。先秦时期商人和秦人的先民是畜牧色彩浓厚的部落。他们的经济生活中逐渐减弱畜牧而增加农耕的趋势是昭然可见的。后来秦国在天下纷争之中,鼓励军功、奖励耕战、发展农业生产,国力大增,从而灭掉各诸侯国,完成了统一中原的大业。这一霸业的完成,其重要措施是发展种植业。由此,我们可以看到发展种植业是当时历史条件下的必然趋势,也是黄河早期文明发达的物质基础。

可以说,较之其他河流文明,黄河文明中畜牧业所占比重微不足道。黄河流域单一的种植业结构,使得中国历史上人口和土地关系牢固地结合起来,人口不能从土地上游离出去。

三、文明的政治体制不同

古埃及人最重要的精神生活是宗教。关心死亡,为来世(特别是国王的来世)做好物质准备,是埃及宗教信仰的一个主要特征。古埃及的木乃伊和金字塔(坟墓),都与这种宗教信仰有关。埃及人崇拜太阳神,特别在法老政权强化以后,埃及兴起了崇拜太阳神的一神运动。太阳神拉(Ra),后来又叫阿蒙(Ammon)拉,是埃及的最高神,法老(国王)则被视为太阳神的化身。因此,法老始终被认为是神王,没有神圣的法老与世俗的法老之区别。法老既然作为神王,其权力也就被神化,他的话就是法律,因而埃及也就没有什么严密的法律制度。国家对经济生活的绝对控制,也是尼罗河文明的显著特征。

王权通过以“全国的管家”、“国王的耳目”——宰相为首的官僚机构而得到加强。宰相之下的官吏有:掌玺大臣(掌管尼罗河的交通运输)、赏赐大臣(负责所有的牲畜)、财政大臣(掌管全国的财政分署;每一分署均设有仓库,负责征收赋税,可能年景不好时,还负责分配种籽和牲畜)、管辖各州的州长。地方各州长逐渐积聚起大量财产,成为世袭的官僚阶级:他们加强自己的权力和地位,最后公然与中央政权对抗。古王国的分裂及以后长达数世纪的混乱局面在很大程度上可以由此得到说明。中王国时期的法老们从来没有恢复过他们原先的专制权力。虽然法老们一般仍被罩上一层神圣的光圈,但他们发现,实际上他们的权力得与祭司和贵族一起分享。因此,中王国时期有时被称为埃及的封建时代,不过强有力的官僚政治的确也起了抑制贵族的作用。

国家对经济生活的绝对控制是埃及文明的最后一个特征。尽管当时已有了私有财产和私营企业，但不像在美索不达米亚那样普遍。国家不仅控制了农业和手工业的大部分生产，而且还负责产品的分配。巨大的国库和政府的粮仓里装满了征收来的实物税：谷物、牲畜、布匹和各种金属；用来支付国家的耗费，也做荒年时用的储备物。据说，“所有人的食物供给都由国王负责”。除缴纳赋税外，每个村社还得派男子服徭役即强制性劳役。金字塔就是这些劳工最著名的劳动成果。这些劳工还被派去采石、开矿和整修灌溉沟渠。

印度河流域的城市在当时是独特的，因为这些城市不是任意建造的，而是按照一个中央计划精心建成的。各城市全盛期时占地六至七平方英里。城市布局呈格子型，宽阔的主要街道环绕长方形的大街区，比今日城市通常的街区要大得多。埃及的建筑物用的是石头，美索不达米亚的建筑物用的是太阳晒干的砖，而这些城市的建筑物是用窑内烧制的砖建造的。整个印度河流域做砖的模子只有两种标准尺寸，如此整齐划一的布局和有条不紊的组织似乎遍布整个印度河文明区。这一文明于公元前2500年左右达到成熟期，在以后的1000年中，实际上处于静止不变的状态。而且，这些城市每遭到洪水毁灭性的破坏后，重建的新城市总是造得跟原来的城市一模一样。如此一贯、连续的传统，世上从来没有过，即使在埃及也没有。因而，产生这样一种假说：控制这一纪律严明的社会的也许是一种精神上的力量。没有军事装备，没有城防工事，也为这一假说提供了证据。但是，这一切毕竟只是推测，而且，在发掘更多的古城遗址，并能释读印度河流域的文字之前，始终只能是推测。

古代的中国和印度，同是亚洲的古典文明国家，其文明的起源，同属于大河流域的农业文明。但是，在政治制度上，却表现出极大的不同。中国自秦汉以来，就是一个统一的中央集权的国家。即使有分裂的时候，也极短暂；而印度，从公元前1500年的吠陀时代，到公元712年阿拉伯人的入侵，除了在孔雀王朝（公元前321~前185年）和笈多王朝（公元320~550年）时期有短暂的统一之外（总计约360年），其余的大部分时期（约1800多年），都处于四分五裂状态，存在着众多的小国和众多的语言。因此，有人说古代印度只是一个地区，而不是一个国家。是什么原因造成古代中国和印度有如此大的差别？当然，印度古代文明有着众多的种族和语言，这是造成分裂的重要原因。但是，除此之外，还有文明形成初期的作用。

人们常常把印度的列国时代（公元前7世纪~前4世纪）和中国的春秋时代（前770~前476年）相比较，这是因为这一时期，在印度也出现了思想活跃、百家争鸣的状况。世界三大宗教之一的佛教就产生在这一时期，佛教的创始人释迦牟尼和中国儒教的创始人孔子都生活在这一时代。这是雅斯贝斯所说的轴心时代。

但是，在文明起源时期，中国与印度有着重要的不同。在佛教出现以前，印度已经有婆罗门教，也就是印度教的前身。婆罗门教的种姓制度是从雅利安人部落内部的三种人演变而来的。所以，印度的宗教和社会是与生俱来联系在一起的。而且，印度列国时代的后果是佛教、耆那教等一些新宗教的产生。而中国春秋时代的思想运动基本上没有产生宗教，种种学说是围绕着个人道德修养和如何帮助各国的君主治理国家、扩展王权展开的。如儒家、道家、墨家、法家，等等，无不如此。

文明起源时期的文化对中国和印度的文明产生了持久深远的影响。这种影响不在于一种宗教或者学说的教义是什么，也不在于它的宗教仪式，而在于体现在宗教与学说深层的伦理和价值观念。这些伦理和价值观念对两国各自的文明产生了深远的影响。它影响到人们的精神面貌、人生追求，也影响到政治制度，甚至影响到经济形态。

在印度古代哲学，由于希望死后灵魂转世为更好的形态和等级，“施舍”成为古代印度“制度性”的善德。之所以说它是“制度性”的，是因为施舍的范围之广、程度之大，已经影响到古代印度的政治和经济制度。从吃、穿、金钱，到房屋、土地、灌溉设施，人世间的一切都可作为施舍物。实行施舍的人从平民百姓，到富商国王，而施舍的对象主要是僧侣和寺院。这样，就造成了印度强大的寺庙经济。为了避免战乱的劫掠，商人把大量财富捐赠给寺院；农业人口也把土地依托于寺院来维持生产。在孔雀王朝时期，实现了统一的阿育王为了对种族众多、信仰各异的辽阔疆域实行有效的统治，大力扶植佛教，他本人也笃信佛教。一方面，他广建寺塔，扶植佛教僧团聚会等活动；另一方面，把大量财物滥施给佛教僧侣和寺院，以至于影响了王室的财政收入，最后使自己失去权力。

中国春秋时期的百家争鸣却表现出完全不同的特点。尽管各家的学说不同，但是，究其伦理和价值观，无不带有“内圣外王”的特色。这就是说，一方面，这些学说注重人本身的道德修养；另一方面，它关注政治，干预政治，试图王天下。从产生的背景上看，这些学说是随着春秋、战国时期诸侯战争而产生的，它们的作用是帮助各国统治者富国强兵，兼并邻国，进而实现统一中国的大业。以儒家为例，它进行德育的目的是经邦济世，因此必须效法前贤，提升自己的人格。《庄子·天下篇》首次将其概括为“内圣外王”之道，孔孟学派则把儒家的这一套理论总结为格物、致知、诚意、正心、修身、治国、平天下。

与古代印度相比，首先，中国先秦的各种哲学不是宗教的，它不是让人们关注来世，放弃现世，从现实生活中解脱；而是让人们关注现世，在有生之年有所作为。其次，先秦的各种学说主要不是关注客观世界，而是人的主观世界。它把人的道德与统治者的霸业结合到一起，是追求王天下或帮助统治者王天下的哲学。其结果一方面是建立了强大的王权，另一方面，在建立王权的过程中，也就规定了古代中国知识分子依附王权的地位和学而优则仕的价值观。总之，非宗教的思想和王天下的价值观，造就了中国强大的王权，从而使中国形成长期统一的局面。

四、文明的内涵不同

在黄河文明中，天神永远是远离人间不食烟火的。他们不仅有至高无上的权威，而且是美德(圣)和全能智慧(贤)的化身。关于黄河神话的内容显得沉闷和悲壮。一只渺小的雀鸟精卫，为了复仇，决心一石一木地填平沧海。神农遍尝百草，被毒得死去活来，最后成为农神和医药之神。正直的鲧被杀死于羽山，而他的治水抱负却宿命般的要由他儿子大禹来继承。于是由此开始了13年漫长艰辛三过家门而不入的苦功——劈开巨石，凿通江河；而他的情人因为漫长而无希望的等待和苦守，终于凝成了高山顶上的一座石头。这是一种何等顽强而执着的追求，同时又是人对自然、对于生活所作的一种多么深沉、多么平静，又多么有力的抗争！

世界其他古典河流文明的童年是天真无邪、无拘束、浪漫的，但黄河文明的童年则是有着深深的重负、拘束而早熟的。造成早期文明区别的原因与早期文明的物质基础有关，即与农业的发展环境有着极大的关系。文明的起源时间大大落后农业的起源时间，文明的起源，是由于农业发展到一定阶段的产物。中华文明的起源地是黄河流域，黄河流域是农业的起源地，也是农业的发展地。虽然我们在前面提到黄河流域堆积的黄土适合于工具较原始的农业，但是由于黄河流域多风少雨，在这片土地上长期耕作，土壤质地只会下降而不可能自我恢复。因为一旦将保存较久的土壤有机质裸露，在多风少雨的情况下易于散失。短时期内在这种条件下从事农业也许有较好的收成，一旦长期在此生存，就会出现生存环境越来越恶劣的局面，尤其是在黄河流域抗旱保墒配套技术没有发明以前，其生存环境显得十分严峻。据此有些学者把殷商数次迁都的原因归结为土壤肥力下降，这一分析十分中肯。

要发展农业，在天然雨水滋润远远不能满足要求的情况下，必须从事水利建设。而要在当时的生产力条件下，从事耗费大量的人力、物力的水利工程，其困难是可想而知的，这给当时的人们提出了艰难的挑战。韩国水工郑国使“疲秦”之计，劝秦国开挖大型灌溉工程郑国渠，即是抓住了这一要点；而秦国面对这一挑战，勇敢地接受，修此渠道后，虽为“韩延数世之命，但为秦建万世之功。”秦国因之国力大增，在以后灭六国的过程中发挥了相当大的作用。从这一点上来看，黄河流域的农业发展条件与欧洲农业所具备的“雨养农业”条件大为不同。

文明的发展毫无例外必有一定的物质基础，并且物质基础会以各种方式在文明中体现出来。由于黄河流域早期居民面临的生存挑战太严峻了，他们不得不“筚路蓝缕，以启山林”，其文明体现之一——神话的内容自然是深沉和压抑的，充满了负重感，现实的苦难产生不了文明的浪漫。

随着历史的发展，黄河文明和其他河流文明的神话特征又各自以新的形式表现出来。中国先秦诸子百家争鸣的目的主要为建立一个理想合理的社会。这是因为黄河流域生存环境恶劣，物质匮乏，各个诸侯国相互吞并，为了占有更多的财富而征战杀伐频繁，进而导致先秦诸子以伦理和政治学作为争鸣的重要主题。墨子主张“非攻”，老子主张回到结绳记事的时代,孔子主张“仁”、“礼”,这些观点都是针对当时社会出现的诸多现实问题而提出的。攻伐太多,民难以生息,所以墨家提出“非攻”;“仁者爱人”,社会没有仁爱,所以孔子要提倡仁爱;社会虽然在发展,但是现实却令人失望,呈现在人们眼前的是你争我夺,还不如回到那结绳记事的原始时期,因而老庄哲学主张逃避现实,并且这一观点后来影响很多人。魏晋南北朝时期,玄学兴起,也是因当时社会攻杀太多的缘故。先秦诸子各自提出的学说,因其反映了当时政治生活的某一方面而被社会关注,但是能否为政治家采纳则结果并不一样。诸子中儒、墨、老子的影响最大,由于老子学说主张逃避现实,无为而治,在当时条件下,不可能被政治家所用,因此三家中又以儒墨两家影响更大一些。但墨家的政治主张缺乏可操作性,而且墨学中自然科学成分较浓,如含几何学、光学内容,被认为是带有机谋,因此在当时社会需要弃智慧(诡辩与机谋)的情况下,自然儒家主张占优势。从此,秦汉及以后,中国文化以儒家道德伦理型出现,墨学衰微,自然科学的发展因此受阻。

在黄河文明的先哲们忙于治理因物质匮乏而造成的秩序混乱的社会时,其他河流文明的先哲们主要致力的不是治理社会,即处理人与人之间的关系,而是致力于认识自然。我们可以列出一长串从事自然科学研究的学者的名字,他们各自有数个研究领域。科学昌明,导致近代实验科学在这些河流文明中产生。历史上黄河文明中许多知识分子出于多方面的考虑致力于通过科举考试而进入仕途,这样他们一方面可以实现“修身、齐家、治国、平天下”的远大志向;另一方面也可因此获得不薄的俸禄。当然知识分子主要致力于社会并不意味着所有的人都能参与治理社会,也并不意味着中国古代没有科学,中国古代科技的发展水平在宋代及以前都领先于同时代的西方,但是中国古代的科学发展缺乏系统性,缺乏基础理论为指导,大多属实用科学,主要是通过经验摸索而发展起来的,如天文学、农学、医学以及手工业技术,并且从事科学探索的主要是一些身份卑微的小人物。所以,明清时期不可避免地要落后。而世界其他古典河流文明在致力于基础理论研究的时代,不图短期功利,扎扎实实,步步为营,建立起完整的科学体系,后劲足,明清时期逐渐赶上并远远超过中国。在充分地感受到“船坚炮利”的厉害后,近代中国只能走引进西方科学技术，派遣留学生，兴办新式学堂的道路，以图生存。

第三节　对世界历史进程的阶段性影响

不了解过去，就很难把握今天，还可能失去未来。早在1300多年前，唐太宗李世民就明白这个道理，他感叹道：以铜为镜可以正衣冠，以古为镜可以知兴替，以人为镜可以明得失。诚然，认识历史是为了赢得未来，而不是沉湎于往事。在漫长的历史长河里，四大河流文明发展的主流历经工具时代、农业时代、工业时代和知识时代等四个时代。在文明发展进程的不同阶段中，各大河流文明为人类文明发展作出了巨大贡献。在农业时代的5800年里，黄河文明约有4000年走在世界前列，约有1000年处于世界领先地位；欧洲约有1000年走在世界前列，约有1000年处于世界落后地位，约有200多年处于变化时期，孕育着新兴文明。

在世界古代文明时期，大约是公元前4000年至公元前500年，河流文明分别诞生在亚洲、非洲等不同地区，逐步形成了美索不达米亚（苏美尔和古巴比伦等）、埃及、印度和中国等四大古代文明中心。其中，苏美尔文明和古埃及文明是最早诞生的文明，但他们分别在公元前539年和公元前525年消亡了，没有进入农业时代的发展期；古代印度文明和黄河文明诞生的时间要晚一些，分别出现在约公元前2500年和公元前2070年，但他们继续向前发展，进入农业时代的发展期。

在河流文明史上，古代黄河文明具有三个历史特点：她是世界四大古代文明中心之一，虽然诞生时间比苏美尔文明和古埃及文明要晚；她是唯一没有中断的古代文明，继续发展进入古典时期；她最早建立领主分封制，中国西周在公元前11世纪（公元前1046年）建立分封制，比欧洲建立领主封建制约早1800年（公元8世纪）。由此可见，在公元前11世纪，中国文明就已经走在世界前列。

与黄河文明相比，古埃及的文字最初是一种单纯象形文字，经过长期的演变，形成了由字母、音符和词组组成的复合象形文字体系。今见古埃及文字多刻于金字塔、方尖碑、庙宇墙壁和棺椁等一些神圣的地方。埃及盛产的一种植物——纸草，其茎干部切成薄的长条压平晒干，可以用作书写。这种纸草文书有少数流传至今。

字母的出现，约在公元前2500年至公元前1500年间。把声音变成字母这一巨大的进步，是古埃及人完成的。这些字母由埃及人传给地中海东岸(今叙利亚境内)的腓尼基人。作为亚洲文化和欧洲文化中介的腓尼基人，把这些字母演变成真正的音标文字，传到古希腊。这一字母系统，后经希腊人增补元音字母而进一步完备，形成希腊字母。希腊字母又经过一些改进后传遍四方。字母是古埃及人留给西方文明，乃至世界文明的重大文化遗产。

古埃及对天文学和数学所作出的贡献，足以和两河文明相媲美。他们创造了人类历史上最早的太阳历，把一年确定为365天。现在世界上通用的公历，其渊源来自于此。古埃及人很早就采用了十进制记数法，他们仍然没有“零”的概念。他们的算术主要是加减法，乘除法化成加减法做。埃及算术最具特色的是，已经初步掌握了分数的概念。在几何学方面，埃及人已知道圆面积的计算方法，但却没有圆周率的概念。他们还能计算矩形、三角形和梯形的面积，以及立方体、箱体和柱体的体积。

埃及的医学成就比美索不达米亚突出。埃及人制作的木乃伊，与他们的金字塔一样，举世闻名。制作木乃伊增长了埃及人的解剖知识，因而使他们的内外科相当发达。他们的医术分工很细，据说每个医生只治一种病。

金字塔是埃及建筑艺术的典型代表，也是在国家控制下的埃及劳工最著名的集体劳动成果。金字塔是法老的陵墓，底座呈四方形，越往上越狭窄，至于塔端成为尖顶，形似汉字的“金”字，故中文译为金字塔。在欧洲各国语言里，通常称之为“庇拉米斯”(如英文为pyramid)。据说在古埃及文中，“庇拉米斯”是“高”的意思。埃及境内现有金字塔七八十座，最为人们所熟悉的是尼罗河下游西岸、吉萨一带的金字塔，此地离埃及首都开罗只有十多公里。其中最大的第四王朝法老胡夫(公元前2590~前2568年在位)的金字塔，是古代世界七大奇观中唯一现存的古迹。

除金字塔之外，埃及的神庙、殿堂等建筑也颇为宏伟壮观。相形之下，埃及的人物雕像显得呆板冷漠，埃及的木乃伊文化令外人难以理解。总之，埃及文化的特点是神王合一，追求永恒，显得比较单一、稳定而保守。相对而言，埃及百姓的生活平庸而满足。与此相应的是，埃及工匠制造奢侈品的技术举世公认。埃及人最早发明了美容品，发展了制造美容品的技术。

尼罗河文明通过与周边地区的文明交往不仅把自己的文化毫无保留地奉献给了人类，也吸收了外来文化成果，如闪族世界的多元文化要素、希腊文化等。当古希腊文化趋于衰落时，亚历山大城成了希腊思想和文化的中心，是它把希腊文化传播给阿拉伯人，阿拉伯人再把它传到西方世界。如果没有埃及，很难设想希腊文化遗产能够保存下来。在亚历山大时期，被埃及接纳的文化起着创造者和培育者的双重作用。托勒密王朝统治之初，埃及人吸收希腊文化十分缓慢，尽管希腊文比埃及文易写，但从考古发现的纸草书中看到，用古埃及世俗体写的和用希腊文写的几乎一样多。希腊法律反映到埃及的法律文件中的进程也很慢，但埃及文化遗产却利用希腊文这一新的语言媒介得以传播。以后，在艺术等其他领域，埃及接受希腊文化的影响很突出，埃及的剧院、雕刻艺术品等与希腊作品相似。

抛开地理环境上的因素，我们所看到的尼罗河文明除了是一个最古老的、维持多年文明的连续性这一特点外，还有长期历史发展中形成的古埃及人固有的社会生活和民族文化的传统。尼罗河文明最初生活于相对闭塞的地理环境中，自然而然形成了一个比较稳定的社会形态和自我为中心的民族意识。埃及人在长期的生产实践中。总结出了一套适用于自己生产活动的工具制造工艺，而在许多方面不同于其他文明。埃及的农业生产紧紧依赖于尼罗河，而尼罗河有规律的泛滥又给埃及人的农业生产活动创造了时间和空间上的固定的模式。在所有一切生产活动中逐渐积累了一系列的经验的基础上，最终形成了某些生产实践的传统习惯。

古埃及人在长期的生产实践和社会活动中，逐渐形成了固有的文化传统。如果说，在古王国时代埃及的传统文化领域中，文学、艺术的创作和宗教活动中已经形成了某些基本法则，那么，到了新王国时代，随着文化的进一步发展和成熟，则在古王国时代文化生活的基础上形成了某些固有的传统模式。在古埃及的固有的文化传统中，象形文字的产生与发展颇具代表性。古埃及的象形文字既不像两河流域的楔形文字那样可以为几个不同民族的语言所利用，又与古代中国的象形文字的演变不同，它仅仅为古代埃及民族所利用。在我们强调古埃及民族文化的固有传统外，也不应忽视古埃及人对外来文化的接触和吸收。古埃及人正是在其长期历史发展中，与周围国家和民族的不断交往和冲突过程中，开阔了眼界。同时，接受了外来文明的先进成就，丰富了自己的文化和生活，发展了古埃及文明。

古巴比伦对世界闻名的贡献桩桩关键，几乎涉及到现代世界文化的主要组成部分。巴比伦首创了城邦制度。在两河中下游，经过仔细的数学计算把灌溉区划成许多小城邦；城邦有很大自治权，城邦内部采用民主制，集体决定重大原则和事物。巴比伦城邦制和它的民主原则先对希腊后对罗马政治起了重大影响。汉谟拉比国王（公元前1792年~前1750年在位）首次使用法律形式管理国家，法制政治意义深远。罗马法直接受巴比伦法影响。现代西方法制政治又同罗马法一脉相承。

世界河流文明的成熟期大致是公元618~1500年。在此期间，东方文明（包括黄河文明和印度文明）达到农业文明的“光辉顶峰”，欧洲处于封建专制的“中世纪黑暗时代”；与此同时，伊斯兰文明崛起，美洲文明进入发展期。公元618年，中国建立唐朝，她是当时世界上最强大和发达的国家。1405~1433年，中国明朝郑和率领船队七下西洋。中国人发明了火药、指南针和印刷术等，建立了政府官员选拔制度（科举考试制度）。欧洲中世纪的时间为公元600~1500年。在此期间，欧洲封建专制和宗教迫害盛行。1300~1650年欧洲发生“文艺复兴”运动，商业革命接踵而至，欧洲孕育着革命性变化。

文艺复兴后的欧洲是革命的欧洲，公元1500~1763年是欧洲文明振兴时期。在此期间，传统农业文明进步缓慢，东方在传统农业文明轨道上爬行；欧洲16~17世纪发生了科学革命，1543年哥白尼出版《天体运行论》，1687年牛顿出版《自然哲学的数学原理》；欧洲人哥伦布发现美洲

（1492年），麦哲伦完成环球航行（1519年）；1640~1688年英国发生资产阶级革命，结束封建专制，随后欧洲发生启蒙运动，新兴文明在欧洲孕育。当时的黄河文明，仍然延续着几千年的传统，她似乎没有留意世界在发生变化。

的确，黄河文明农业时代的辉煌，没有促使中国抓住工业文明的机会。1763年英国人瓦特开始改进蒸汽机，1769年瓦特获得新蒸汽机发明专利。蒸汽机的发明和应用是工业革命的主要标志。在工业革命发生30年后，1793年英国派使者访华，请求建立正常商贸关系。中国清朝皇帝乾隆接待了来自英国的使者。乾隆，这个中国人眼里的贤明皇帝的答复是："语言不通。且天朝所管地方甚为广远……天朝抚有四海，惟励精图治，办理政务，奇珍异宝，并无贵重……其实天朝德威远被，万国来王，种种贵重之物，梯航毕集，无所不有……然从不贵奇巧，并无更需尔国制办物件。"皇帝金口玉言，中国工业革命的大门就此关上了。于是，在欧美新兴工业文明蓬勃发展的时候，中国仍然在传统的黄河农业文明道路上姗姗而行。失去工业革命的机会，给中国带来100多年的血和泪。在18世纪末，中国是世界最强的一流国家；到19世纪末，中国衰退成为半封建半殖民地国家。

与中国相邻的印度文明最显著的特色是它的宗教性。印度历史上曾先后产生并流行过多种宗教，其中以印度教最为古老、正统，对印度社会和文化的影响也最广泛而深刻。多种宗教的长期共存和印度人民对宗教的虔诚信仰，是造成印度文化宗教性浓郁的主要原因。历史上，宗教文化一直是人们精神生活的中心。印度教、佛教和伊斯兰教都在印度创造了辉煌灿烂的文化。印度教丰赡的典籍和神话令人赞叹，它巍峨的神庙和精美的雕刻是世界上独具特色的人文景观。卷帙浩繁的佛教三藏典籍本身就是一个光彩四射的思想文化宝库。印度佛教的雕刻、绘画和建筑蔚为壮观，达到了很高的艺术水平。莫卧儿王朝时期的印度伊斯兰教风格的建筑达到了建筑艺术的顶峰。印度文化所涉及的种种方面，如文学、建筑、雕刻、绘画、音乐、舞蹈、民俗等，无不渗透着强烈的宗教性，而宗教性则把崇高、壮丽、灿烂和精美赋予了所有这些文化形式。

印度文明的另一个鲜明特色是它的多样性。这种多样性是先后来到印度的不同种族与民族造成的。它们都有自己的宗教信仰和文化传统。印度还是一个多语言的国家。这些语言可以划分为4个语系，占世界语系总数的1/4。印度目前使用的主要语言有18种之多，其中13种属于印欧语系，4种属于达罗毗荼语系。虽然印地语和英语同为印度联邦的官方语言，但后者才是印度实际通用的语言。一言以蔽之，操不同语言并信仰不同宗教的不同民族产生了不同的文化，使印度文明呈现出举世罕见的多样性。

印度文明还具有很强的包容性。每次外来民族的入侵，都给印度文明带来新的成分。它们与本土文化融为一体，使之不断更新，不断丰富。与此同时，外来民族也无不在历史的长河中为印度民族所同化。此外，印度文明虽然呈现出引人瞩目的多样性，但也具有明显的同一性。这种同一性体现为对精神生活的重视，也体现为鲜明的地域特色。

近代以来，印度文明在从传统向现代转型的过程中，也呈现出一些新特点。首先，宗教色彩逐渐淡化。这一历史进程始于19世纪中叶。在文学创作中，泰戈尔早就认识到宗教题材的局限性和与现实世界的脱节。他的短篇小说和中长篇小说就不再具有宗教特色。他的部分诗歌虽然在形式上具有浓厚的宗教色彩，但在实质上已全然不同于以往时代的宗教诗歌。印度独立之后，首任总理尼赫鲁把世俗主义作为建国的重要方针之一，旨在遏制教派冲突和国家政治宗教化。这一方针取得了积极的成果，也从根本上影响了印度文明的走向。今日，现实主义以及各种现代流派已经成为印度文学艺术的主流。随着经济的发展和科学的昌明，印度文明表现出来的现代性和世俗性已经十分明显。与那些政教合一或政治宗教化的国家相比，印度社会发展的活力和成就是显而易见的。

其次，珍视民族传统。印度社会没有经历过带有激进色彩的新文化运动，更不曾发生过像我国“文化大革命”那样的浩劫，因此，印度独立以来的社会和文化的发展相当平稳，传统文化没有遭到人为的禁锢和破坏。印度人十分珍视自己的文化遗产和优良传统。例如，为了保护遍地文物古迹的历史名城德里，印度人将它整体保留下来。当年的决策者在德里之南辟荒另建新都(即新德里)的远见卓识令人钦佩。他们完整地保留了一座古都，也就完整地保存了珍贵的历史和文化。

第三，奉行拿来主义。印度文明从来就不是凝固的，一成不变的，而是在不断吸收异族文化的过程中发展和丰富起来的。如果说印度在殖民地时代曾经被迫接受西方文化，那么现在的印度可以说是在积极吸收世界上的所有先进文化，用以丰富并发展自己的民族文化。本来，印度文化与西方文化的联系就十分密切。20世纪90年代以来，印度实行经济改革，又向世界敞开了自己的大门。可以说，当代印度人的心态是相当开放的，也是善于学习的。凡是受过高等教育的印度人，都可以直接阅读英文原著并用英语工作。在吸收外来文明成果方面，印度人具有得天独厚的语言优势。印度软件业的崛起，既得益于印度人的数理逻辑能力，也得益于他们的英语能力。

印度文明在世界上曾经产生过巨大的影响。印度文明在近代的衰落不过是一时的历史现象。随着印度经济和社会现代化进程的推进，印度文明终将大放异彩。尽管印度人在种族和语言等方面与西方存在亲缘关系，尽管印度文明会继续大量吸收西方文明的营养，但印度文明具有自己独特的个性和价值体系。印度文明的变化只能是自身的一种嬗变。它既不会抛弃传统，也不会因循守旧。它植根历史，面向现实，在从传统向现代的转换过程中，正焕发出无限的生机。

需要指出，从科学技术对文明的重要贡献看，人类的文明中心实质上也是科技中心。从古代到近代，世界科学技术中心随着文明中心的转移也发生了5次大转移，其转移路线和科学高潮期分别为：四大文明古国(16世纪以前)、意大利(1540~1620年)、英国(1660~1750年)、法国(1760~1840年)、德国(1840~1910年)、美国(1920年至今)。近半个多世纪以来，美国一直保持着世界科学技术中心的领先地位。美国既是现代科学技术的首要大本营，又是一些新兴科学方法论的主要发祥地。作为昭示当代和未来科学发展前景的国家，美国被认为是世界新科技革命的最大策源地。

第四章

黄 河 与 人

人类和河流的关系应该通过历史地理的视角作充分的认识，其中既有经验，也有教训。世界上主要民族都有关于洪水的传说，表达了古代人对洪水的敬畏。他们的生命离不开河流，但又害怕过多的水量，因为洪水导致生命和文明的毁灭。

中华民族对黄河的认识经历了一个漫长而复杂的阶段，从完全不自觉逐渐发展到比较自觉，由躲避到亲近，由恐惧到敬畏，由企图征服到用心治理，有望过渡到一个和谐共处的新阶段。

第一节　黄河探源

一、“黄河”的来历

在中国早期的文献中，黄河被称为“大河”或“河”。从自然地理条件分析，由于黄河中下游流经黄土高原和黄土冲积平原，所以河水的含沙量从来都很大,所以黄河水一直是浊的。《左传·哀公八年》(公元前487年)引用的两句佚诗说:“俟河之清,人寿几何。”证明至迟在公元前5世纪,黄河已经不清了很长时间,因此人们才会根据长期积累的经验肯定,在可以预见的未来,黄河是不可能变清的,以至发出如此毫无信心的感叹。

公元前4世纪的战国时,人们已经用“浊河”来称黄河。而“黄河”一词的第一次出现,是在公元前3世纪末汉高祖刘邦封功臣的誓文中。至于“黄河”成为这条大河的正式名称,那是从7世纪初的唐朝开始的。

正因为黄河一直是浊的,所以“河清”就成了君主圣明、天下太平的象征,“海晏河清”就成了太平盛世的代名词。翻开历代正史,不时能见到某地“河清”或某日“河清”的记载。其实这些“河清”的一部分不过是在冬春枯水季节中某些流速极慢的河段出现的局部现象,所以“清”也只是相对不太浊而已。另一部分则完全是统治者自欺欺人而制造出来的所谓“祥瑞”,根本不是事实。公元309年和562年,十六国中的汉(前赵)君主刘渊和北朝北齐成武帝就分别以“河清”和“河瑞”作为自己的年号。

如果说一开始人们还只是凭直觉体会黄河水的浊和黄,那么到公元1世纪对黄河水的含沙量已经有了定量分析。西汉末年一位叫张戎的官员指出:“河水重浊,号为一石而六斗泥。”这是目前所知世界上最早的对河流泥沙量的测定数据。宋朝人认为“河流混浊,泥沙相半”。明朝人进一步注意到不同阶段河水含沙量的变化,河水在平时“沙居其六”,伏汛时“沙居其八”。当然由于这些分析过于粗略,还没有证据表明是建立在常年科学观测的基础上,很难用之于具体的数量分析。不过如果我们仔细研究一下,还是能够发现,尽管黄河自古以来就以多泥沙著称于世,但它的含沙量不是一成不变的。

据20世纪50年代的实测,黄河多年的平均输沙量达到16亿吨,每一立方米水中的平均含沙量约37.5公斤,高时可达590公斤,最高时甚至达900公斤以上。而含沙量居第二位的美国科罗拉多河是每立方米27.5公斤。在世界其他大河中,只有印度和孟加拉国的恒河年输沙量达到14.5亿吨,与黄河接近。但恒河的水量是黄河的10倍,因而平均每立方米水的含沙量只有3.95公斤。在国内的河流中，只有同样发源于黄土高原的海河的含沙量与黄河相仿，其他河流就要低得多。如长江的平均含沙量是每立方米0.575公斤，就是北方多泥沙的河流辽河和滦河，也分别只有每立方米3.6公斤和3.96公斤。

面对含沙量如此之高的黄河水，难怪古人会一筹莫展了。

二、导河积石

当我们沿着蜿蜒在山西和陕西间的黄河峡谷中的公路溯河而上时，一股滚滚浊流在丛山群岭中奔腾。每当两岸的山岭紧锁，但见水自岩石间涌出，又从山脚下消失。而峰回路转，眼前豁然开朗时，又看到在赫黄色的群山与灰蒙蒙的天空融合的地方，飘游出一根土黄色的带子。当我们最终站在壶口瀑布前，在震荡山川的喧腾水声中仰望倾泻而下的黄河之水时，就再也不会怀疑诗人是过分夸张。黄河之水要不是来自天上，何至于有如此巨大的力量？

从遐想回到现实，我不禁想到了这样一个问题：当李白写出这壮丽的诗篇时，他是否知道，黄河究竟来自何处？这就得从我们的祖先探寻黄河之源说起。

中国最早的地理名著之一《尚书·禹贡》中有一部分内容称为“导水”。“导”，应该解释为溯源，所以“导水”就是叙述河流的起迄和流向。其中对黄河是这样记载的：“导河积石，至于龙门；南至于华阴；东至于底柱；又东至于孟津……北过降水，至于大陆；又北播为九河，同为逆河，入于海。”

尽管对中间个别地名，学者们有不同的解释，但对当时黄河从龙门以下的经流记载得是非常清楚的。但是从龙门以上，只提了“积石”，很明显，作者所了解的黄河源就是积石。《禹贡》成书于战国后期，这反映了当时人们的地理知识。

至于积石在什么地方，目前还没有发现当时有过具体的说明，最早的说法要数郦道元《水经注·河水注》中的“(积石)山在陇西郡河关县西南羌中”。河关县置于西汉神爵二年(公元前60年)，西晋后就废了。但河关县在西汉时属金城郡，要到东汉时才划归陇西郡，所以《水经注》中的记载反映了东汉以后至西晋期间(约公元1世纪至4世纪初)人们的认识。河关县的故地约在今青海省贵德县西南一带，该县的西南就应该在今青海省东部与甘肃接界处,可能就是指循化县附近的小积石山。

隋炀帝大业五年(公元609年),隋朝出兵征服了以青藏高原东北部为基地的吐谷浑,在那里设置了一个河源郡,治所赤水城在今青海兴海县东南的黄河西岸,该郡的辖境大致相当于今共和、兴海一带。可见在隋代人的眼中这里就是黄河源头所在，这一认识至少已经非常接近真正的黄河源头了。

到了唐代,积石山有了大小之分,并且都有了具体所指。李吉甫的《元和郡县志》记载:“积石山,一名唐述山。今名小石山,在县西北七十里。按河出积石山,在西南羌中,注于蒲昌海,潜行地下,出于积石,为中国河,故今人目彼山为大积石,此山为小积石。”在《鄯州龙支县下》中也说:“积石山,在县西九十八里。地与河州抱罕县分界。”小积石山,即今循化县东北黄河北岸的小积石山。而大积石山，就是今天的阿尼马卿山,黄河绕着山脉的东段拐了个大弯,看来当时人对黄河源的认识就到此山为止了。

三、重源伏流

比《禹贡》成书稍晚的《山海经》对黄河的源流又有不同的说法。其中的《北山经》认为黄河发源于昆仑山东北的敦薨山:“……又北三百二十里,曰敦薨之山……敦薨之水出焉,而西流注于盐泽。出于昆仑之东北隅,实惟河源。”然后河水就潜入地下了,即《西山经》所说:“……又西北三百七十里，曰不周之山……东望盐泽，河水所潜也，其源浑浑泡泡。”河水又在积石山冒出:“又西三百里,曰积石之山,其下有石门,河水冒以西流。”研究《山海经》的学者一般认为,敦薨山就是今天山东段,敦薨水就是今新疆的开都河,盐泽就是罗布泊(又有人认为是指博斯腾湖)。按照《山海经》作者的见解,这条发源于天山东段的开都河,经博斯腾湖、孔雀河注入罗布泊,这就是黄河的正源;但黄河在罗布泊潜入地下,到积石山(小积石山)再冒出地面,以下就是《禹贡》所记载的积石以下的黄河了。

西汉建元三年(公元前138年),张骞奉汉武帝之命出使西域。由于往返时都被匈奴扣留,13年后才回国复命。张骞向汉武帝报告了他的亲身经历和听到的情况,以后由司马迁在《史记·大宛列传》中作了记载,其中有关黄河的内容是这样写的:“于阗之西,则水皆西流,注西海;其东水东流,注盐泽。盐泽潜行地下,其南则河源出焉。多玉石,河注中国……盐泽去长安可五千里。”

到元鼎二年(公元前115年),张骞又第二次出使,汉朝与西域的交通从此开通,汉使往返于西域各国更加频繁。汉使的报告更肯定了河源所在,并由汉武帝确定了河源的山名。《大宛列传》说:“而汉使穷河源,河源出于阗,其山多玉石,采来。天子案古图书,名河所出山曰昆仑山。”于阗即今新疆和田一带,流经于阗的河流就是发源于昆仑山北麓的喀拉喀什河和玉龙喀什河,合为和田河,下游为塔里木河,注入罗布泊,也就是当时的盐泽。也可能包括塔里木河上游另一条支流、同样发源于昆仑山北麓的叶尔羌河。昆仑山的名字自从汉武帝确定后就一直沿用,至今没有改变。

班固的《汉书》成书于公元1世纪后期,其中有《西域传》一卷,也有关于河源的记载:“西域……南北有大山,中央有河……其河有两原(源):一出葱岭山,一出于阗。于阗在南山下,其河北流,与葱岭河合东注蒲昌海。蒲昌海,一名盐泽者也。去玉门、阳关三百余里,广袤三百里。其水亭居,冬夏不增减,皆以为潜行地下,南出于积石,为中国河云。”

与《史记》相比,《汉书》对今塔里木河水系的叙述更加清楚具体了。中央的大河即塔里木河,它的两源就是叶尔羌河(葱岭河)和和田河(于阗河),南山就是昆仑山,蒲昌海即罗布泊。叶尔羌河虽然也发源于昆仑山,但因先西北流经葱岭(今帕米尔高原)的边缘,所以使当时人产生发源于葱岭的误解。

总之,至迟到公元1世纪后期,人们对今新疆的塔里木河水系和今青海循化小积石山以下的黄河经流都已经有了准确的了解,可是却硬要将这两条完全无关的河流用“潜行地下”联系在一起,形成了黄河“重源伏流”的观点。

从张骞通西域开始到公元1世纪后期这段时间,到过西域的中原人已经不少；人们对西域的地理知识还可以追溯到更早的西周时代，为什么对黄河源的了解会产生如此大的错误呢？这还得从当时的交通路线寻找原因。

由于青藏高原地形复杂，气候恶劣，人烟稀少，交通困难，所以古代中原与西域的来往一般都取道河西走廊，进入今新疆后再分道前往中亚各地。张骞第一次出使时，是从陇西(今甘肃东南)一带出发，经过匈奴地区时被扣留的，而河西走廊当时就在匈奴控制之下。以后他从匈奴逃脱至大宛(今吉尔吉斯费尔干纳盆地)。回国时，张骞为避开匈奴，想从南山(今祁连山)以南的羌人地区通过，但还是被匈奴抓住，一年多后才逃回汉朝。很明显，张骞往返的路线都经由河西走廊。后来河西走廊成为汉朝的疆域，人员来往自然也都走这条路线，所以人们对从河西走廊至今新疆、中亚的地理状况已经有相当深入的了解。

另一方面，聚居在河湟谷地的羌人曾经广泛分布在西北地区，小积石山就在他们的聚居区，黄河的上游有积石山的事实通过羌人传播出来，成为《禹贡》作者的根据。但是人们也知道积石山下的黄河还远不是它的源头，而对积石山以上的黄河又缺乏了解，所以只能想象它应该在遥远的西方。有人将黄河源与西王母、昆仑的传说和西域的水系联系起来，这就产生了今天的塔里木水系是黄河上游的假设，并通过“潜行地下”圆满地解决了两者毫不相连的矛盾。这又成为比《禹贡》晚出的《山海经》的根据。

张骞与以后的汉使尽管亲历西域，直接考察了塔里木水系，却没有机会到达积石山上游的黄河，但他们沿途又从未见到使黄河与塔里木水系相连的任何河流。在既没有发现真正的河源，又缺乏足够的理由来推翻成说的情况下，张骞只能将事实与想象、亲身经历与文献记载结合，对汉武帝作了河源的报告。而一旦汉武帝对河源所在作出了判断，并且引经据典地命名了昆仑山，那些见识远在张骞之下的汉使们自然奉为准则了。

从西汉中期开始，羌人不断受到驱赶，昭帝始元六年(公元前81年)汉朝设置了金城郡，辖境包括今青海东部的湟水流域和贵德、尖扎段黄河，来自中原的移民在这里定居。到这时，黄河并不始于积石更得到了证实,积石以上的情况却依然无从了解。但《禹贡》的地位已经由于儒家学说得到尊崇而大大提高,"导河积石"成了不可动摇的结论,"伏流复出"说十分得体地弥补了《禹贡》的漏洞。

应该承认,要探寻积石以上的黄河确实存在相当大的困难,但在县治已经设到小积石山旁的条件下,当地人不可能不知道黄河之源还远远没有到达,更不会相信在积石以上的黄河是从地下流出来的。实际上,学者中也有人对这种荒谬的说法提出了怀疑,如唐代的杜佑就不信重源伏流说,认为"蒲昌海为西域自行自止之水,不与积石河通"。但一旦"重源伏流"的说法成了由皇帝裁定的结论和儒家学说的信条,就大大束缚了人们的思想和行动,出于崇上崇经的心理,他们不仅不再致力于探求真正的河源,而且会无视明明白白的事实,千方百为成说辩护。这就毫不奇怪,为什么在对河源的实地考察已经进行过的清代,学者们还会为《禹贡》中的"积石导河"注上重源伏流的种种证据。如徐松(1781~1848年)是一位曾经在新疆进行过实地考察并对历史地理很有见地的学者,但他在《汉书西域传补注》中也摆脱不了这一束缚。他写道:"罗布淖尔水潜于地下,东南行千五百余里,至今敦煌县西南六百余里之巴颜哈喇山麓,伏流始出……东南流为阿勒坦河,又东北流三百里,入鄂敦塔拉中,其泉数百泓,即《元史》所谓火敦脑儿,译言星宿海者也。"

可见作者已经完全接受了河源在星宿海以上的事实,却又要维持重源伏流的谬论,就只好继续杜撰这根本不存在的"千五百里"地下水了。甚至到清末,陶葆廉在《辛卯侍行记》中还说:"河有重源,均出昆仑,稽古证今,一一吻合。"

四、亲历河源

从现存的唐代以前的记载中,我们还很难确定有谁真正到了河源。但唐代人到达河源的记载却已经不是个别的了,主要的有:贞观九年(公元635年),唐朝的将领李靖、侯君集、李道宗等追击青藏高原东北部的吐谷浑,到达赤海,进入河源地区。《旧唐书·吐谷浑传》和《侯君集传》有这样的记载(译文):"侯君集和李道宗从南路进军,翻越了汉哭山,在乌海给马饮水，经过了两千多里荒无人烟的地方，当时虽然是盛夏却仍然有霜，山上还有积雪，路上缺乏水和草，将士只能化冰饮用，马只得吃雪。又经过星宿川，来到柏海。在那里北望积石山，看到黄河发源的地方。”

从他们的进军线路和沿途所经地区的自然景观看，乌海就是今青海的苦海，柏海就是扎陵湖和鄂陵湖，星宿川就是星宿海。尽管他们不一定注意到了黄河的正源卡日曲，但已经看到了扎陵湖以上的星宿海，离真正的黄河源已经近在咫尺了。

贞观十五年(公元641年)，唐朝的文成公主入藏与吐蕃的赞普松赞干布成亲，护送并前往主婚的还是那位追击吐谷浑时到过河源的李道宗。据《旧唐书·吐蕃传》记载：松赞干布率领部下军队到达柏海，在河源一带迎亲。文成公主入藏和松赞干布迎亲的具体线路虽然不太清楚，但肯定经过了河源地区。

安史之乱以后，吐蕃占有了唐朝的陇西和河西走廊，这固然使中原与河源地区更加隔绝，但却产生了相反的结果。因为一方面唐朝为了对付吐蕃，加强了对吐蕃地区、包括河源地区的了解；另一方面吐蕃军队不止一次攻入关中平原及唐朝的首都长安，大批唐朝的军民被吐蕃掳掠至青藏高原，这些都使有关河源的知识和见闻得到传播和收集。贞元十四年(公元798年)，迄今所知历史上第一部包括黄河河源地区状况的专著《吐蕃黄河录》由贾耽完成了。

贾耽(公元730~805年)，字敦诗，沧州南皮(今河北南皮县)人，是一位有重大贡献的地理学家。曾任鸿胪卿，主持与各族往来和朝贡事务，熟悉边疆山川风土，勤于搜集有关资料。他参考西晋裴秀创立的“制图六体”，以一寸折地百里的比例尺绘制了一幅高三丈三尺、宽三丈的《海内华夷图》。这幅图的原物虽然早已失传，但宋朝人参考此图绘成的《华夷图》和《禹迹图》在12世纪30年代刻在石上，保存至今。从石刻《华夷图》上可以看到，黄河的画法与现代采用等距离法绘制的地图已经非常相似。

据《新唐书·贾耽传》记载：贾耽爱好读书，晚年更加勤奋，特别精通地理。凡是遇见从边疆或境外来的人以及出使归来的人，他都要详细询问各地风俗，因此他对全国和境外各地的人文和自然地理状况都了如指掌。当时正值吐蕃强盛，占有陇西，而以往当地州县的地理状况，有关方面已经不掌握了。贾耽就将陇右(即陇西)、山南(今甘肃南部和四川西北)九州绘成地图，并详细记录了黄河流经地区的情况。另外又将这一带原来驻军、交通、道路、地形、河流、险要等编成《别录》6篇，河西吐蕃等族的情况编成4篇，上报皇帝，受到赏赐。

唐代后期的长庆元年(公元821年)，刘元鼎奉命出使吐蕃，到达逻煞娑(今拉萨)。《新唐书·吐蕃传》记录了他的见闻(译文)："刘元鼎渡过湟水，到了龙泉谷……湟水是从蒙谷发源的，到了龙泉谷流入黄河。黄河的上游，从洪济梁向西南有两千里，河道越来越狭窄，春天可以步行过去，秋天和夏天才能行船。黄河的南面有三座山，中间高而四面低，叫紫山，通向大羊同国，就是古时候所称的昆仑山，吐蕃人称为闷摩黎山，向东离长安有五千里。黄河就发源于此山之间，开始流速很慢，水很清，渐渐汇合了不少支流，水色变红；再往下，又有其他河流注入，水变混浊了。"

紫山或闷摩黎山就是巴颜喀拉山，刘元鼎所经过的地区就是巴颜喀拉山南麓的黄河发源地，他对黄河上游水文状况的描述是迄今最早的记载。至于从洪济梁以上黄河自西南而来的流向，则是因为只记了开始的一段，而没有记黄河折过积石山(阿尼玛卿山)以后自西北而来的流向，失之简略。刘元鼎作为唐朝的使者，往返都经过河源，自然比侯君集、李道宗行军作战或仅仅护送文成公主至吐蕃边界要有更多观察了解的机会，他的见闻当然具有更高的价值。

五、探寻河源

但从刘元鼎以后，中原与吐蕃的人员交往很少。宋朝建立以后，一方面吐蕃陷于长期分裂，没有与中原交往的条件；另一方面宋朝也无暇顾及西北边疆，仅北宋熙宁四年至大观二年(1071~1108年)期间在河湟地区有过开拓，没有进入河源地区的可能，所以至今尚未发现任何有关的记载。

总之，直到元代之前，尽管已经有了几种亲身经历黄河源头的记载，但都是因事途经者的见闻。这些人并不是以考察河源为目的，当然不会有全面的了解；加上他们本人都没有留下直接的记载，手下人的间接记录肯定会有遗漏和误解。对河源的考察一直未能进行，这固然与河源地区险恶的自然条件有关，但这一地区始终处于中原王朝的疆域之外也是一个重要原因。

元宪宗四年(1254年)，蒙古军队进入吐蕃，镇压了不服从的贵族，完全控制了吐蕃地区。以后，元朝又将吐蕃地区划归掌管全国佛教事务的机构总制院(以后改名宣政院)管辖，成为元朝疆域的一部分。这就为对河源的考察铺平了道路。至元十七年(1280年)，元世祖召见都实和他的堂弟阔阔出，对他们说(译文)："黄河进入中国，从大禹治水以来，都知道是从积石山而来，但汉朝唐朝都没有能查清它的源头。现在那里成了我的领土，我要一直查到黄河发源的地方，在那里建一座城，供吐蕃商人与内地做买卖，并在那设立转运站，将贡品和物资通过水运到达首都。古人没有办过的事，我要办到，让后世受益无穷。只是找不到合适的人。都实，你是我的老部下，又通晓各族语言，派你去执行；阔阔出，你也一起去。"

于是授予都实招讨使，佩戴金虎符，与阔阔出在当年四月从河州(今甘肃临夏市东北)启程，4个月后到达河源。冬天返回，将城和转运站的设计位置画成地图上报。元世祖大喜，命都实为吐蕃等处都元帅，筹集工匠和物资；后因故停止。

延祐二年(1315年)，阔阔出与潘昂霄一起奉命宣抚京畿西道，将此事经过告诉了潘昂霄。当年八月，潘著成《河源记》一文，我国第一次对黄河源的考察成果因此得以流传后世。

同时，由于吐蕃归入元朝版图，吐蕃人(藏族的先民)对黄河源的了解也开始为元朝人所知。地图学家朱思本从八里吉思家里得到了帝师(西藏宗教领袖)所藏的梵文图书，翻译成汉文后发现与《河源记》互有详略。这两方面的记录由《元史》的作者综合后载入该书的《地理志》(译文)："黄河源上在土(吐)蕃朵甘思的西边，在方圆七八十里的范围内有一百余个泉眼，由于积水和淤泥，无法走近观察。从高山上往下看，在阳光下就像群星灿烂，所以称为火敦脑儿，火敦就是星宿的意思。(朱思本：

从地下涌出的水像井一样,有百余口,向东北流出百余里,汇成一个大湖,叫火敦脑儿。)很多股水奔流而下,大约五七里后,汇集为两个大湖,名叫阿剌脑儿。由西而东,不断汇入水源,经过一天的路程,形成了河流,名叫赤宾河。两三天后,亦里赤河由西南方流入赤宾河。又过了三四天,忽兰河从南面注入;又有也里术河从东南方流入赤宾河;至此才形成一条大河,被称为黄河,但水还清,人可以步行渡过。一两天后,河道分为八九股,称为也孙斡论,意思是九渡,共宽五至七里,可骑马渡过。再过四五天,水变得混浊了,当地人抱着羊袋,骑在马上渡河。当地的居民还用木条扎成船的样子,在外面蒙上牛毛牛皮用以渡河,大小只能容两人。从此以下,两岸山峡约束,河宽一两里至半里不等,水已深不可测。"

以下还具体记载了黄河经过今青海、甘肃、宁夏的河道。《河源记》接着指出 (译文):"汉朝的张骞出使遥远的西域……以为已经到达了河源,其实哪里看到了什么河源呢?史书上说黄河有两个源头,一个出在于阗,一个出在葱岭,于阗的河流向北,会合了葱岭河,汇入蒲类海(应作蒲昌海,即罗布泊)后就不再流了,潜入地下直到临洮才流出地面。现存的洮水是从南方流来的,很明显不是从蒲类(蒲昌)海来的。询问了当地人,说于阗河和葱岭河流到下游后都消失在沙漠中了。又有人说黄河是与天上的河相通的,在源头找到过织女支织机的石头,也是胡说八道。"

这些记载充分证明,都实等人对河源的考察,加上吐蕃人对河源的了解,已经将黄河的正源确定在星宿海西南百余里处。他们对黄河最上游的水文、地形、地貌和人文景观的考察和记录都已相当具体准确。更可贵的是,他们并不迷信史料,而是尊重事实,对前人不符合实际的记载大胆予以否定,比那些死抱住儒家经典的陈说不放的人要高明得多。

元人陶宗仪在他所著的《南村辍耕录》中收录了《河源记》,并附有一张《黄河源图》。这张地图的画法与《河源记》所记述的内容完全一致,显然是出于都实等人之手,或者是别人根据《河源记》画成。这是目前传世的最早的黄河源地区地图。

明朝初年曾多次派遣使者去西藏,其中有一位叫宗泐的和尚在洪武十五年(1382年)从西藏归来时经过河源。他在《望河源》诗中对于“中国”人长期迷信黄河发源地是神仙居住的处所,从而在探寻河源时不敢面对事实真相,一味地囿于陈说、不得要领的情况表示了自己的感慨,诗中写道:“积雪复重岗,冬夏常一色。群峰让独雄,神君所栖宅。传闻嶰谷童,造律谐金石。草木尚不生,竹卢疑非的。汉使穷河源,要领殊未得。遂令西戎子,千古笑中国。老客此经过,望之长太息。立马北风寒,回首孤云白。”同时还给诗作了注释:“河源出自抹必力赤巴山,番人呼黄河为抹处,牦牛河为必力处。赤巴者分界也,其山西南所出之水则流入牛毛牛河,东北所出之水是为河源。”

抹必力赤巴山即巴颜喀拉山,牦牛河即通天河(长江上游),说明当地藏人了解巴颜喀拉山是长江和黄河的分水岭,黄河发源于巴颜喀拉山的东北;也说明了当时已将黄河称为“抹处”(即今译玛曲)。

16世纪后半期开始,随着喇嘛教在蒙古人中的流传,蒙古和西藏的关系已经非常密切。明崇祯十五年(1642年),蒙古和硕特部首领固始汗率军进入西藏,协助达赖统治西藏,又共同遣使者朝见清朝皇帝。在这些交往过程中,人们了解到在黄河上源有“古尔班索罗谟”,即三条支河。为了证实这一情况,康熙四十三年(1704年),康熙帝派拉锡和舒兰两人前往河源探寻。拉锡等在当年六月到达鄂陵湖和扎陵湖,又在星宿海西部作了考察。他们将结果绘成《星宿河源图》,舒兰又写成《河源记》。《星宿河源图》在渣凌诺尔(扎陵湖)以西绘了三条河,中间一条绘得最长,并注上“黄河源三河名古尔班索尔马”。

在测绘全国地图的过程中,康熙五十六年(1717年)又派喇嘛楚儿沁藏布兰木占巴和理藩院主事胜住等往河源地区测绘地图。在次年绘成的全国地图《皇舆全览图》中,绘有黄河源的三条支流,中间一条注为阿尔坦必拉,这显然是根据他们实测的结果。

乾隆二十六年(1761年),齐召南著《水道提纲》,就是以《皇舆全览图》为主要资料来源的。其中有关河源的论述是这样写的:“黄河源出星宿海西、巴颜喀拉山之东麓,二泉流数里,合而东南,名阿尔坦河……又东流数十里,折东北流百里至鄂敦他拉,即古星宿海,《元史》所谓火敦脑儿也。自河源至此已三百里……阿尔坦河东北会诸泉水,北有巴尔哈布山西南流出之一水，南有哈喇答尔罕山北流出之水，来会为一道(土人名三河曰古尔班索尔马)，东南流注于查灵海。”

这证明从1704年开始，中国的河源考察已经取得了正确的结果：河源的三支河，北支是扎曲，西南支是卡日曲，西支是约古宗列渠。这些与现代考察的结果是一致的，只是《水道提纲》将约古宗列渠(阿尔坦河)定为黄河的正源。

乾隆四十六年(1781年)，黄河在江苏、河南决口。当时认为黄河之所以泛滥成灾，是由于没有找到真正的河源进行祭祀的缘故，于是乾隆在次年派阿弥达再次探寻河源。阿弥达调查的结果是：“星宿海西南有一河，名阿勒坦郭勒，蒙古语阿勒坦即黄金，郭勒即河也。此河实系黄河上源，其水色黄，回旋三百里，穿入星宿海。”

这条河就是卡日曲，表明阿弥达的调查将卡日曲确定为黄河的正源了。但由于乾隆皇帝坚持黄河重源伏流的传统教条，纪昀在编纂汇集河源考察资料的《河源纪略》时，依然将塔里木河和罗布泊说成是黄河的真正源头，从地下潜流后至卡日曲复出，并以卡日曲水色黄证明“大河灵渎，虽伏地千里，而仍不改其本性”。尊重事实的实地考察结果，就此硬被纳入了唯心的谬误体系，反映出封建专制统治与儒家教条结合造成的恶果。

其实，几千年来封建王朝如此热心地勘察河源，不仅因为黄河自古就是“四渎”之一，在中华民族的文明史上有着极其重要的地位，弄清它发源之地的真实地理位置一直都为人们所关注，更深层的用意在于人们希望从大河之源寻觅到传说中的神秘仙境——昆仑山。在古人的想象中，黄河发源于昆仑山，溯河而上就可以找到昆仑山，进而可以得到长生不老的仙药，这大概就是历史上的统治者们接二连三地探查河源的主要原因之一。昆仑山在古代中国人的心目中是一座神山，许多神话都是以昆仑山为中心构成的。譬如在《山海经》中，对昆仑山就有异乎寻常的描述。据说昆仑位于西北方，是天帝的下都。昆仑山方圆有八百里，高万仞(古时把八尺或七尺称为一仞)。山上的珍禽异兽、奇花异草，如凤凰鸾鸟、文玉树、不死树等，比比皆是。这里是天界的神仙所居住的地方，还生活着许多具有特异功能的巫师，他们人人都持有不死之药。凡是登上了昆仑山的人，不但可以得到不死之药，而且可以由此升入天庭，飞升化羽，永葆青春。正因为如此，传说中的大禹、后稷等都到西王母国(即昆仑地区)活动过，尤其是后羿，不辞千辛万苦，涉弱水，过火山，攀上了昆仑，向西王母乞讨到了不死之药，贪心的女嫦娥偷食后果然飞到月宫里去了。晋朝时有人从战国时期的魏王墓中发现了一些先秦古书，其中有一部题名《穆天子传》的，专门讲述了周穆王驾八骏游历昆仑山的故事。周穆王还得到了西王母的宴请，在宴会上两人互相酬唱答谢，欢乐无比。

这些奇妙的传说对于一切统治者都具有无穷无尽的诱惑力。希冀长生不老、迷信神仙的汉武帝当然未能免俗。当张骞出使西域回来，向汉武帝汇报了自己神乎其神的所见所闻后，武帝兴致勃勃，又命张骞再次出使西域，穷探河源、寻觅昆仑山，还亲自按照古书中所说的话，将黄河发源地命名为昆仑山。

同时，明清以后，由于黄河水患日益严重，有人把它归咎为没有探求到黄河的真源，导致河神愤怒的结果，因此朝廷先后派遣使臣探查黄河源头，乾隆皇帝还特意命侍卫阿弥达前往西宁拜祭河神。由此可见，历代王朝探寻黄河之源的真正目的，并不是要弄清楚这条河流的自然地理状况和水流特性，因此也就不奇怪即使有人到达了黄河的发源地，知道了河源由三条泉流汇聚而成，他们也很难跳出前人的局限，依然坚持河水重源伏流之说，认为它最初的发源地在葱岭，东流形成塔里木河，汇聚于罗布泊，再东南潜行地下，至卡日曲后才再次重现地面。这样的说法现在是不再有人相信了，但从前人对河源的探索中，我们可以看到人类脱离蒙昧、走向文明的步履是多么的艰难！

六、测定正源

从阿弥达以后，中国长期没有再进行黄河源头的考察。19世纪中叶开始，西方帝国主义国家的“探险队”无视中国的主权，擅自进入河源地区。比如，1882年，法国人窦脱勒依潜入河源地区绘制地图；两年后，俄国人普尔热瓦尔斯基带领一支由21人组成的探险队进入黄河上游考察；1900年，俄国人科兹洛夫等潜入河源探测。他们对河源的考察，都怀有不可告人的目的。俄国人的探险队到达河源地区后，把扎陵湖和鄂陵湖命名为“探险队湖”和“俄罗斯人湖”。直到1974年，苏联的《星火》等杂志还发表《为了祖国的荣誉》等文章，毫不脸红地吹嘘探险队是对“亚洲中部的第一个考察者”，“填补了地图上从帕米尔到黄河源的巨大空白”。这种荒谬绝伦的说法，理所当然地遭到了我国学者的有力批判。

新中国成立以后，在1952年派出黄河河源查勘队，进行黄河河源及从通天河调水到黄河可能性的查勘测量。此次考察历时4个多月，行程5000公里，获得了丰富的资料，确认约古宗列渠是黄河的正源，又对扎陵湖和鄂陵湖的位置提出了与以往不同的看法，加以对调，对黄河的长度也沿用了传统的数字。

1978年，青海省人民政府组织了对河源地区的综合考察。考察结果认为黄河的正源应该是卡日曲，对扎陵湖和鄂陵湖也恢复了传统的命名，还根据卡日曲的长度重新测定黄河全长是5464公里。

1985年，黄河水利委员会在综合考虑各家意见和历史传统的基础上，再次确认约古宗列渠为黄河正源，并在约古宗列盆地西南隅的玛曲曲果树立了河源标志。

近年来，对应该以哪一支作为黄河正源的问题依然存在争论，有的学者主张仍应取玛曲(约古宗列渠)，也有的学者提出还有比卡日曲更长的源头。但这些更多的是对确定河源的标准的不同意见，可以说对黄河源头的状况已经基本清楚了。

从《禹贡》的作者提出积石导河，经过了2000余年，中国人民最终认识了这条与中华民族息息相关的黄河的真正来源。如果李白生在今天，在写出“黄河之水天上来”这样豪放的佳句的同时，或许能为真正的河源赋上一首更传神的诗篇。

第二节　治理黄河

一、治水的传说

世界上很多民族都有关于早期洪水的传说，也都有自己战胜洪水的英雄。汉族的前身华夏诸族所流传的洪水故事就产生在黄河,最杰出的治水英雄就是大禹。

其实,先民与洪水的斗争早已在进行了。最早的治水传说是共工,相传他是炎帝的后裔,其氏族居住于共,可能在今河南辉县一带。这里濒临黄河,土地肥沃,水源充足,适宜生活和生产,但因处于黄河的开阔河段,经常发生洪水泛滥。共工的氏族承担了治水任务。据说他们从高处把泥土石块运来,填在低处,又筑起堤坝抵挡洪水。尽管他们使用的只是非常原始的方法,但还是取得了成效,因而受到各氏族的赞扬,并被推举协助尧执政。此后,共工成为治水的世家,"共工"也成为水官的代名词。

相传尧的时代,黄河流域还是经常发生大洪水,出现了"汤汤洪水方割,荡荡怀山襄陵,浩浩滔天,下民其咨","洪水横流,泛滥天下"的严重灾情。尧召集部落首领商议,公举鲧主持治水。鲧居住于崇,可能在今河南嵩山一带。他受命后,还是沿用共工的老办法,主要采用"障",即堵塞。据说他筑起三仞高的城,大概是要把居住区和田地用堤岸围起来,以隔绝洪水。但由于那时的洪水比共工所遇到的洪水大得多,所以鲧治了多年还是没有成功。鲧因治水失败被杀,洪水却依然在肆虐,尧的继承人又任用鲧的儿子禹继续治水。

禹受命时,妻子刚生下儿子益,但他顾不上亲抚爱子就出了门,在外治水的13年间,"三过家门而不入"。他亲自拿着工具参加劳动,不怕艰苦,处处做百姓的榜样。由于整天光着脚在野外干活,他连腿上的汗毛都被磨光了。禹治水的方法不同于共工和鲧。他主要采用疏导的方法,"高高下下,疏川导滞"。即根据水从高处向低处流的自然趋势,顺着地形把积聚的洪水引入经过疏通的河道或低地,然后再引向大海。在疏通河道、增加河流的宣泄能力的同时,禹也充分利用湖泊和低地分洪,将一部分洪水拦蓄起来, 以减轻对居住区和河道的威胁。经过禹的治理, 洪水全部归入河槽, 原来洪水泛滥的地方又适宜从事农耕和蚕桑了。人们纷纷从高地迁回平原,恢复了正常的生活和生产。在治水的过程中,据说禹还发明了最初的测量工具,并且开始运用数字。由于禹的巨大功绩,他被确定为舜的继承人,成为中原部落联盟的最高领袖,被尊称为大禹。

大禹治水的传说既反映了先民与洪水之间长期存在的矛盾，也体现了他们渴望消除洪水、向往幸福生活的理想。禹的事迹，实际上是当时人的集体活动的个人化和神化。因此，大禹被塑成一位无所不能的英雄，在黄河上下到处都被发现他的“遗迹”，如上游贺兰山下的青铜峡、中游晋陕峡谷的龙门和支流伊水上的伊阙（在今河南洛阳市南），据说都是大禹开凿的。千古闻名的三门峡的砥柱和神门、人门、鬼门这三门也是由大禹劈开的，而且当年在骑马跃过三门时曾经马失前蹄，在石头上留下了深深的印记。

成书于战国后期的我国第一篇地理著作《禹贡》也托名于大禹，把当时学者对未来统一后的国家行政区划的蓝图说成是大禹时代已经存在过的行政区域。由于《禹贡》是以后成为儒家经典的《尚书》中的一篇，长期被奉为真理，以至其中只代表公元前三四世纪时人的地理知识，也被得到长期维护。《禹贡》中所记载的黄河径流被称为“禹河”，长期以来被认为就是大禹时代的黄河河道。现代研究已经肯定，“禹河”的下游部分是在战国以前就存在的无数河道中的一条。但从它受到特别的重视、并被学者著录来看，应该是一条经常流经的主要河道，而且已经存在很长时间，尽管未必是从大禹时代开始的。

现代地理学者根据黄河中下游的地形地貌和该地区历史时期的气候状况，指出在黄河中游三门峡一带或下游的大部分河段不可能出现持续多年的大洪水，而且此后也从来没有发生过。近年来还有学者认为，这样大的洪水只能出现在沿海的平原，实际上是海啸、海侵的结果。

二、筑堤与“以邻为壑”

在战国以前，黄河下游是漫流的，所以黄河在非常大的冲击扇中间不断地摆动。这样的好处就是在黄河下游不存在泛滥决口，因为它可以在不同的时期选择不同的河道，在相对宽广的地域里面自由流动。但是到了战国时期，一方面由于人口增加，居住和生产区域的扩大，已经不允许黄河下游继续保留大片的泛滥区了；另一方面，有的统治者以邻为壑，利用水来达到军事上所不能达到的目的，所以各国纷纷在黄河两岸建筑堤防。

《国语·周语》中记录了周厉王时的大臣邵公的一段话："防民之口，甚于防川。川壅而溃，伤人必众，民亦如之。"这说明在公元前9世纪中叶，堤防已经出现了。不过仅仅根据这几句话我们还无法肯定，在黄河下游的两岸是否也有了堤防。

公元前651年（齐桓公三十五年），当齐桓公与诸侯在葵丘会盟时，就把"无曲防"作为盟约的一项内容。由此可见，至迟到公元前7世纪中叶，黄河下游沿岸筑堤现象已相当普遍了。正因为如此，才有必要专门提出禁止以邻为壑、以水代兵的问题。

但将两岸的堤防连接起来，构成一个完整的系统，大概是在战国时期。齐国由于地势低，易受洪水危害，首先在黄河东岸筑起堤防。河水在东面受阻，就向西泛滥到魏国和赵国。这两国因为地处山麓，本来对筑堤并不在意，现在见洪水来了，就也筑起堤防。齐国的堤离河25里，魏、赵两国筑堤时也离河25里。这样黄河的河道就有50里的摆动余地，不至于经常冲击堤防。

由于堤防在防御洪水、保障本国安全方面有重要作用，所以各国都十分重视堤防的修筑技术和日常维护，总结出宝贵的经验。如《管子》的《度地》篇中就提出了筑堤的最好时间是"当春三月"，因为这时气候干燥，气温适中，对施工有利，修成的堤防比较坚实，而其他季节都不大合适。又规定在河道旁筑堤时要顺着水势，堤底要宽，堤顶要窄。还规定对已筑成的堤防要派人看守，利用冬季加以整修。战国魏惠王时还出过一位筑堤专家白圭，据说他的技术非常高明，他注意到了堤防上的蚁穴，并有一套堵塞的方法。

建筑堤防有它的合理性，同时也造成对水道的约束，增加了决溢泛滥的可能性。

三、汉武帝瓠子堵口

西汉开始，黄河的水灾日益严重，从汉文帝十二年(公元前168年)至王莽始建国三年(公元11年)，见于史书记载的就有10次，其中造成改道的有5次。河水决口改道后，堵口归流就是一件大事，西汉时重大的堵口有两次。

汉武帝元光三年(公元前132年),黄河在瓠子(今河南濮阳县西南)决口,向东南冲出一条新河,流入巨野泽,然后夺泗水入淮。决口发生后,汉武帝随即派汲黯和郑当时主持堵口工程,但随堵随决,没有成功。当时外戚武安侯任丞相,他的封邑都在黄河北岸,河水向南决口使北岸避免了水灾的威胁,他的封邑获得丰收。所以他劝武帝:江河的决口都是天意,是没有办法用人力来强行堵塞的,就是塞住了也未必让老天爷满意。他还串通一些"望气"占卜的人也对武帝说这样的话。武帝信了他们的鬼话,就听任河水泛滥改道,不再堵口。

这样拖了20多年,黄河依旧没有回归故道,泛滥区灾情严重;主张不堵口的武安侯早已在元光四年去世,武帝对其险恶用心已有所觉察;到了元封二年(公元前109年)正好天旱,黄河水浅,武帝下决心下令堵口。汲仁和郭昌率领数万兵士投入堵口工程,武帝亲临现场,命令随行的官员自将军以下的人都一起搬运柴草,参加施工。史学家司马迁作为武帝的随从也参加了背负柴草的大军,后来还在《史记·河渠书》中记录了他的亲身经历。当时堵口采用的方法,是先用大竹子或大石头在决口面插下河底,由稀到密,使水势减缓,然后再在中间填塞草料,最后压上石块和泥土。所用的竹子,主要采自淇园(今河南淇县西北一带)。经过一番努力,决口终于被堵住,黄河又恢复了故道,分两股东北入海。武帝好不得意,在堵口堤上筑了一座宣房宫作为纪念,还亲自作了两首《宣房之歌》。

80年后的建始四年(公元前29年),在河堤使者王延世的主持下在东郡堵口,声势虽没有瓠子堵口那次大,在技术上却有新的尝试。采取的方法是从决口的两端同时向中间堵,到最后一部分时,预先制成一个大的竹笼,其中填满石块,用两艘船夹着竹笼驶至缺,将船凿沉,与竹笼一起沉下,然后迅速充填泥土加以巩固。这与近代采用的立堵法已很相似。

四、贾让的《治河三策》

西汉中期以后,黄河的灾害越来越频繁。西汉后期的50年内平均每隔7年就要决溢一次。与此同时，人们在实践中增强了对黄河决溢特点的认识，开始探索各种治河的办法，不断有人提出治河的主张。主要的建议有四种：一是分疏，可以利用黄河下游原有的分流和支河，疏浚整治，甚至可以新开河道，以便分散洪水，削减主河道的洪峰，减轻对主河道谷岸堤防的威胁，避免决溢。二是改道，具体的意见各人不同，但用意都是想利用有利的地形另选一条比较顺直的河道代替现成的河道。三是滞洪，建议在黄河经常泛滥处空出一块地方，一旦洪水发生就主动引水泄入，以避免下游其他河段再有决溢。四是以水排沙，主张禁止上游和中游引水灌溉，保证水量，使河水保持较大的流速，依靠河水本身的冲刷力排沙刷漕，以避免河床淤积，消除河患。这些方案各有利弊，要实行起来也并非容易，所以都没有得到试验。

西汉末的哀帝初年（公元前6~前5年），朝廷要求各地方官推荐有治河本领的人，只有待诏贾让上书响应，提出了三种供选择的治河方案，后世称为“贾让三策”。

贾让提出的上策是人工改道，在遮害亭（今河南滑县西南）掘开河堤，让河水北流（实际上偏东北）入大海。他认为由于西面有太行山及其余脉在地形上的限制，东面有现成的金堤阻挡，河水不会泛滥得太远，一个月之内就会形成新的河道。至于新河流经的冀州，当然要有大批百姓迁移，但与其每年要在沿河十多个郡花大笔钱来修筑堤防，万一决口损失更大，还不如将几年的修堤费用集中起来，用于安置移民。他认为如果实行这一办法，就能“河定民安，千载无患”。

贾让的中策是“多穿漕渠于冀州地，使民得以溉田，分杀水怒”。开渠的目的一是为了灌溉，二是为了分洪。具体的计划是从遮害亭一带向北新筑一条渠堤作为渠道的东岸，利用西面的山地作为渠道的西岸。然后用石料加固黄河自淇口至遮害亭的堤防，在这段堤上建造若干水门。同时在新筑的渠道东堤上也开若干水门，这样在黄河干道和新渠之间就组成了许多分水渠，旱时打开渠道东南的水门引水灌溉，遇有洪水时就打开渠道西面的水门分泄洪水。这一带原来因地下水位高，土壤盐碱化，收成很少，经过灌溉后可用于种稻。另外，还可以利用渠道发展水运。当时沿河负责守护整修堤防的官吏士兵每郡都有数千人，采购草石料的费用每年也要几千万，用这些人力物力就足够建成渠道和水门了。他认为中策虽不如上策那样根本解决问题，但也能“富国安民，兴利除害”，并可维持数百年。

至于继续以修缮堤防为主，致力于加高培厚现有堤防，即使投入再多的人力物力，还是免不了经常出问题。贾让认为这是下策，是不足取的。

贾让的治河三策是我国现存最早的一篇比较全面的治河论文，既有对当时黄河下游河患形势的分析，也有解决问题的不同对策；不仅考虑到了防洪，而且兼顾了灌溉、放淤、改土和通航。他的建议虽然未能付诸实践，其中显然也有不切实际或不尽合理的部分，但在2000多年前就能如此全面地规划黄河下游的治理，充分反映了当时技术水平和观念的进步，是难能可贵的。三策中的合理成分至今仍有现实意义。

五、王景治河

西汉末年，黄河先后在魏郡（今河南东北一带）以东多处决口，到王莽始建国三年（公元11年）又在魏郡元城（今河北大名县东）以南决口。王莽为了保障他在元城的祖坟的安全，主张不堵决口，听任河水东决。结果黄河和济水分流处的堤防严重崩塌，黄河、济水和汴水各支流交相泛滥，兖州、豫州（约相当今河南东南、山东西南和安徽淮河以北）数十县受灾。

东汉初的建武十年（公元34年），阳武县令上书建议改修堤防，以安定百姓。等光武帝调集了兵士、准备动工时，浚仪县令又提出，现在刚打完仗又要大兴劳役，百姓承受不了，会引起不满，光武帝只得中止。以后汴水不断向东泛滥，灾区越来越大，原来的水门堤防都已淹没在水中，兖、豫二州百姓十分怨忿，指责官府不顾百姓疾苦。明帝即位后，几次想动工，但对要不要堵口却意见纷纷：有人认为黄河改道南流入汴，对北方的冀州、幽州有好处，还说左边的堤坚固了右边的堤就要遭殃，左右两边的堤都坚固了下游就危险，对河水应当听其自然，百姓可以迁到高地去，这样公家省了堵口的钱，百姓也避免了被淹的祸害。明帝听后不知所从，一直议而不决。直到永平十二年（公元69年）召见王景后，才最后作出治河的决定。

王景，字仲通，是乐浪讲邯（约在今朝鲜平安南道东部）人。祖居琅邪不其（今山东青岛崂山区西北），西汉初迁至朝鲜半岛。王景从小爱好天文和数学，懂得工程技术，办事周到。当时征求能治水的人才，王景受到推荐，明帝命他与王吴一起修浚仪渠。王吴采用王景的办法，获得成功。明帝于永平十二年召见王景，询问治水的形势和对策，王景一一应答，明帝十分满意。根据王景治理浚仪渠的功绩，又赐给他《山海经》、《河渠书》、《禹贡》等图书以及钱帛等物品。当年夏天，明帝就征发数十万士兵，派王景和王吴负责修渠筑堤。至次年夏工程完成，明帝亲自巡行，并下诏恢复西汉的旧制，在沿河的郡国设置专门负责日常维护的官员。

由于史料中的记载过于简单，对王景治河所采取的具体方法至今还无法作出令人信服的解释。对其中最关键的"十里立一水门，令更相洄注，无复溃漏之患"，比较合理的解释是：在济水（此处即汴水）与黄河相交处除了原有的引水口（荥口）外，另外开一引水口（济口）。这样济水与黄河之间就有了两个引水口和两条引水道，都设置了水门，两个水门间相差10里。之所以要开两个水门，是为了适应黄河流域的变化，以便根据需要与可能作控制和调节，以保证正常引水。

经过王景治理的黄河新道的具体径流也没有记载，根据间接的史料推测，大致是从长寿津（今河南濮阳南）开始与西汉大河分流，东经范县南、山东阳谷西、莘县东、茌平县南、东阿县北，又东北经今黄河与马颊河之间，至今利津县境内入海。新河在今山东境内是在泰山北麓的低地中通过的，与旧河相比缩短了距离，河道比较顺直，在相当长一段时间内得到稳定。

六、八百年安流的事实与原因

如果我们将黄河自战国筑堤以后的决溢改道次数排列出来，会发现一个十分惊人的现象：从东汉明帝十二年（公元69年）王景治河以后，黄河竟有过相当长一段安流的时间。自东汉到隋500余年间，见于历史记载的河溢（河水溢出河堤，与冲破河堤的决口不同）只有4次：东汉、西晋各1次，三国魏2次；冲毁城垣只有晋末1次。在唐代近300年间，黄河决、溢有16次，改道1次，河水冲毁城池1次；与前一阶段相比是增加了，但灾情并不严重。如景福二年（公元893年）这次改道只是在海口段首尾数十里的小改道而已，与西汉时的灾情不可同日而语。

莫非历史文献中有遗漏吗？显然不可能。从东汉到唐末，流传至今的各种史料非常丰富，不少史料都能得到考古发掘和实物的证实。如果说自三国至南北朝期间还能以战乱导致记载不全为理由的话，对唐代就绝对无法用这一原因来解释，谁都知道唐代留下的资料比西汉要多很多倍。而且从西汉司马迁作《史记》时就创立了以《河渠书》专门记载黄河变迁及灾害的体例，班固作《汉书》时继承了这一传统，只是将名称改为《沟洫志》。可是从记录东汉历史的《后汉书》开始到记载唐代史的《旧唐书》、《新唐书》却再也没有这样的专志了，而从以后的《宋史》又恢复了。这只能证明当时黄河的确基本上保持了安流，所以没有必要以专志来记录了。

以往学者基本上都归功于王景治导得法，但王景的治理集中在下游，如果下游的工程防治真能起到那么大的作用，元、明、清时的治河措施并不比王景的差，投入的人力物力不知道要多几倍，为什么常常连80年安流都办不到，而且决溢改道会越来越严重呢？

也有人从社会治乱上找原因，认为五代、北宋的黄河水灾是由于战祸的影响，金、元、明的频繁决溢是宋金之间和金元之间战争的破坏。但稍加分析也难以自圆其说，五代、宋金之际固然是乱世，魏晋南北朝处于分裂战争状态的时间更长，唐代真正稳定的时间也不过100多年，明、清统一并保持社会安定的时间不止100年，为什么反映在黄河变迁上的结果会截然不同呢？

1962年，谭其骧提出，使黄河在东汉以后出现长期安流的根本原因是中游土地利用形式的改变，大大减轻了水土流失的结果。

黄河的洪水主要来自中游，河水中的泥沙主要也来自中游，其中又以晋陕峡谷流域和泾、渭、北洛河上游地区关系最大。这一地区植被保持的良好程度决定了水土流失的严重程度，所以这一地区的土地利用方式，即从事农耕还是畜牧，是决定黄河下游安危的关键。

战国前该地区还是畜牧区，射猎占有相当重要的地位，农业处于次要地位。因此，原始植被尚未受到破坏，水土流失轻微。秦及西汉时期，这一地区接受了大量外来移民，至西汉末年当地人口已达240万。这些人口基本从事农业生产，为了获得耕地，必定要大量清除原始植被，破坏表土。在当时的生产条件下又不可能采取保持水土的措施，只能导致水土流失的日益严重。

东汉期间，以畜牧为主的匈奴、羌人大批迁入该区，而以农为主的汉族人口急剧减少。反映在土地利用方式上，必然是耕地面积相应缩小，牧地扩大。这一改变就使下游的洪水量和泥沙量也相应大为减少，这是东汉时黄河安流的真正原因。

以后，汉族人口继续内迁，少数民族人口不断增加，黄河中游的西部演变为纯牧区，长期较少变动。东部虽仍有农业，但因汉族人口减少，农业成分不高。所以，尽管魏晋十六国时代政治混乱，战争频繁，但黄河却最平静。

北魏以后，虽然这一地区的汉族人口有了较大增加，农业成分也有了明显的提高，但以牧业为主的少数民族向农业转化的速度很慢，因此总的说来还是以牧为主或半农半牧。水土流失虽已超过了魏晋南北朝时，但隋朝存在的时间很短，这一局面很快就结束了。

唐代在安史之乱前，以本区设置郡县的范围虽比隋代有所扩大，如在今窟野河流域设置了麟州及所辖三县，但实际人口却比隋代还少，即使在盛唐时也未超过，因此耕地面积不会比隋代时大。另一方面，朝廷设于本区的牧业机构大大增加，仅陇右群牧使就辖有48监，“东西约六百里，南北约四百里”间适宜的牧地都归其所有。陇东也有8坊，开元时有马数十万匹。此外，夏州也设有群牧使；盐州、岚州设有13监。当时军队、王侯将相外戚也大量畜养牛、驼、羊、马，牧场遍布各地。由于与东汉后期相比，农业人口已有增加，耕地面积又有扩大，所以对下游河道已经发生影响，开元年间出现了2次决口。但因总的人口规模并没有超过隋代，又存在大片牧地，水土流失仍比较轻微，下游河患远不如西汉时那样严重。

安史之乱后，本区的实际人口并无减少，逃避苛政暴敛的农民利用开垦荒地可在5年内免税的规定，期满后就弃耕旧地，另垦新地，以至农业规模并未扩大，开垦范围却不断增加。这种滥垦只能在原来的牧场和弃地，包括坡地、丘陵地或山地上进行，加上只图眼前收成，不顾长期后果，对水土的破坏往往比正常的耕种更加厉害。陇右的官办牧业机构不再恢复，原来的牧地听任百姓开垦，留下的机构规模大为缩小。因此，除了河套和鄂尔多斯地区以外，本区几乎已由农牧兼营变为单纯的农业区。

五代以后，唐代后期已经存在的尽可能扩大耕地的趋势继续发展。随着政治中心和边防重心的东移，官营牧场已迁至黄河下游和河朔地区。在人口继续增加的情况下，农民为了维持生存，只能采取广种薄收的办法。在黄土高原和黄土丘陵地带的粗放农业经营，很快引起了严重的水土流失，肥力减退，单位面积产量下降。沟壑迅速发育，塬地被分割缩小，又使耕地面积日益减少。为了生存下去，农民不得不继续开垦，终于使草原、林地、牧场和陂泽洼地、丘陵坡地完全变成了耕地，又逐渐成为沟壑陡坡和土阜，到处是光秃秃的千沟万壑。当地农民陷入“越垦越穷，越穷越垦”的恶性循环之中，而河水中的泥沙量却越来越大，下游的河床也越填越高，洪水越来越集中，黄河决溢改道的祸害越来越严重。

水利学界对这个观点是有争议的，但是这些年来，对黄河的认识至少使我们可以同意，中游的水土保持对下游的安流起了非常大的作用。又比如说我们现在大家充分肯定南北大运河对中国的贡献，但是很少看到不利的一面，这条运河也影响了所有跟它相交的河流，客观上造成黄河与海河、淮河之间灾害的互相影响。比如海河水系的河流原来都是分流入海的，但是由于曹操开挖人工运河，使它们演变为合流入海，一些原来较小的河流下游都淤塞了，而我们今天治理海河实际上就是把合流改为分流。在清代，为了保持漕运，经常推迟堵塞黄河的决口，因为黄河决口后运河的水量充足，便于航运。

七、高超分埽合龙

北宋庆历八年(1048年)黄河在澶州商胡埽(今河南濮阳县昌湖集)决口改道，官府曾经三次企图人工将河水挽回故道，结果都以失败告终。可以说,北宋的治河在总体上是不成功的,但在具体的治河工程技术方面还是有不少进步。例如,由于当时决口频繁,所以人们在堵口方面有过很多尝试,取得了丰富经验。沈立著的《河防通议》中就专门记载了“闭口”的方法:首先在口门两端坝头立表杆,架设浮桥,既可便于河工通行,又能减缓流势;接着在口门的上端打下星桩(多个组合),抛树石,进一步减缓流速;下一步就从两岸分别推进三道草埽、两道土柜,并向中心抛席袋土包;至此进入合龙阶段,迅速抛下大量土袋土包,并鸣锣击鼓以壮声势。待闭河后,在合龙口前压拦头堵(一种以草绳、竹子或芦苇等编成,中间填充泥土或石料的堵口器材),在埽上修压口堤。如果发现草堵墙眼渗水,再用胶土填塞,堵口至此即告完成。

在科学家沈括的名著《梦溪笔谈》中还记录了一次根据一位普通河工的建议合龙成功的实例:庆历中,河决北都商胡,久之未塞。三司度支使郭申锡亲往董作。凡塞决河,垂合,中间一埽谓之“合龙门”,功全在此。是时屡塞不合。时合龙门增长60步,有水工高超者献议,以谓埽身太长,人力不能压,埽不至水底,故河流不断,而绳缆多绝。今当以60步为三节,每节埽长20步,中间以索连属之。先下第一节,待至底,方压第二、第三。旧工争之,以为不可,云:“二十步埽不能断漏,徒用三节,所费当倍,而决不塞。”超谓之曰:“第一埽水信未断,然势必半杀。压第二堵,止用半力,水纵未断,不过小漏耳。第三节乃平地施工,足以尽人力,处置三节既定,则上两节自为浊泥所淤,不烦人力。”申锡主前议,不听超说。是时贾魏公帅北门,独以超言为然,阴遣数千人于下流收漉流塘。既定而增果流,而河决愈甚,申锡坐谪。卒作超计,商胡方定。

在这场争论中,主持工程的郭申锡迷信“旧工”的老经验。可以肯定,在2000多年的治河实践中,像这样善于总结经验、勇于创新的河工绝不止高超一人,只是没有像沈括这样有眼力、有远见的科学家把他们的事迹记录下来。高超是古代劳动人民的杰出代表,他的事迹也是广大河工智慧的结晶。

八、贾鲁堵口复故

翻开今天的河南省地图,在中牟、尉氏、扶沟、西华县之间可以见到一条贾鲁河，在周口市西北注入颍河。这条河是在明初才形成的黄河故道，而贾鲁是元代人，为什么要以他的名字来命名这条河呢?这还得从贾鲁治河说起。

贾鲁(1297~1353年)，元代河东高平(今山西高平县)人，字友恒。顺帝时被召参与编纂《宋史》，后任监察御史、工部郎中等官。

至正四年(1344年)五月，黄河在白茅口(今山东曹县境内)决口，六月又在金堤决口，洪水泛滥达7年之久，影响到今豫东、鲁西南、皖北、苏北20来个州县。洪水还北侵安山，威胁到会通河(南北大运河的一段)。决口发生后，贾鲁以都水监(水利工程长官)的身分奉命到现场考察，他往返数千里，做了仔细调查，了解了治河关键所在，提出两个方案：一是修北堤，以制止洪水横溢；一是疏塞并举，引黄河东流，恢复故道。至正九年(1349年)，托托复任丞相后，决心治河。元顺帝接受托托的建议，召集群臣商议。贾鲁重新献策，托托同意取后一方案，即堵口恢复故道。托托不顾工部尚书成遵等人的反对，报请皇帝于至元十一年(1351年)四月下诏，任命贾鲁为工部尚书、总治河防使，征发15万民工、2万士兵开始治河。

贾鲁治河的方针是疏、浚、塞并举，即筑塞北流，挽河向东南归入故道。为了使黄河能在向北的决口堵塞后顺利回到故道，作为第一步，他首先整治旧河道，疏浚减水河。从白茅口南的黄陵冈起开了10里新河道，至南白茅；又开了10里新河，至刘庄接入故道；从刘庄至专固一段的102里280步则利用旧河道加以疏浚；从专固至黄固，又开新河道8里；最后一段是从黄固至哈只口的51里80步，疏浚利用了旧河道。同时，他预先考虑到堵口后堤防的安全，设计了分洪泄流的减水河，自凹里开了3里40步的新河，又疏浚了82里54步的旧河道；再从张赞店开13里60步新河至杨青村，接入故道。这方面的工程，总共新开和疏浚河道280里54步。

在堵口安排上，贾鲁采取先堵小口、再堵大口的原则，先后筑塞了在专固的缺口，从哈只口至徐州路的300里间，修完缺口107处；接着又堵塞了凹里减水河南岸的豁口4处。与此同时，对北岸的250多里堤防作了全面的加固或重修。至此，一切准备工程都已完成，就剩下堵口合龙一役了。

白茅口又名黄陵口，能不能将这口门一下子堵住，成了能否将黄河挽回故道和这次治河能否取胜的关键。正因为如此，贾鲁事先作了相当周密的部署。他先修了三道刺水大堤，总长26里200步，用来分流减弱口门附近的水势。然后在黄陵口的南北两岸筑起截河大堤，一部分河水开始流入故道。但由于刺水堤和截河堤长度还不够，拦入故道的水量还太少，即将堵塞的口门还有“南北四百步，中流深三丈余”，估计流入决河的水量仍有十分之八九。这时已到农历八月二十九日，黄河秋汛已到，贾鲁认为，如果再有迟缓，河水将全部涌入决河，故道会重新淤塞，前功尽弃，因此大胆设计了一个在水下做“石船大堤”的方案。

九月初七，贾鲁在河上逆流排下27艘大船，每船前后都用大桅杆或长桩加上大麻绳、竹缆连接，组成一个方阵。又用麻绳竹缆将四周加固，防止散开。然后用大铁锚将船队泊定；并在两岸打下一批大桩，用七八百尺长的竹缆分别将各船拉住。船舱中稍铺些散草，再装满碎石，用合子板封闭；在合子板上排上两三层埽，用大麻绳缚紧。又在每船的头桅上缚上三道横木，用竹子编成高约一丈的簖笆，中间夹上草石，称为水帘桅。一切准备停当后，每船派出两名水手，手持利斧分别等在船的头尾。只听岸上鼓声擂响，水手们一齐将船凿漏，不一会儿船队沉下，堵住决口。船下沉后，立即加高船上的埽段，当出水部分稍高时，又在上面压上更大的埽段。前面一组船下水后，后面一组如法炮制，直到形成一条船堤，并在船堤加修了三道草埽。最后在口门处下两丈高的大埽四五道，彻底堵塞决口，至十一月十一日终于合龙，决河断水，故道复通。

贾鲁治河所耗费的人力物力是相当可观的，在元朝的统治已处在风雨飘摇的境地，当地又连年受灾、民不聊生的情况下，确实招致了百姓的怨恨。但他事先作了周密的调查研究，对工程有全面的规划，在汛期已到时临危不惧，当机立断，又大胆采用前所未有的堵口方法，终于一举堵塞了泛滥7年的决口，既在当时解除了水患，也为黄河的治理积累了经验，不失为一项重大贡献。贾鲁治河的策略和主要过程由欧阳玄写成《至正河防记》一书，流传至今。贾鲁本人以后随托托镇压红巾起义军，在濠州(今安徽凤阳县)死于军中。

经贾鲁治理的河道，始于原武(今河南原阳县西南)黑洋山，经阳武(今原阳县)，封丘中深镇、开封陈桥镇、仪封黄陵冈(今兰考县东北、曹县西南鲁豫交界的一片冈地)、曹县新集、高丘丁家道口、安徽萧县赵家圈、石将军庙、两河口，至徐州小浮桥入运河(即泗水)，被称为贾鲁河。到了明朝洪武二十四年(1391年)，黄河在原武黑洋山决水，折向东南流，经开封城北5里，折南经陈州(今河南淮阳县)循颍水入淮。原贾鲁河的水流微弱，被称为"小黄河"，而新河成了干流，被称为"大黄河"。以后，黄河又不断改道，"大黄河"又成了"小黄河"，到了清代就有了现在的贾鲁河。

九、明清至民国治河

如果说，早期人们的"以邻为壑"，后来在黄河决口后为了私人利益故意不予堵塞，都只是消极地利用黄河的水患，那么像杜充这样"以水代兵"、主动扒开河堤而造成的决口改道，就是人类利用黄河的一股逆流，由此造成的后果却大于自然灾害。

南宋建炎二年(1128年)冬，宋将杜充为了阻止金兵南下，在滑县以上的李固渡(今滑县西南沙店集南1.5公里许)以西掘开河堤。决口的黄河水东流经李固渡，又经滑县南、濮阳、东明之间，又经鄄城、巨野、嘉祥、金乡一带，注入泗水，再由泗水入淮河。从此，黄河离开了春秋战国以来流经今浚县、滑县和滑县南旧滑县之间的故道，不再东北流向渤海，而是以东南流向泗水、淮水为主要趋向。这是黄河历史上的第四次重大改道。

原来黄河从浚、滑之间东北流后，西面有太行山、东南有山东丘陵的约束，只能在河北平原上摆动。而此次在滑县以上就改了道，不再受到这样的控制，下游的河道就折向东或折向南，以豫东北至鲁西南地区摆动了。黄河干流的摆动趋势是越来越向东南，决口的地点也越来越向上(西)移动。决口开始在今山东巨野、寿张、郓城、曹县一带，河道决入梁山泊，分南北清河入海。以后决口逐渐西移至今河南汲县、原阳东部和延津一带，河道已流至开封府境内。到元代初年，黄河已经改由虞城(今河南虞城县北)、砀山(今安徽砀山县)二县南，东经萧县(今安徽萧县东北)，至徐州入泗水。而且除了干流外，黄河还分出几股岔道来，同时并存，迭为主次，但都注入泗水，又由泗水汇入淮河，以淮河下游河道为入海口。

明代的河患日益严重，先后主持治河并取得一定成效的有徐有贞、白昂、刘大夏、刘天和、朱衡、万恭等，但成就最大、对后世最有影响的治河专家还要数潘季驯。就治河经验而言，也以潘季驯创造的“束水攻沙”影响最大。

潘季驯(1521~1595年)，浙江乌程(今湖州市)人，字时良，号印川。嘉靖进士，曾以御史巡按广东，从嘉靖四十四年至万历二十年(1565~1592年)曾四次主持治河。嘉靖四十四年十一月，潘季驯首次以都察院右佥都御史总理河道，与尚书朱衡一起负责治河，但一年后因母丧丁忧回原籍。第二次自隆庆四年(1570年)八月起，被任命为总理河道提督军务，因运粮的漕船在新河道中发生沉船事故，于五年十二月受到弹劾后被免职。万历六年(1578年)，在首辅张居正的支持下，他第三次主持治河，被任为总理河漕提督军务，对黄河进行了一次较大规模的治理，至万历八年秋完成。万历十六年四月至二十年，他第四次也是最后一次出任治河要职。在后二次中，他被朝廷授权“便宜行事”，对治河负有全权，取得了显著成就。

潘季驯四次治河中，多次深入工地，与普通河工一起观察地势水情，从事堤防工程，在自河南至海口的黄河下游沿线做了大量的调查研究。在总结前人经验的基础上，他提出了对黄河、淮河和运河应该进行综合治理的原则：“通漕(运河)于河(黄河)，则治河即以治漕。会河于淮，则治淮即以治河。会河、淮而同入于海，则治河、淮即以治海。”但他最突出的贡献还是提出了“束水攻沙”的理论并总结出了一整套具体措施。

直到16世纪后半期的明朝隆庆年间，治理黄河的方针还都是以治水为目标，无非是疏、浚、塞几种手段，都着眼于洪水的堵截或疏导，但人们逐渐认识到，黄河的根本问题是泥沙，不解决泥沙的淤积，再好的工程防治也难以持久。隆庆末年任总理河道的万恭在他的《治水筌蹄》一书中说：“水专则急，分则缓。河急则通，缓则淤。”在这一认识的基础上，潘季驯更明确地提出了“以河治河，以水攻沙”的治河方针。这是由于“黄流最浊，以斗计之，沙居其六，若至伏秋，则水居其二矣。以二升之水载八升之沙，非极迅溜，必致停滞”。“水分则势缓，势缓则沙停（淤积），沙停则河饱（河床淤高），尺寸之水皆由沙面，止见其高。水合则势猛，势猛则沙刷，沙刷则河深，寻丈之水皆由河底，止见其卑。筑堤束水，以水攻沙，水不奔溢于两旁，则必直刷乎河底。一定之理，必然之势，此合之所以愈于分也。”

为了达到束水攻沙的目的，他主张将两岸的分水口全部堵住，改分流为单一河槽。要做到这一点，牢固稳定的堤防就必不可少。潘季驯十分重视堤防，把它比作军事上的边防：“防敌则曰边防，防河则曰堤防。边防者，防敌之内入也。堤防者，防水之外出也。欲水之无出，而不戒于堤，是犹欲敌之无入，而忘备于边者矣。”他把堤防工程分为四种：一是缕堤，要筑在尽可能逼近河槽的地方，以便在洪水期间缩小河床的断面，加快主槽流速，提高水流挟带和冲刷泥沙的能力。因为缕堤就在河边，约束水道较紧，在湍急的水流冲激下会受到损伤，而且在洪水季节也难免不发生漫溢，因此在离河一里余或二三里处再筑一道遥堤，以备万一。缕堤束水攻沙，遥堤防止洪水，潘季驯认为采用这样的双重堤防，就能解决攻沙与防洪之间的矛盾。为了确保这一体制的安全，在缕堤和遥堤之间，每隔若干距离再筑一道纵向的格堤，万一缕堤决口，洪水遇到格堤阻挡，不至于冲击其他堤段。水在本格拦蓄，洪水退后就能流回主槽，还有淤滩固堤的作用。在特别险要的河段和弯道迎着水流一面，还在缕堤外面筑上一道月堤，起到双重加固的作用。他对筑堤的质量要求很高，强调一定要用“真土”，不能混杂浮沙；一定要达到规定的高度和厚度，不惜工本。对筑成的土堤还要钻探取样，检查质量。

考虑到可能发生的特大洪水，潘季驯在积极合流束水的同时，也做了必要时分洪的准备，在江苏宿迁以下河道上修建了崔镇、徐升、季泰、三义4座减水坝。

潘季驯感到仅仅依靠黄河本身的水量还不足以冲刷泥沙，特别是在下游水势平缓以后，所以提出在与淮河相交的清口以下利用淮河的清水来冲刷黄河的浊流。但在黄河洪峰产生后，淮河的水量就显得不足，会引起黄河的倒灌，为此他修了归仁堤和从清浦至柳浦弯的堤防，防止黄水南入洪泽湖和淮河；又在洪泽湖东岸筑高家堰，将淮河水全部拦蓄在洪泽湖中，抬高了湖内水位；再从清口注入黄河，以起到增加水量，加快流速，稀释泥沙的作用。

潘季驯的治河经验和具体措施在他第三、四两次治河中得到了完全的实施。在他第三次治河后，经过整治的河道在十余年间没有发生大的决溢，行水较畅。在他第四次治河筑三省长堤后，黄河两岸的堤防已全部连接巩固，河道基本稳定。这些成绩都是同时代其他人所从未取得的。潘季驯的理论对后世也有深远的影响，300多年来一直为治河者所遵奉。清代治河就以“束水攻沙”为主要方针，康熙时的治河专家陈璜高度评价这一理论，认为是“自然之理”，“故日后之论河者，必当奉之为金科也”。近代水利专家李仪祉也赞扬他是“深明乎治导原理”。在西方近代科学技术传入中国以后，一些外国水利专家经过实地考虑提出的治河意见，从本质上都没有超出潘季驯方案的范围。毫无疑问，潘季驯和他的治河理论在治黄史上和中国水利史上写下了光辉的一页，具有非常重大的意义。

但是潘季驯的理论和实践存在很大的局限，他的治理只限于河南以下的黄河下游，没有注意下游泥沙的主要来源中游地区，更没有任何治理措施。由于中游的来沙源源不断，束水攻沙又不能将全部泥沙都排入海中，必定有一部分泥沙在下游河道中淤积起来，随着河床的不断淤高，河堤也必须越筑越高，形成高于两岸的“悬河”。因此，仅仅用这种治标的办法不可能从根本上解决黄河的水患，更不会就此长治久安，以后的事实已经证明了这一点。

清康熙初年，黄河几乎年年决溢为灾，特别是康熙十五年（1676年），黄河、淮河同时发生洪水，黄河水倒灌进洪泽湖，高家堰抵挡不住，决口34处；运河堤也崩溃，决开300余丈。淮水全部决入里下河地区，不再自清口流入黄河，清江浦以下的黄河河道淤积日益严重。与黄河相通的运河河道也受淤积破坏，漕运不通。当时，康熙最迫切要解决的是“三藩（指吴三桂等三个叛乱集团）、河务、漕运”这三件大事，而漕运和河务是密不可分的，因此对康熙来说，河患是仅次于三藩之乱的严重威胁，所以他下决心治河，在康熙十六年调安徽巡抚靳辅任河道总督。

靳辅（1633~1692年），字紫垣，辽阳（今辽宁辽阳市）人。他的幕僚陈潢（1637~1688年），字天一，号省斋，浙江嘉兴人，出身平民，青年时就留意经世致用。陈潢曾对黄河做过实地调查，直至今宁夏一带。靳辅在治河过程中，十分重视陈潢的意见，陈潢也尽心尽力，两人合作，相得益彰。

靳辅到任后就与陈潢一起深入实际，了解黄、淮河道堤防的现状和发生水患的原因。经过两个月的调查，靳辅认识到运河的畅通与黄河下游河道的整治关系密切，认为以往只重漕运、不重治河的观点是错误的。他提出的主张是"将河道运道为一体，彻首尾而合治之"，即将运河和黄河作为一个整体，进行彻底的整治。

由于黄河、淮河决口很多，洪水溢出，从淮阴到海口的河道中水量减少，泥沙淤积非常严重。原来一二里至四五里阔的河身只剩下一二十丈，二三丈至五六丈深的河道只剩下几尺。所以，他们把在清江浦以下至海口这300里河道的疏浚筑堤作为治河的第一步。具体方法是采取开"川字河"，即在旧河道的两旁相距3丈的地方，左右各挖一条8丈宽的新河，三河平行。开新河挖出的土就用于修筑两岸堤防。当黄、淮各决口相继堵塞、河水归入正道后，就将川字河中间的两道沙堆顺流冲去，三条河道合为一道，并迅速刷宽冲深，开通了入海的通道。为了达到利用淮河以清刷黄，在淮河出洪泽湖处开了5条引河，再合流由清口汇入黄河，并流入海。

当时，黄河两岸有21处决口，高家堰有34处决口。靳辅、陈潢在疏通了下游河道后，就转入堵口工程。他们根据具体条件，先易后难，采用挑引河、筑拦水坝、在中流筑越堤等不同办法，陆续将小口门全部堵塞，最后完成在杨庄堵口的大工程，使黄河归入正流。

实际上，对黄河的治理古人已经有相当深刻的认识，但是他们往往只是侧重某一个方面。近几年利用小浪底水库的蓄水对黄河进行了调水调沙试验，就是明清以来"束水攻沙"理论的一次实践。束沙攻沙，就是用人工的办法收窄黄河水道，提高河水的流速，以便冲刷河道中的淤沙，只可惜当时没有充分的工程措施来实行。

靳辅、陈潢信服潘季驯"束水攻沙"的原则，对堤防的修筑非常重视，希望通过堤防的约束，集中水流，冲刷淤积。因此他们不但大力修整黄河、运河、淮河两岸的千里大堤，加固了高家堰，而且创筑了从云梯关到海口的束水堤，使这一段河水不至漫流而造成海口垄积。

此外，他们还在安徽砀山至江苏睢宁的狭窄河段增建了不少减水坝、减水闸，以备分洪。在守险工(防守险要河段)和修检工方面，也创造了不少行之有效的办法，有的至今还有现实意义。

靳辅、陈潢的治河经历了10年多时间，到康熙二十七年(1688年)靳辅离任去职时，黄、淮故道已先后修复，运河的漕运也畅通无阻，黄河、淮河、运河都出现了清初以来少有的稳定局面。但是，正如潘季驯的治河一样，靳辅、陈潢的治理也只限于下游河道的工程防治，并不能减少中游地区的来沙。而随着中国人口的迅速增加，黄河中游的开垦范围越来越广，水土流失也越来越严重，尽管新辅和陈潢的治理暂时缓解了下游的河患，但维持的时间毕竟有限，到乾隆以后，黄河的形势更是日渐恶化了。

清末以来，不少进步的知识分子致力于学习和传播西方近代科学技术，致力于在中国运用先进技术，李仪祉就是水利学界的代表。

李仪祉(1882~1938年)，陕西蒲城人，原名协。清末民初曾两次留学德国，专攻水利工程学。回国后，最初在南京河海工程专门学校任教，以后一直从事水利事业，先后在华北、黄河、淮河及陕西省的水利机构任职，一度出任黄河水利委员会委员长。李仪祉一生著有大量的著作和译文，积极介绍各国近代的治水技术和经验。他认为："泰西(西方)各国治水成法，可供吾国人仿效者多，因其地理之关系，各有所特长：论中下游之治导，则普鲁士诸河可为法也。论山溪之制驭，则奥与瑞可为师也。论海洋影响所及河口一段之整治，则英、法及北美诸河流可资仿效也。论防止土壤冲刷，则美国及日本今正在努力也。"

李仪祉把西方近代技术和中国传统的治河经验结合起来，对黄河的治理进行了深入的研究。在这一基础上，他提出了在上、中、下游做全面治理的方案。他主张在上、中游地区植树造林，减少泥沙的下泄量；同时在各支流上建拦洪水库，以调节水量，并且在宁夏、绥远(今内蒙古南部)、山西、陕西各省黄河流域及各省内支流广开渠道,以进一步削减下游洪水。对下游的防洪,他提出两点具体方案:一是开辟减河,以削减异常洪水;一是整治河槽。他主张采用德国水利学家恩格斯的办法,即固定中常水位河槽,按照各河段中常水位的流量,规定河槽的断面,按这一标准来修正主河道,规划各种工程设施,以达到冲深河槽、淤高滩地之目的。但由于当时黄河的水文资料很不完整,还不可能为确定中常水位提供可靠的依据, 因此李仪祉认为要经过相当长的时间才能实施这一方案。

直到清代为止, 我国的传统治河理论和方法都只注意下游河道的整治,自李仪祉开始提出上、中、下游全面治理的主张,意味着治河思想的一个重大进步,也是我国治河事业走向近代化的起点。但李仪祉当时已经深感中国的水利事业"一受制于外强之参与,二受累于内政之不统一,三限于财政之竭蹶,提倡者虽不乏人,而实施者无几"。治河史上新时代的到来,只有在新中国成立以后才成为现实。

第三节　一方水土养一方人

人类社会的发展总会受到一定的自然环境和物质条件的制约,在社会生产力并不发达的古代, 先民们对于生养自己的一方土地更有着强烈的依赖之情,而他们的生产生活习俗和心态,也就深深地打上了那块土地的烙印。绵绵黄土、滔滔黄河既仁慈地赐给了身边的儿女摆脱蒙昧、走向文明的灵感,又暴虐无情地将灾难降临,让他们诚惶诚恐地匍匐在地,请求神灵的宽宥。因此,虽然同样是受着黄河水的哺育,黄河流域的各个地方和人民却呈现出千姿百态的社会风情、风貌。

一、羊皮筏子

"天下黄河十八湾,一湾更比一湾险;小小皮筏载我来,载我载到黄河边。"这首深情浑厚的《筏子歌》,唱的是我国西北地区一种重要的水上交通工具——皮筏。在青海、甘肃、宁夏、内蒙古等黄河上游沿岸地区,自古以来畜牧业比较发达,当地牧民们除了以牛、马等牲畜来解决陆上的交通难题以外，还发挥他们天才的想象力和创造力，用牛、羊的皮制成气袋、皮筏等颇具地方特色的水上交通工具。这样的交通工具很早就见于文献记载，如《水经注·叶榆水篇》云:“汉建武二十三年(公元47年),王遣兵来,乘革船南下水。”文中所说的“革船”,大概就是现在的皮筏,它们的身影多次出在史书中。如,《旧唐书·东女国传》记载东女国的人“用牛皮为船以渡”。《北史·附国传》也说:“附国有水阔为百余丈,并南流,用皮为舟而济。”在《宋史·高昌国传》中，当时的使臣也详细地描述了居住在黄河边的少数民族在渡河时“以羊皮为囊，吹气实之，浮于水”的事实。这些史料说明，以皮革作舟船的风俗在西北地区由来已久。

气袋，又称浮囊、浑脱。浮囊是就气袋的特点来说的，意思是能在水上漂浮的皮囊；浑脱是就气袋的制作方法来说的，浑的意思是全，脱是指剥皮，浑脱就是指剥牛、羊皮的一种方法。当然，制作气袋并不是将皮剥下来就万事大吉了，而是有一套较为完整的工序。比如，羊皮气袋一般用山羊皮制成，先将羊宰杀，再从羊的颈脖、前肢及膀部割开，把羊皮完整地剥下来，然后放在水中浸泡，三至四日以后，捞出羊皮曝晒一日，将毛铲净，稍加补缀整理，再加入食盐半斤，水少许，胡麻油半斤，反复揉搓，直到羊皮变得柔软为止。然后再将揉搓好的羊皮置于烈日下曝晒，待外皮呈红褐色，用麻绳将颈脖处、膀部及一条前腿扎紧，留下另一条前腿作吹气口，就做成了一个羊皮气袋。渡河时，往羊皮袋里吹足气，用绳子将气口扎紧，或者系于腰上，或者挟在腋下，划水而行，也可抱着它由水手推着前进。

牛皮袋与羊皮袋的制作方法完全一样，只是乘坐方法与羊皮袋有所不同，牛皮袋体积较大，一次可乘坐三人。只有一人乘袋时，也像乘羊皮袋一样；若三人同行，则两人钻进袋里，由第三人将袋口扎牢，然后伏在上面划水而进。由于水急浪高，袋子不平稳，带孩子渡河的人，往往携带牛皮袋，将孩子放进皮袋中，以保证安全。气袋的体积小，负载量不大,大都在渡口用作客运；黄河上游河段的长途货运,最常见的工具是羊皮筏和牛皮筏。

皮筏的制作比较简单。羊皮筏的形制较小，也多用于黄河沿岸的渡口上转渡行人，或者担任一些河道上的短途运输。制作羊皮筏时，先将数十根三四厘米粗的圆木棍用绳扎成约6尺宽、1丈长由许多小格子组成的长方形框架,再把十数个充气的羊皮袋按框架大小排列整齐,在架上一并拴牢。渡河时将有羊皮袋的一侧置于水面。划桨人一手持桨,一手扶稳皮筏;乘筏者或坐或蹲,须排列匀称,不得站立或乱动,以免皮筏翻倾。摆渡时,皮筏基本上顺流而下,筏客用劲划向对岸;羊皮筏子返回原地时,则由筏客子扛在肩头,步行至上游处,再将筏放在河中划回来,因此当地谚语云:"下水,人乘筏;上水,筏乘人"。另有一种用作长途货运的大皮筏,编圆木为排,下拴数十个牛皮袋(也有用上百羊皮袋的)。牛皮袋中不充气,而是充填羊毛之类的轻软货物。如无轻货,则用干草填实,因而也称草筏子。它的载重量达数十吨,可由兰州运至包头。到达目的地后,货物出手,圆木也就地销售,筏客们另雇骆驼队或毛驴将气袋驮回,以备下次再用。

黄河上游的皮筏运输业在新中国成立前曾有过一段非常繁盛的时期。20世纪30年代,兰州一带的筏户基本分为三帮:兰州帮、靖远帮、青城帮,共有羊皮筏子百余只,主要从费家营、马滩、西固等地运西瓜、蔬菜到兰州、雷坛河瓜果菜市,也有的用羊皮筏子运输茶叶、食盐、皮货到远处。1932年以后,他们甚至包揽了兰州至包头的水上航运业务。

1936年4月24日,著名的记者范长江搭乘河州回民的牛皮筏子离开兰州,30日到宁夏中卫,然后换乘汽车去包头,在皮筏上度过了五天四夜。他在《中国的西北角》一书中进行了细致的描述,当时他所搭乘的皮筏"乃由一百二十个牛皮袋所组成,平衡宽舒,坐卧读书,皆甚相宜"。"筏上如张设帐幕,则立即可以布置成为宽敞的水上行宫,空气与光线皆十足的美,而且随河水的流动,终日有千变万化的风景,可以供旅行者观赏。兼以兰州至宁夏省之中卫县一段,为黄河流域峡谷区,水急而险,较黄河之流于平沙地者,有特殊的奇象"。"筏上共有水手六人,分掌前后各三桨。水手名'把式',中有一人为首领,名为'拿事'。前三桨关系重大,故以头等把式司之。拿事对把式不但有指挥全权,而且有保护之责任,因一个街上之水手,大半与其首领,有宗教及乡里关系,离家时所出之人丁,必须于返家时交还其原来之家庭。首领对于使上之安全亦负完全责任,必须能领导皮筏免去水上的一切危险,故为首领者必须久走黄河,深习水性,而且为机警果断之人,始能胜任”。这些操纵皮筏的水手,“十九为甘肃河州之回民,亦有西宁之方面者,他们的身体坚强结实”。

在范长江的笔下,筏客子被称为“苦力”,可谓真实地反映了当时筏客子们的生活情形。有一首《筏夫曲》的花儿唱出筏客子艰难的生活:“天晴天阴河滩里爬,筏客子行户苦最大。冰茬子划下腿肚子痛,麻鞋带勒着脚肿哩。”筏客子以筏子为生,一年四季,不论刮风下雨,只要黄河没有上冻,都在黄河上奔忙。漫渡时顺流而下,遇到黄河波浪大、有峡谷的地方,如桑园峡、黑山峡、红山峡、石嘴峡、青铜峡、大峡、小峡等深山峡谷,稍不注意就会被惊涛骇浪击翻,撞向石壁,人筏俱毁。为了避免祸患发生,通常在这样的险段由专业的筏客子来驾驶皮筏。范长江曾报道说:“兰州以下黄河,在离城六七十里以后,有长六十里的‘大峡’,险水最多,故普通水手不易通过,于是应运而产生一种专门驾驶‘大峡’一段险水为职业的水手,名‘峡把式’。峡把式皆系特别精通水性、熟悉水文的老手。他们能领导皮筏,安然通过非常危险的地方,过了危险地带以后,他们又离开皮筏,回到兰州,做下一批皮筏的保险者。”

每个行业都有各自的禁忌风俗,皮筏运输业也不例外。过去黄河河道既无水文资料又无导航设备,羊皮筏子能否将乘客与货物送往目的地,全凭筏客子的经验与胆识,因此筏客子们都很迷信,有许多“讲究”、“规矩”和“禁忌”。每次开筏漂流之前,筏客子们都要沐浴净身,不得接近女色,选好黄道吉日,然后杀鸡宰羊,祭祀河神,祈求神灵保佑平安。说话时,他们十分忌讳讲“破”、“沉”、“撞”、“没”等字眼,只许乘客称呼他们“掌柜的”或“把式”,不许称呼:“筏客子”或“船家”。在水深流急、滩险崖危、容易发生事故的地方,他们禁止乘客询问地名。漂流途中每见河神庙或龙王庙,都要停筏,进庙烧香磕头,祈求一路平安。如果漂流时筏子搁浅,就得赤身裸体下水,推动筏子,乘客中年轻力壮的也要下水推筏。虽然脱光了衣服,但筏子上的乘客不许讥笑,必须保持严肃镇静。此之外,筏子绝不运载新婚夫妇,但对运送死者的灵柩十分欢迎,他们认为送殡是一种吉兆,而新婚夫妇会给他们带来灾难。筏客子的禁忌如此之多,目的都是祈求神灵给他们带来平安与幸福。

新中国成立后由于公路、铁路的迅速发展,皮筏业受到严重的冲击。但皮筏也有很多优点,譬如它吃水浅,不怕触礁,有利于在复杂的河道中航行,即使一两只皮袋破裂也无大碍;操纵灵活,无需专用码头就可靠岸;而且皮筏制作简便,经济实用,造价和运输成本低廉,又不消耗能源,更不会造成河水污染,所以目前在黄河上游仍然有它的用武之地。有的游客到青海等地旅游时,还要特意乘坐羊皮筏子,体验一下个中滋味,饱览黄河两岸的绚丽风光和风土人情。

二、黄土窑洞

提起黄河,人们就会联想到连绵起伏的黄土高原;说到黄土高原,往往离不开那一排排建造独特、土味十足的窑洞。窑洞与黄河,有着难以分割的联系。“黄土高坡山丹丹红,信天游唱出窑洞风”。如此雄浑高亢的旋律,浸透着黄土高原那古朴粗犷的精神风貌和人类对土地深沉的依恋之情。

窑洞,又叫黄土窑洞,广泛流行于陕北、陇东、晋中、豫西等黄土高原地区,是黄河流域最古老、最有特色的民居类型之一。窑洞的问世,与黄土的特性直接相关,黄土高原上的黄土覆盖深厚,土质疏松,垂直节理发育,非常便于开掘。因此,从远古时期起,生活在黄土高原上的先民们就已经开始掏土为居了。窑洞的形式多种多样,按照地形、用材等不同情况,大致可分为靠崖窑、地坑窑、锢窑三种类型。

靠崖窑是山区、丘陵地带常见的一种窑洞形式,陕、甘、晋、豫四省都有分布。它除了利用现成的沟坎断崖与古河道岸壁外,更多的是将山坡垂直削齐,形成人造崖面,然后向内横挖洞穴。靠崖窑的位置与坡向选择非常重要,干燥向阳是首先需要考虑的;其次是土质要坚硬细密,如果土层很薄并有砂砾、卵石等夹杂物,则不能开挖;窑洞的地势要适中,太高了生活不便,太低则易受洪水侵袭。靠崖窑只能平列,不能围聚成院。当需要多室时,一是向深处发展,中留横隔墙,深可达二三十米;二是向两侧发展,常数洞相连,一般正中的一孔称正窑,两侧的称边窑。窑的平面大都呈长方形,顶为拱券形。窑洞洞口安装木制门窗。门或在正中,或在一侧,门上开一小窗,门旁开大窗,上与门平齐,最上部开一个通烟气的小窗,故此有“一门三窗”的说法。一些比较讲究的靠崖窑用土砖砌门脸，外涂石灰；也有用砖、石砌作门脸的，甚至整个崖面都砌上一层砖石。

在没有山坡的高原平地上，直接建造横向窑洞是不可能的，于是人们采取将竖挖洞穴与横挖洞穴相结合的方式，创造了别开生面的"地坑窑"。地坑窑又称"天井窑"、"地阴坑"、"地窑"、"窑里"、"下跌院子"等。它的建造方法，是在平坦的高原面上，挖掘出方形或长方形的深坑，造成人工崖面，再沿崖面开凿窑洞。人工崖面的相对距离，窄边5~8米，长边有达10~50米者，地坑深度至少5米左右。窑洞挖成后，深坑就成为庭院，坑院的各面有单孔、二孔或三孔窑洞，依朝向不同分出主次，一如地面的四合院。由于院落陷入掘下，就需要解决人员进出和防备雨水灌入的问题。出入口主要由4坡"窑漫道"来解决，也有的以一孔窑洞为进出口，外连一独立的折尺形坡道。防备雨水的方法，一是在院落方坑的上部边缘起垄，防止雨水灌入，同时起到标识作用，以免人畜不慎掉进院子；一是在坑院低处挖掘地沟排潦，或凿一干井，使降落在院中的雨水流入井内；再慢慢渗入土中。

很多地坑窑的天井院内都栽种了花果树木，如槐树、榆树、苹果树、枣树等。春暖花开的时候，满院飘香，封闭幽静的天井院，使人仿佛置身于世外桃源，别有情趣。炎热的夏季，高大的树木伸过崖顶，天井院内枝叶弥漫，绿荫葱茏，窑洞内外都是避暑的好去处。秋天果实坠满枝头，红黄绿紫，令人赏心悦目。调皮的孩子攀过崖顶，爬上树枝，大快朵颐，欢乐的笑声充满了童年时光。冬天朔风呼啸，积水成冰，躲在天井院内的窑洞里，惬意地享受着洞内的温暖舒适，似乎外面的寒冷已不再，而随风飘舞的雪花或许还能让人感受到诗意的浪漫呢。

由地坑窑组成的村庄，别具一格，极富特色，"入村不见村"、"平地起炊烟"、"车从屋顶过"、"声由地下来"等，都是对地坑窑村落极为生动准确的写照。由于排水不畅、上下交通不方便等原因。近些年来，原以地坑窑为家的人们，大都迁入其他形式的居室，不少地坑窑院迅速颓败，地坑窑村落更是罕见了。

锢窑与前两种窑洞不同，它是一种不挖掘土层而使用砖石建成的窑洞。建造锢窑时，先用砖石砌出侧墙，上部用拱券的形式结顶，再将后部用砖石封堵，前面建造门窗，因类似窑洞，才命名为锢窑。锢窑可以建成一门或并列数间，也可组成院落。顶部做平后，上面可以再加建一、二层，形成锢窑楼。与靠崖窑、地坑窑相比，锢窑有许多优点，一是几乎摆脱了地形、地质的限制，选址更为灵活和随意；二是美观、卫生、适用；三是既充分利用了当地土石材料，又省去了难以得到的栋梁大木，确实是一种因地制宜、扬长避短的民居形式。因此，它已成为当代黄土高原最常见的住宅建筑形式。

窑洞的最大优点，在于施工简便、造价低廉，冬暖夏凉，宜于居住。窑洞建筑因地制宜，以黄土为主要材料，用最经济的方法满足了生活的需要。开挖窑洞的技术要求不高，普通工匠就能胜任愉快；窑洞的单方造价仅为普通民房的1/3或1/4，但功能方面没有丝毫的逊色。由于普遍采用厚壁拱顶结构，窑洞大都能使用百年以上，而且土墙不透风，隔绝性能好，冬天的严寒冰冻，夏天的暴热酷暑，都难以渗入窑洞，因此洞内一年四季的温度基本保持在10~22℃范围内。在空间利用上，窑洞也是一举数得。它既解决了人们的居住需求，又不占农田，还能出土造地，这种“功能因借”的手段，与现代系统工程学的某些思想十分吻合。总之，窑洞的外形虽然简陋，但它将人工与自然融为一体，把艺术表现渗透于实用经济之中，体现出简朴敦厚、自然亲切的形态和气氛，颇能体现黄土高原，乃至黄河流域人民悠久的精神文化内涵。

三、九曲黄河灯

九曲黄河灯，又称黄河九曲灯、九曲黄河灯阵、九曲黄河灯会、转九曲等，这些名称的由来，都是因为节日的灯阵曲折延绵，宛如九曲黄河。根据史料记载，张灯结彩的习俗始于汉代拜祭天地的活动，唐代初年时才将上元日(农历正月十五)定为灯节。民间有在上元日前后观赏九曲黄河灯的风俗，以明代刘侗《帝京景物略·春场》的记载为早：“十一日至十六日，从乡村人缚秫秸作棚，周悬杂灯，地广二亩，门经曲黠，藏三四里，入者误不得径，即久迷不出，曰黄河九曲灯。”清代的《米脂县志》说：“十五日元宵，灯市遍张灯火花炮……四、五、六三日，阖邑僧众于十字街作斋醮，关城外，以高梁杆圈作灯市，娓曲回环，游者如云，俗名转九曲。”《延庆县志》也记载:"上元张灯,设放花炬,村庄城市多立竹木,制黄河九曲灯,男女竟夜游绕,名为走百病。"这种"走百病"、观赏九曲黄河灯的风俗,在黄河流域的各个省份都有流传,它表达了普通民众对母亲河的崇敬和对美好生活的向往。

九曲黄河灯是按照图谱设置的。首先,在两亩左右的平坦场地上,按5~8尺等距离画出纵横各19共361个白点,并在白点上竖5~6尺高的木杆作灯杆,杆上插灯托以便放灯。灯阵坐北朝南,南边线正中空白处不设灯而作为出入口,恰好与灯阵要求的360盏灯数相合。然后用秫秸扎成横杆,捆绑在灯杆上,拦成大致相同的9个回环,形成只有一条通路为疏导的九宫方阵,从入到出路径不相重复。这就把两亩见方的场地,延伸为三四里长的9个表演区,扩大和延展了表演的空间和时间,给各种表演如民间舞蹈等提供了别致的场地。灯节的三五日里,每当入夜,鞭炮锣鼓轰响,人们簇拥着各种表演队伍涌向灯场,随着表演队鱼贯而入,沿着灯阵的路线顺序行进。各种民间表演在几个不同区域内直接与观众呼应,使出全身解数竞技争能,抢夺灯会的魁首。

各地制作九曲黄河灯的规模和方法基本相同,只是在灯阵的设置方面略显差异。包头市固阳县一位民间艺人保存的图谱,也是用360根杆扎成方阵,形成9个回环圈,但民间艺人图谱中的9个回环圈都有明确的名称,即东南西北4个正门,东南、东北、西南、西北4个角门,以及处于中心位置的正中门,也称东方门、南方门、西方门、北方门、太阳门、太阴门、罗猴门、丰都门和中方门。据说这是按黄河中下游的九州,即幽州、冀州、雍州、青州、豫州、丰州、并州、孟州和兖州而设置的。

在民间艺人的图谱中增加了一根"老杆",这在前一图谱中是没有的。此杆粗壮高大,装饰繁华,威武壮观,向南贴有"混元金斗"四个大字,杆身转贴盘旋巨龙图画。人们经过这里都要停下来说些吉利话,进行祈祷,因此民间有"对着老杆看一看,一年四季不干旱","抱老杆,一百三(长寿)"等俗语。"老杆"的增加以及人们对它的重视,反映了人们的虔诚和崇敬之情。

九曲黄河灯是民间的一种将自娱性和观赏性融为一体的民俗活动,其中蕴含着民众的智慧,比如它的行进路线就是按照一定的数学规则设计的，不可以任意改变；一图中以灯阵中心点推算，相对各边都是采用相等的单数构成，回环折返处也都是采用了三、五、七、九等单数，这样才不至中途堵塞而一通到底。民间图谱中的设计也是如此，显示出民俗活动中广大群众精巧的构思。

四、灾害、习俗

入宋以后，尤其是明清时期，黄河决溢改道日渐频繁，给黄河下游沿岸人民带来了严重的灾难。长期遭受黄河洪灾蹂躏的人们，逐渐形成了一些适应洪水灾害的生产生活习俗，甚至他们对待生活的心态也就此改变。在经常性的洪水面前，人们不再对自己的田地进行精耕细作，不再对自己赖以遮风避雨的房屋精雕细刻，也不愿意精打细算，将今天的收获留待更为长久的享受，而是"今朝有酒今朝醉"，人情懒惰，不事蓄积，成了人们的行为习惯。

首先是粗放经营。

民国时山东范县县令孙国桢曾作一首《引罪诗》，内中两联曰："廪禾自昔非乐土，水患频仍苦中苦。去年犹复足来年，今年二麦徒逢秋。"仅这几句诗，就可看出当时在黄河洪灾阴影的笼罩下，范县人民的生活是多么痛苦不堪！虽然去年的庄稼获得了丰收，但今年由于黄河洪灾，老百姓又白忙了一通。这种在洪水面前好景不长的悲观情调，由此跃然纸上，诗人的叹息是多么地沉重，又是多么地无可奈何！其实，何止范县人民的生活如此凄凉，沿黄地区的人民也是同样的情形！据研究统计，近代山东黄河约1.2年决溢一次，年均决溢的州县为3.3个，这还不包括其他受波及的地区。如此频繁和剧烈的洪水灾害，不仅使沿岸居民经常流离失所，许多必要的生存物资被冲荡无遗，而且造成了沿黄地区的人们在生产经营中，普遍采取粗放耕作方式。一位老人在谈到人们耕田种地时说："哪块地水先落，就种哪块地，种子都在外面露着。"播种以后甚至不愿将种子用土掩盖起来，更不要说用心照管了。这样完全靠天收的想法，就是人们面对黄河洪灾的一种反应。

当然，也许人们曾对自己的田地倾注过大量心血，那庄稼也长得让人欣喜，每每收获在望之际，黄水一冲，顷刻之间，一年的功夫全白搭了。

一次、两次、三次都可以精心管理,但无数次眼睁睁看着心爱的庄稼转瞬不见影踪,谁不从心里感到郁闷和无奈?可是日子还是要过的,地还是要种的,失去了信心的人们从此就胡乱耕种了,他们把希望全部寄托在天意上,认为是否有收成是老天安排的,所谓"老天给收成,好种歹种都有收;老天不给收,成挑汗水也白流",类似的民谚几乎遍及沿黄地区的每一个角落。胡种胡收、无所作为,再加上生产本身的季节性特点,就出现了广大农村的"半年闲"的状况。"半年闲"导致的"人情懒惰"目前仍未绝迹。

与黄河水患和粗放经营相联系的,是沿黄地区的人们很少蓄积财物,这在一些地方志中已作为一种风俗记载下来了。黄河洪水在冲走了庄稼、毁坏了民房、卷走了财物的同时,也使得土壤盐碱化,"土壤痛薄"、"民鲜盖藏"就成了沿黄地区人民生存境况的真实写照。

其次是民居简陋。

黄河下游号称"悬河",洪水一旦泄出,则势如破竹,瞬息千里,田园村舍立刻化作汪洋一片。频频的黄河决溢,使沿岸居民也形成了一套独特的居住方式,能够以一种简易、有效的自救方法,在洪水中求得生存。

高筑房台。水性就下,低洼之处或平坦无碍的地面最易灌入洪水,把房屋建于高埠就可以降低灾害的剧烈程度,因此便有了房台。房台一般用土筑成,高约2米。为加强防护,村民们还在房前屋后栽种一些树木。据沿河老人们说,在距河较近的地方,特别是河滩中,这种房台随处可见,俨然成为壮观一景。

遇水不倒屋。所谓"遇水不倒屋"就是以石头作为墙基,用砖或木作房柱建房。石基不怕水浸,可维持长久,其高度并不统一,一般在70厘米左右;房柱有四根,置于房屋四角,另外也有八根的。柱子固定后,中间镶以土坯、草把,圆木、穰秸。四柱房可横二梁,称为二梁四柱;八柱房可横四梁,称为四梁八柱。檩梁之上覆盖苇宿、草泥或再抹上石灰为顶。苇箔是用芦苇编制成的,黄河沿岸一带芦苇丛生,居民们就用作建房之具,非常方便。这种房屋遇洪水冲刷后,墙易倒,但柱与房顶尚存,避灾而返的居民以此为基础,再以土坯、草把等筑墙,仍可居住。

一次性住房。黄河沿岸还有更为简易的房屋。与墙倒房在的"遇水不倒屋”不同,这是居民就地取材而造的非永久性住房。经洪水一冲,整屋离散无存,但由于造价低,灾后很快又能重建,称之为“一次性住房”。

五、河神祭祀

黄河以善决、善淤、善徙著称于世,它经常性地决口、改道,给沿黄地区的人民带来了深重的灾难。在科学并不昌明的年代,人们除了竭力修治黄河以外,还虔诚地乞求神灵的佑护。《庄子·秋水》中就写到了“河伯”,河伯见到秋水大涨之时,大小河流里的水都流到了黄河里,以至于黄河之水漫无崖际,两岸之间不辨牛马。河伯欣然自喜,以为天下之美尽为己所有,但当他顺流东行到达北海以后,看到宽广的大海不见水端,才感叹自己的见识短浅,这就是成语“望洋兴叹”的由来。《庄子》里的河伯,就是河神,传说他姓冯,名夷,一名冰夷,又名冯迟,是华阴潼乡人,因修炼而得水仙之道。又有人说他在河中洗澡时溺死了,于是就成了河伯。河伯的形象,在早期的传说中,有的说是“人面鱼身”,有的说是“长人鱼身”或径直说是“鱼也”,总之是鱼或蛇之类的样子;随着时代的演变,河伯就逐渐演化成了白衣白马的神人,或是服石得道的仙人。河神祭祀的习俗起源很早,作为牺牲的祭品有牛、马和玉器等。举行祭礼仪式时,献祭者将这些祭品投入河中,以御不祥、求雨和祈得丰年。战国时魏国的邺地(今河北临漳县西南)还流行着为河伯娶妇以制止水患的风习,后来这种淫祀被西门豹取缔了。但历代人们为了保全自身的生命财产,对河神的祭祀绵绵不绝,尤其是明清两代最为兴盛。这主要是由于自元朝定都北京后,明清两代相沿不改(明代前期曾以南京为首都,但为时甚短),而自宋代以来,国家的经济重心已由西北转移到了东南,为了将东南的财赋运输到北京,朝廷分段疏浚、开凿了大运河,运河与黄河是连通的,黄河所挟带的大量泥沙经常将运河淤浅,影响了运河的航运,因此治黄济运就成为了明清两代的要政。人们祭拜河神,是希望黄河停止泛滥,保证河运畅通,保护行船的安全,这也是河神由民间的神祇逐渐被官方所认同、转化为官方的神祇并不断地被追加封号的原因。在这一过程中,原来的河伯冯夷到唐宋时逐渐不传,其河神的地位被新起的龙王所取代。宋真宗天禧四年(1020年),敕令祭河时“增龙神及尾宿诸星在天河之内”,可能是龙王正式被祀为河神的开始。从此以后,江河湖泊,凡是有水的地方,都归龙神或龙王支配,龙王的族类也越来越多,黄河的水神亦不例外,呈现出群龙割据的局面。在此仅以黄河下游为例来谈谈明清时期的河神祭祀。

黄河下游沿岸的州县都建有河神庙，庙中供奉的河神，一种称大王,一种称将军。称大王的河神有六位:金龙四大王、黄大王、朱大王、栗大王、宋大王、白大王。金龙四大王在明代徐渭《金龙四大王庙碑记》中有记载:“元末,我太祖与元将曼济哈雅战于吕梁。元师顺流而下,我师将溃,太祖忽见空中有神披甲执鞭,驱涛涌浪,河忽北流,遏截敌舟,震动颠撼,旌旗闪烁,阴相协助,元师大败。太祖异之。是夜梦一儒生披饰语曰:“余乃宋会稽谢绪也。宋亡赴水死,行间相助,用纾宿愤。太祖嘉其忠义,诏封为金龙四大王。”

相传谢绪是晋代谢安的后裔,排行第四,另有三位兄长,分别叫谢纪、谢纲、谢统,家住钱塘安溪,后来隐居金龙山白云亭。他素有壮志,宋朝将要灭亡时,他对自己的生徒们说:“吾将以死报国耳！”据说谢绪赴菬溪时,水势高丈余,汹汹若怒,人们都感到非常惊异。又传,他的尸体逆流而上,经旬不仆,面目如生,远近的人们都惊骇地以为他成神了。他的尸体被葬在了金龙山麓,因此明太祖封他为“金龙四大王”。

明代关于金龙四大王的记载不见于有关实录及典章制度等正规文献,主要是一些碑记和传记。入清以后,情况发生了很大变化,上自实录、典章,下至方志、笔记,记载比比皆是。皇帝所加金龙四大王的封号也如雨后春笋般多起来。如:顺治二年(1645年)十二月,封黄河神为显佑通济金龙四大王之神。康熙三十九年(1700年),加封金龙四大王为显佑通济昭灵效顺金龙四大王。乾隆二十二年(1757年),加封金龙四大王为显佑通济昭灵效广利安民金龙四大王。

后来,各地金龙四大王又得敕封,如同治二年(1863年)十月封宿迁金龙四大王“敷仁”,四年十一月、五年六月、七年八月、八年九月又封该地该王为“保康”、“赞翔”、“灵感”、“德庇”,光绪五年(1879年)六月封山东张秋镇金龙四大王为“溥佑”等。这样,金龙四大王就有了一连串的封号。

黄大王名叫守才，字英杰，河南郾师人。生于明万历三十一年(1603年)，卒于清康熙二年(1663年)。据说黄守才12岁时，随舅船抵达虞城张家楼，恰好有运粮船被泥沙所阻，运粮官吴某夜晚梦见神明告诉他："明日有活河神至。"次日看见黄守才与梦中所见没有差异，就诚恳地拜见了他。黄守才以黄纸作书后焚于水滨，片刻风起沙退，运粮船得以顺利起航。顺治七年(1650年)封丘金龙口黄河溃决后，运道淤塞，费金数十万都不能治理好。黄守才来了后，派人手持数株柳条插于决口处，3日后水归故道。他死后被人们称为河神，经常显灵效于河上。

起初，黄大王只是民间的称呼，直至乾隆三年(1738年)三月二十五日经河臣奏请，才敕封为"灵佑襄济"。此后也是一大串的封号，如同治二年至十一年仅河南陈留二县黄大王封号就有"护国"、"普利"、"绥靖"、"溥化"、"宜仁"、"保民"等。光绪元年(1875年)三月、五年六月又加封山东黄大王封号曰"诚感"。

朱大王即清初河臣朱之锡。顺治十四年(1657年)朱之锡任河道总督，治河十载，他能够打破前任的定规，悉心筹划运河修守方案，使得沿河数省居民免于水患流离之苦。康熙五年(1666年)二月他去世后，被赠封为太子太保。徐兖淮扬间人盛传他死后为河神，称"朱大王"。

对朱大王加封始于乾隆四十五年 (1780年)。这一年清高宗巡视河工，允大学士阿桂请，赐封"助顺永宁侯"，后又敷加"佑安"。同治二年至十一年加封陈留朱大王封号为"显应"、"绥靖"、"昭感"、"孚惠"、"灵庇。

栗大王名毓美，字朴园，山西浑源人。道光十五年擢升为河东河道总督，任内五年，"河不为患"。道光二十年去世后，吏民奉为河神，也称大王。

光绪元年三月，加山东栗大王封号为"普济"。三年二月、五年六月又分别加江苏、山东张秋镇栗大王封号为"显佑"、"威显"。

宋大王即明代的工部尚书宋礼。光绪五年"显佑潜船渡黄入运"，清督文彬奏请敕封大王。白大王为汶上老人白英。明代永乐年间，白英策划开运河有功，雍正年间敷封为"永济之神"。同治六年(1867年)，河督苏廷魁奏敷加"灵感"。同治七年，直督李鸿章奏敷加"显应"。同治十三年，山东巡抚丁宝桢奏敕加"昭孚"。光绪五年四月也因"显佑潜船渡黄入运”,文彬奏请敷加大王封号。

河神中被称为将军的人数众多,据光绪十五年(1889年)朱寿铺在《敕封大王将军纪略·序》中说有64位。这些将军丰有封号,封号也长短不一,如称陈九龙将军为“统理河道翼运通济显应昭灵普流衍泽显佑赞顺护国灵佑昭显普佑陈九龙将军”,称曹将军为“管理河道镇海威远金华将军灵佑孚惠护国显佑昭应曹将军”。另据《清德宗实录》,尚有元将军、五龙将军等。

总而言之,明清时期的河神并不仅仅限于单一的某个神灵,而是一个逐渐增加的群体。他们被尊为河神是因为“皆有功于河上”。而神们被屡加封号,也是因为他们屡著“灵异”。当然河神并非全是黄河神,如宋大王、白大王明显是运河神。对于黄河神,其“神力”所及也不仅限于黄河,也包括运河和其他河湖,如金龙四大王常在“江淮河汉四渎之间”显现“灵异”,以致商舶粮艘,触舻千里;风高浪恶,往来无恙。

河神虽由人而来, 人成神后就化为了龙, 但多以蛇的面目显现出来。蛇之大小,决定了神地位的高低。大体上龙愈贵,地位愈尊,灵异愈显,它的身材就愈短小,如金龙四大王长不满尺,其他的河神如将军之类,有的长三尺多。又如金龙四大王金色,朱大王朱色,黄大王黄色,栗大王栗色,治河的人士一看见这些龙,就知道他们的王号,并且还将这些龙的形状记载下来,著为龙谱,实际上都是蛇的样子。另外,河神中的高贵者方能为蛇,而一些地位卑下的河神,就被委以其他的动物,如蝎虎、蟾蜍等。

拜祭河神经祀河神的活动, 起初大抵是由民间人士所发起并组织的,这样的活动,官方一般都表示支持,有时官员还出任主持。祭祀的费用则来自沿黄居民自愿的捐献,以地方士绅及船户所出资金为多。船户经常和水打交道,对河神更是深信不疑。为保出入平安,他们不但愿出酬神费,还在家里修有小木楼,供奉金龙四大王等河神。所立牌位多写有“五湖四海,九江八河,龙王神位”。据《金壶浪墨》记载,金龙四大王被视为北方舟子的保护神, 船户见有金色方首之神游泳而来,“必以朱盘奉归,祀以香火”。

黄河沿岸一带,还普遍流行一种扶鸾的活动。所谓扶鸾是将一张黄被纸铺在桌上,纸上洒满小米或沙子,另外用一个小箩筐绕上一根筷子,将箩筐覆在桌上,让一老人一小孩架箩,将筷子的一段置于小米或沙子中。准备工作就绪后,大家都虔诚地祈祷,河神就会显灵,在小米或沙盘上划出奇形怪状的符号。这些符号不为一般人所识,只有内行的老人才能分辨出这是一个个字体,告诉人们有关黄河的汛情、是否会出现决口、决在何处等。如果预测准确,人们必定会唱戏谢神。黄河在河南铜瓦厢决口后,山东段的黄河沿岸地区每年还要在河边唱两台戏:冬天大雪以后,称关河门;春天开冻以后,称开河门。戏期4天,所唱有山东梆子、河北梆子等。这段时间,人们会趁机做些生意买卖,甚至形成一些大的集会。

自从金龙四大王作为河神的封号出现以后,对河神的祭祀也渐渐由民间活动转为了官方行为。清代顺治二年(1645年)加金龙四大王封号为"显佑通济",钦命总河臣致祭,祭文由内院撰给,祭品由地方官备办。十一年(1654年),朝廷又遣太常寺少卿高景祭黄河之神。直到康熙年间,由于其他大王和众将军尚未产生,所祭黄河神主要为金龙四大王。乾隆以后,其他三位黄河神——黄大王、朱大王、栗大王相继出现,此时的祭祀就不限于金龙四大王了。乾隆帝辛未(十六年)、丁丑(二十二年)、壬午(二十七年)、乙酉(三十年)、庚子(四十五年)、甲辰(四十九年)六次下江南,路线都是直隶—山东—江南—浙江—江南—山东—直隶,每次往返江南过黄河,总要派遣官员祭祀当地河神。但一直到乾隆后期,江、淮、河、济四渎虽然各有专祀,而黄淮河神在每年春秋的祭祀,还没有形成官方致祭的制度,所以五十三年(1788年)七月,乾隆帝口谕"自宜特重明礼,以昭灵舰"。接着,他又制定了春秋祭神的制度:"所有江南及河东等处工次建立黄河神庙,并江南清黄交汇地方所建淮河神庙,俱著于每年春秋二季,官为致祭,交该部载入祀典。并著翰林院拟撰祭文发往,于致祭日敬谨宣读,以崇功德,而报神庥。"

祭祀的地点,据《嘉庆会典》中记载,金龙四大王祭于江南、河南、山东滨河各州县;黄大王祭于河南陈留、阌乡等县及山东、江苏滨河各州县;朱大王祭于江苏、河南滨河各州县。农历每年的二月、十月之上午日,各地方官员都要准备一羊、一豕(猪),供在河神前,行三跪九叩的大礼。另外,每逢大王神诞,也要给予祭享。

上面说的是一些特定日子的祭祀，而一些非常时期，人们也要对河神礼敬如仪。黄河每至涨水之时，大王、将军往往纷集于河干，吏卒、居民都能认出他们，哪个是大王，哪个是将军，历历不爽。为保佑平安无事，这些卒吏、居民纷纷焚香烧纸。如堤坝有决口之险，地方长官往往在现场亲祭河神，实在守不住时，有的地方官就用跳河自尽的方式以祈水退。因为一旦河决口了，地方官自然逃脱不了受处罚的命运，而跳河自尽可使他们成为河神从而接受人们的祭拜。

在黄河决口以后，众河神也会亲临现场，辅佐堤工合龙。清代的薛福成在其著作中就记载了贾庄决口培合时的情景："同治甲戌，河决贾庄，山东巡抚丁稚璜、宫保亲往堵塞，以是年冬十二月开工，颇见顺手。而大王、将军绝不到工，至光绪乙亥二月间，险工叠出，用秸料至五千六百七十万斤、麻料至二百七十万斤。十三日后，停工待料，占铺或垫或走，或似呕吐。连日西北风大作，大溜自引河直射口门，万夫色沮。十五日午刻，口门里许，河水清忽见底，毫发可鉴。十七日，栗大王至。越日，党将军至。又明日，金龙四大王至。自十六日至十九日，桃汛忽发，口门深至五丈四五尺，种种奇险，兵弁员役束手相向。二十一日，大溜忽入引河，口门水势日平。二十三日以后，麻料大集，各大王、将军亦云集两坝。二十六日，南坝开工。二十八日，北坝开工。是日，金门中流忽浮黑鸭一对，游泳上下，几一时许，倏不复睹。河员谓系抱鸭将军，每遇堵口，出现最利。越日，复有虎头曾将军端坐捆箱船上，形同绿蛙，而体较长，请入香盘，毫不惊跃。又有杨四将军者，状如蜥蜴，长只寸余，双眸怒突，遍体生花，从檐际跃入宫保帽中。遣官送至大王庙，行七八里伏不稍动，安坐供盘数日。三月初六日寅刻正，两坝合龙，然坝基尚未压到河底，河水自坝下涌而出，形势发岌。初八日，雷雨大作，共言陈九龙将军至矣。是夜，雷雨不止，龙占打下丈余，随即添堵高厚土柜，边坝一齐填压到底，即刻断流。盖人力无所不施，不得不借于神力也。"

有时候在黄河堵口以前，人们会先对河神祭上一番，以求工程顺利。民国十四年(1925年)山东连决李升屯、黄花寺等处，次年二月十五日开始兴工堵口。这天，山东黄河上游堵口工程处会办王炳增率众祭河神。祭文说："惟中华民国十五年二月十五日，炳率八县士绅文武职员三游兵夫谨昭告于皇天后土大王将军之前曰:山东黄河上游李升屯、黄花寺两处决口,八县成灾,今修堵李、黄两处口门,拯救灾黎,惟愿在工人员同心协力,竟此大工,如有从中渔利、妨害工程者,惟神鉴之”。(《山东黄河上游堵口工程处记录》)

决口顺利合龙,被认为是神力所助,理应好好地酬谢神的帮助,因此就要举行庆功会、酬谢会。《鱼千里斋随笔》卷下曾记载了这样的一次活动:“堤工将竣,必有龙现。委蛇现化,甚驯不惊。河臣脱头上进贤冠迎之,即徐徐掉尾入,捧冠入靡,置大案,以香花礼之甚虔。蛇昂首傲然坐,受吏民北面拜。此时梨园已夙备,伶人以歌扇呈蛇前,鞠躬屏息伺之。歌扇上以楷字书戏名,朗如列眉,蛇目视,至一处,微以头触扇,凡三四触,伶人乃敬取扇下,宣示王命演何剧,须臾,管弦作矣。蛇之至,或三宿乃去,去则渺然,亦不知其何时行也。”

蛇“微以头触扇,凡三四触”,表示河神在看戏单点戏。点中以后,戏子们就按此演出。同治十一年(1872年)侯家林决口合龙后,薛福成《庸童笔记》对河神点戏说得更玄:“侯家林之役,大王将军来集工次,每日演剧敬神。有众蛇各就神位之前昂首观剧,优人或以戏单呈上,请大王、将军点戏。蛇以首触戏单,所点之剧往往按切时事,非漫无意味者也。而点第一曲者,必金龙四大王,其次第亦不稍紊。”

当然,黄河并不是每年都会有水灾发生,如果黄河在汛期平安无事,有的大臣就会以黄河安澜为由奏报朝廷,邀功取宠,皇帝一般会慷慨颁大藏香若干,交给山东巡抚,让他虔诚地到河神庙去祭祀叩谢,光绪年间这类情形经常发生。

由此可见,上自皇帝,下至平民百姓,莫不对河神顶礼膜拜,诚心供奉,如果有谁对河神大不敬,立马会招致报应。据说上面例举的侯家林决口合龙演剧时,有一个叫赵三元的总兵,叉着两手对人说:“这些都不过是些蛇嘛,有什么神灵异验呢?”他的话还没有说完,忽然又叫了起来:“不敢!不敢!”大伙儿跑过去看他,只见许多蛇有的盘绕在他的脖子上,有的缠绕在他的背上。众人都劝他跪在神座前自责自省,且许愿出资演剧三日来赎罪。突然间,大王就已复归原位了,而大伙儿都未见到河神的来去之迹。为此,清人薛福成还发表议论:“噫! 宇宙间灵迹昭然者,莫如河神。彼武人粗鲁,不知敬畏,幸而未降之罚,乃著异于俄顷之间,以示薄惩,神顾可慢乎哉?"明清时期,黄河上中游生态恶化,黄河下游决口改道,在治理黄河屡屡不力的情况下,人们寄希望于对河神的虔诚祭拜,不也反映了他们期待黄河安流无患、渴求幸福平安的真诚愿望吗!

第四节 根系黄河

在今天中国13亿人口中,散布海外的数千万华人和华裔中,到底有多少人自己或他们的祖先是由黄河哺育?要具体回答这个问题是相当困难的,大概永远找不到准确的答案。但是大量历史事实足以证明,黄河曾经哺育了中华民族的大部分先民,她的儿女遍布在中华大地,也已经走向世界各地。

一、黄帝与夏的传说

从较早的文献记载,我们能看到有关三皇五帝的传说。《史记·五帝本纪》记录了黄帝的事迹:"炎帝欲侵陵诸侯,诸侯咸归轩辕。轩辕乃修德振兵……以与炎帝战于阪泉之野……蚩尤战于涿鹿之野。天下有不顺者,黄帝从而征之,平者去之,披山通道,未尝宁居。东至于海,登丸山,及岱宗。西至于空桐,登鸡头。南至于江,登熊、湘。北逐荤粥,合符釜山,而邑于涿鹿之阿,迁徙往来无常处,以师兵为营卫。"

大意是说黄帝在诸侯们的支持下,在阪泉之野打败了炎帝,又联合诸侯击败了蚩尤,以后又奔波于各地,长期不得安宁。这里提到的地名,阪泉大致在今河北涿鹿县东南,一说在今山西运城市解池附近。丸山,一作凡山,在今山东。岱宗,即泰山。空桐,山名,在今宁夏隆德县东。鸡头,山,即空桐山。熊,即今河南熊耳山;一说在江南某地。湘,山名,即今湖南岳阳市西南的君山。荤粥,古代北方的游牧民族,商周之际活动在今陕西、甘肃北部和内蒙古西部。釜山,一说在今河北怀来县北,一说在今河北徐水县西。黄帝去世后,葬于桥山。桥山,早期的说法是在今陕西子长县西北,后来以今黄陵县境为桥山所在。

如果我们剥去这些记载中对黄帝神化的外表,而把它们看成一个部落或部落集团的活动,还是可以找出一些规律来的。黄帝或炎帝集团的活动范围东至今黄海,西至宁夏南部,南至洞庭湖北部,北至河北、陕西北部,基本是在黄河流域,只是偶尔涉足长江中游。

夏代的历史目前还没有完全得到考古发现的证实,也只能归入传说时代。根据《古本竹书纪年辑本》,夏的第一个都城是阳城,在今河南登封县东南告城。第二个都城斟寻,在今河南巩义市西南。第三个都城斟灌,在今河南清丰县东南。第四个都城原,在今河南济源县西北。第五个都城老丘,在今河南开封市东南。第六个都城西河,在今河南内黄县东南。见于其他比较可靠的史籍的夏都还有:平阳,在今山西临汾市西南;安邑,在今山西夏县西北;晋阳,在今山西太原市西南;帝丘,在今河南濮阳市西南。尽管迁移非常频繁,但不出今河南、山西两省的范围,都在黄河流域。

二、商人的迁移和周朝的分封

商人的来源目前说法还不一,有的说来自东方,有的说是来自北方,前者也是黄河流域,后者则是今内蒙古境内的辽河上游。但是商人的发展及建立国家是在黄河流域,则是人所共知,并已得到了考古发现的证实。

商人在推翻夏朝建立自己的国家以前,迁移了8次,居留过的地方是:亳,今山东曹县东南;蕃,今山东滕县;砾石,今地不详;商,今河南商丘县东南;东都,在泰山下;殷,在今河南安阳市。砾石今地尽管不详,但可以肯定不会太远,也在黄河流域。而商王朝建立后的都城是:嚣,在今河南荥阳县北敖山南;相,在今河南内黄县东南;邢,在今河北邢台市;庇,在今山东郓城县东北;奄,在今山东曲阜市;殷,在今河南安阳市小屯。全在今山东、河南的范围之内。

周人发祥于渭河流域,至古公亶父(约公元前12世纪)时迁至岐山下的周原(今陕西岐山县境),由黄土高原进入关中平原。不久,古公的长子太(泰)伯、次子仲雍迁往江南,被当地民族拥为首领,在今江苏无锡一带建起了吴国的前身。随同他们二人迁移的人数估计并不多,但这是见于记载的最早的周文化的南迁,也是黄河流域文化对长江流域的第一次重要传播。由于太伯、仲雍成为南方民族的统治者,他们所携带并传播的黄河文化必定对吴国以至周围地区产生巨大的影响。

约在公元前11世纪中期,周武王消灭商朝。为了巩固周朝的统治,武王大规模分封诸侯,其中少数是就地分封或承认既成事实,大部分是易地分封或将本国本族的人封往周的旧地之外,实际上是一次数量很大的移民运动。武王之子成王时也进行过一次较大规模的分封。通过这两次分封,周人从关中平原扩散到黄河中下游的广大地区,而其中一部分已经开始进入今天的黄河流域之外。例如,召公被封于燕,在今河北北部和辽宁西端,都于前(今北京城西南隅);燕国以后扩大到辽河流域的朝鲜半岛北部。神农之后被封于焦(今安徽亳州市),帝舜之后被封于陈(今河南淮阳市),武王弟叔度被封于蔡(初在今河南境内,后改于今上蔡县一带),都已进入淮河流域。

经过春秋战国期间各国的兼并和扩展,到战国后期,河套以下的黄河中下游地区基本都已得到开发,大多数地方的人口已经比较稠密,并且开始向黄河流域以外迁移。如公元前316年秦国灭了在四川盆地的蜀国以后,曾从关中迁了万户居民到蜀地;将本国的罪犯强制迁往蜀地的边县,在灭六国的过程中还将赵国人迁至蜀地。

三、开疆拓土和移民实边

秦始皇统一六国后,继续将四川盆地作为安置罪犯的特殊移民的地方,同时又实施了几次较大规模的移民,从黄河流域向周围扩展。秦始皇二十九年(公元前218年),50万秦军越过五岭,到三十二年(公元前215年)征服了南越,夺取了今广东、广西和越南东干一带,设置了南海、桂林和象郡三个郡。经过多年战争后的远征军就被留在岭南定居,后来又从全国征发一批戍卒和罪犯安置到岭南。为了弥补移民的性别不平衡,还从中原补充了一批妇女。这里军人和移民绝大多数来自黄河流域,他们构成了岭南汉人最早的主体。

秦始皇还将“天下不轨之民”迁到南阳(今河南南阳市);把一批“有罪”的官吏、百姓从全国各地迁到山阴(今浙江绍兴市)。为了逃避秦始皇繁重的赋役征发,很多百姓流亡外出,黄河下游山东半岛上就有不少人渡海至朝鲜半岛。到汉朝时，朝鲜半岛北部的朝鲜和南部的辰韩人口中有很多是秦朝流民的后裔。

但是和以后黄河流域大规模的人口输出相比，这些移民就显得微不足道了。一个主要原因，是当时黄河流域的人口总数还不太多，人稠地狭的地方很少，由此产生的过剩人口在附近地区就能得到消化，所以对外的人口迁移一般只限于统治者为了开疆拓土和巩固统治地位而强制实行的移民，以及逃避赋役和刑罚的流民。

经过西汉近200年的发展，黄河流域的经济和文化都达到了空前的水平，不仅依然保持了全国领先的地位，而且在全国所占的比重也有了大幅度的增加。根据西汉末年元始二年(公元2年)的统计数，在全国约6000万人口中，当时的黄河流域约占70%。由于当时的农业生产水准大致与人口数量成正比，可以认为，就经济实力而言，黄河流域占全国的比例还不止70%。但另一方面，在黄河下游的关东地区(太行山、中条山和豫西山区以东)已经出现了局部的人口饱和现象，土地开发殆尽；而在黄河流域以外的地区，大多还处于开发的初期，或者尚未开发，一般都地广人稀，甚至还是无人区。

西汉期间人口迁移的主要流向是黄河流域内部的调整，如从关东迁至关中，自关东迁往河套地区等，当然也还是有一些对本区域外的迁移。这些移民的数量虽然不一定很多，但由于来自经济文化发达地区，所以对迁入地的经济开发和当地人民文化水平的提高有较大影响。

其中规模和影响最大的，是汉武帝元狩二年(公元前121年)汉朝夺取河西走廊以后的移民。这次移民使河西走廊由游牧民族所有的牧区从此变为汉族聚居的农业区，而且成为中原王朝的汉族与西域联系交流的真正的走廊。又如秦末汉初，燕、赵、齐(约相当于今河北、辽宁、山东大部)迁往朝鲜半岛避难的就有数万人，西汉期间由山东半岛和辽东迁去的仍络绎不绝。由于朝鲜的居民大多是中原移民或其后裔，西汉末年的学者扬雄著《方言》一书时，就将朝鲜与燕、代(今山西北部、河北、辽宁)列为一个方言区。

北方的匈奴通过入侵掳掠和招诱等方式迁去的中原汉人至少也有十几万，这不仅给匈奴增加了十分可贵的劳动力，而且传播了中原先进的文化知识、生产技术和管理方法,使匈奴这个游牧民族也具备了一定规模的农业,发展了打井、建筑、冶炼等产业,促进了匈奴与汉族的交流和联系。在汉朝与西域的联系开始以后,还有少量汉人因种种原因迁入西域,如当时派出的大量使者及随员,不少人实际在从事商业活动,有些就在西域居留;汉军对西域的军事行动最多一次损失20余万人,其中相当一部分应是被俘或流落当地;公主下嫁西域国王或西域国王仰慕汉文化而带往西域的随从,从事礼仪、音乐、服装制作的技艺人员、工匠等。

四、乱世流移:南迁的序幕

从王莽政权的后期至东汉初,黄河流域陷入大规模的战乱之中,北部受到匈奴的威胁,西南、西北和东北先后出现地方割据,只有南方比较安定,所以中原人纷纷南下避乱。这些人中的上层,在北方重新安定后基本都返回原地,但平民和无地农民却于南方较容易获得土地和维持生计,因而选择了定居。尽管下层平民移民不足以引起学者和史官的重视,没有留下具体的记载,但南方一些政区户口数字的变化还是能够说明问题。东汉永和五年(公元140年)全国的户口总数比元始二年(公元2年)少,但南方一些郡的户口数却大大超过了元始二年的数字,大致相当于今湖南、江西两省大部的长沙、零陵、桂阳和豫章四郡分别达到原来的314%~636%,年平均增长率在8.3%~11.6%之间。如果考虑到两汉之际的动乱给各地造成的影响以及东汉的户口数一般比西汉有较大的隐漏率,那么这些地区实际人口的增长率还应更高,这只能是人口机械流动的结果,说明主要来自黄河流域的移民已经大量迁入长江中游和湘江流域。

东汉末年开始的战争动乱,持续数十年,波及中原大部分地区,黄河流域的人口多次向周围各地作大规模的迁移。初平元年(公元190年),关东州郡起兵讨伐董卓,董卓逼汉献帝迁都长安,将洛阳200里内数百万人强行西迁。与此同时,青、徐两州(相当今山东大部和江苏北部)有百余万人逃往幽州刺史刘虞所辖的今河北北部、北京市和辽宁西部,今山东西部和河南的人口主要向南迁至今湖北江陵的荆州一带投奔荆州刺史刘表。

第二次大迁移发生在初平三年(公元192年)。董卓被王允设计谋杀后,其旧部攻入长安杀了王允,不久又自相攻击,关中大乱。有数十万难民东迁至今江苏徐州一带投奔徐州刺史陶谦,另有数万户进入今四川境内投奔益州牧刘益,还有一部分向南出武关,经南阳盆地继续迁往荆州。

建安十六年(公元211年),屯驻关中的马腾、韩遂等十部起兵反曹操,关中再次大乱,引起第三次大迁移,又有数万户越过秦岭进入汉中盆地,投奔张鲁。

这些外迁人口并没有都能在迁入地定居,一部分在以后的战乱中死亡,一部分又迁回原地,但仍然有相当多的人在辽河下游、江南和四川盆地定居。在蜀国和吴国的上层人物中,大多数是北方移民,而来自黄河流域的今河南、山东、河北的移民占了相当大的比例。在蜀国的兵士和下层移民中,有不少是从关中迁入的。三国鼎立结束后,蜀、吴的宗室、大臣和上层人士都被举家迁往中原,但平民百姓大多没有再返回北方。

五、永嘉南渡和边疆移民

西晋统一不久,皇室内部争权夺利的斗争就在元康元年(公元291年)爆发了,到永康二年(公元301年)更加演变成大规模的混战。匈奴等少数民族趁机而起,推翻了西晋的统治,建立了各自的政权。中原再次成为持续不断的战场,从4世纪初的西晋永嘉年间(公元307~313年)到6世纪中叶的南朝宋元嘉年间(公元424~453年),黄河流域南迁的移民络绎不绝,集中的高潮有四次。

永嘉初,今河北、山东、山西、河南以及江苏、安徽两省淮北部分的流民相继渡淮河、长江南迁。东晋元帝大兴三年(公元320年)在建康(南京市)设立了第一个侨县——怀德县。所谓侨县,就是在南方为北方移民设置的行政区域,集中安置某一地的流民,新的政区一般就以移民的北方原籍政区命名。为了区别于北方依然存在的政区,往往在新设的侨治单位地名前加上"南"字。如在这以后陆续设立了徐、兖、幽、冀、青、并诸侨州、郡、县于长江南北,分别被称为南徐州、南兖州等,几乎北方所有南移的州郡设了侨治单位。

东晋成帝初(公元326年后),江淮间大乱,淮南居民以及原来侨居在淮南的北方移民纷纷往长江南迁。东晋哀帝时(公元362~365年)及以后一二十年间,中原战乱不断,关中所遭破坏尤其严重,今陕西、甘肃境内人口南迁至汉水流域,一部分进入四川。

南朝宋文帝元嘉年间(公元424~453年)和明帝泰始年间(公元465~471年),一度由宋武帝收复的中原地区重新失陷,淮北各州也由北魏占领,大量人口渡淮南迁,在淮南侨置了司、兖、徐、青等州及其他一些侨郡县。氐人的战乱也迫使关陇流民南迁汉水流域和四川北部。

移民南迁的线路前后大致相同。西线之一是循汉水南下,所以南郑(今陕西汉中市东北)和襄阳(今湖北襄樊市)成为移民重要的集散地;陆路则取金牛道(南校道)西南入四川。东线以邗沟和淮河流域东南向的支流为主,因此邗沟南端的江都及对岸今镇江、常州一带成为山东及苏北移民的集合地。河南人也大多东南迁安徽后再继续南迁,而不从正南迁入今湖北。

根据侨州、郡、县的户口数量统计,接受移民最多的是今江苏省,设有侨郡23个、侨县75个。在今南京、镇江和常州一带最为集中,苏北则以扬州、淮阴等地为主。移民的来源,今山东占了一半以上,以下是河北、河南、山西、陕西;本省和安徽的淮北也是来源之一。本区固然有不少地理优势,但最主要的因素还是东晋至南朝定都建康的政治吸引力。

今安徽境内的移民来自北方,以今河南为最大部分,其次为河北、山东、山西。本省淮北移民也占了相当大的比例,少部分来自江苏北部。侨郡、县大多散处江淮之间,江南仅集中在今芜湖附近。

今湖北境内长江上游的江陵、松滋一带的移民主要来自山西、陕西、河南,少量来自安徽和江苏的淮河流域;长江下游武昌、黄梅一带的移民大多来自河南,也有一些安徽淮北的移民。但湖北接受移民的主要地区还是汉水流域,上自那西、竹溪,下至宜城、钟祥,而以襄阳为中心;来自陕西的移民数量最多,其次是河南、甘肃,再次为河北、山西、安徽和四川。

今河南南部淮汉流域也设有若干侨郡县,主要安置本省北部流民,其中少数来自陕西、甘肃和本省南部。

今陕西秦岭以南汉中地区因一度为南朝宋占有，所以也设置过侨州、郡、县,接纳移民以河北为主,其余有河南北部及山西人。

总而言之,移民迁入地可以分为东西两区:东区包括长江下游及淮河流域,以接受黄河下游今山东、河北及河南东部的移民为主;西区包括长江流域上游及汉水流域,以接受今甘肃、陕西、山西及河南西部移民为主。

由于并非所有的北方移民都居住在侨州、郡、县中,所以侨州、郡、县的分布还没有全部反映北方移民在南方分布的实际情况。实际上,长江三角洲今江苏南部和浙江北部,特别是太湖流域和宁(波)绍(兴)平原居住着大批北方移民,只是因为这一带没有设置侨州、郡、县,所以无法在上述统计结果中反映出来。

到南朝宋时为止,仅侨州、郡、县的户口就有90万,约占当时全境户口总数的1/6,加上不居住在侨州、郡、县的移民,再考虑到从西晋至南朝的户口都没有登记全部人口这一因素，那么移民及其后裔的总数不会少于200万人,他们在南朝总人口中所占的比例也应高于1/6。

从西晋末年的动乱开始，就不断有山东半岛和华北北部的人口迁往辽东半岛和辽东湾北部沿岸。在这一带建立政权的前燕、后燕和北燕基本上能保持安定的局面,农业生产有稳定的发展,多数流民在此定居。以后辽河以西被高句丽占有,这些流民进而迁入朝鲜半岛,融入了高丽人之中。

另一部分中原人迁往河西走廊,投奔凉州刺史张轨。洛阳被匈奴的汉政权攻占后,中原人往河西避难的人更是络绎不绝。西晋灭亡后,张氏建前凉政权,河西基本未受战祸影响,对关中、陇东、陇西的汉族流民具有很大的吸引力。

六、怛罗斯战俘和南迁的浪潮

唐天宝十载(公元751年),安西节度使高仙芝率2万军队在怛罗斯(今哈萨克斯坦的江布尔)与大食兵交战,唐军大败,大部分被杀被俘。俘虏大多被迁往大食(阿拉伯帝国),只有个别人返回。这些唐军俘虏多数来自中原地区,不少人具有造纸、纺织、绘画等技艺,见于记载的就有京兆(今陕西西安市一带)和河东(今山西西南)人。

中国的造纸术就是从此开始传入阿拉伯国家，并进而传入西方其他地区。这次从黄河流域向外部世界的特殊移民人数虽然不多,对世界文化传播的意义却是异常重大的。

天宝十四载 (公元755年) 爆发的安史之乱战祸几乎遍及黄河中下游,中原人民又纷纷南迁,南下的移民浪潮在淮汉以南沉淀下来,形成三道波痕:第一道远达湘南、岭南、闽南,第二道集中于长江沿线,第三道在淮南江北、鄂北和川中地区。按移民数量多少而言,则依次为第二、三、一道。

第二道内北方移民高度集中，自东向西又可分为三区：苏南浙北区、皖南赣北区和鄂南湘西北区,其中一二两区与淮南合称江淮之间,是当时北方移民的主要聚居地。

苏南浙北区相当唐代的润、常、苏、湖、杭、越、睦等州,估计在这一区内定居的移民要占当地总人口的1/3。

皖南大致相当天宝时的宣歙二州，但在安史之乱期间及以后的数年间新设了5县,又从宣州(治所在今安徽宣州市)分置了池州(治所在今安徽贵池县),说明户口的增加相当可观,移民数量必定很大。赣北相当天宝时江、洪、饶、袁、抚、吉等州。唐安史之乱后的户口统计数一般比以前都有大幅度的下降,可是赣北却有三个州有很大的增长,而且饶(治所在今江西波阳县)、洪(治所在今江西南昌市)两州都在山区设立了新县,说明平原地带人口已经相当稠密。

鄂南湘西北区相当唐代的荆、朗、鄂等州,是移民高度集中区。因地理位置接近,中原的移民蜂拥而至,荆州户口增加10倍,析置新县,治所江陵城(今湖北江陵县)就有30万户的记录。鄂州(治所在今湖北武汉市武昌)的户口数也增加了一倍,并从一个下州升格为观察使的治所,管辖本州和蕲州、黄州,成为中央财赋主要来源的东南八道之一。

第三道波痕是移民次集中区,自东而西也可分为三区:淮南江北、鄂北和川中。

淮南江北区淮南道的首府扬州及和州 (治所在今安徽和县)、楚州

(治所在今江苏淮安市)、濠州(治所在今安徽凤阳县临淮关西)都有接纳北方移民的纪录,和州还有比天宝年间户口增加数倍的记载。但因处于人口由北而南迁移的过渡地带,居留的人数不及苏南浙北和皖南赣北多。

鄂北区以襄州为中心,治所襄阳(今湖北襄樊市)因位于汉水与南阳至江陵的大道的交汇点,是中原移民南下的主要集散地,所以襄州在元和年间(公元806~820年)的户口数比天宝时净增1.2倍。但大部分移民也继续南迁,因此定居人数远不如其南面的荆州。

川中的成都城在安史之乱后有户10万,而在天宝时整个益州所属10县合计也不过16万户,可见已迁入不少关中移民,而且并不限于成都平原。但由于移民来源仅为关中,数量比前两区要少。

第三道波痕包括闽南的泉州、青田等地,湖南的衡州(治所在今湖南衡阳市)、道州(治所在今湖南道县)、永州(治所在今湖南零陵县)等地,远至广州、交州(治所在今越南河内市西北),数量并不太多,但为今后更大规模的移民开辟了道路。

安史之乱平息以后,北方因藩镇割据战乱不绝,南方则相对安定,经济开发显示优势,因而仍不断有移民南迁,尽管规模要小得多。

与永嘉时的南迁相比,这次迁移的路线更长,迁入地更广,数量也更多。由于南方原有人口远比西晋末年为多,所以长江中游人口相对较稀少的荆州成为移民集中地,江西也因人口较少而吸收了大量移民。黄河流域的移民不仅大大增加了南方的人口数量,而且使南方各地区间的人口分布比以前更为均衡了。

唐末五代时期,中原政权更迭频繁,战乱不已,今山西、河北边缘地区的百姓为避战乱,纷纷迁入北方契丹统治区;一些守边将领也因种种原因率所部兵士和当地百姓投奔契丹。契丹多次入侵中原,影响最大的一次是攻入开封,灭后晋。每次入侵,几乎都以掳掠大批人口北归而结束,一直持续到辽统和二十三年(1005年,北宋景德二年)宋辽澶渊之盟订立后才基本停止。被掳掠的人口估计累计有近百万,其中来自黄河流域的约有半数,他们大多被安置在今内蒙古东南的西辽河流域和今辽宁境内,主要从事农业生产,使中国历史上的农业区北界推进到最远点。

七、靖康南渡和金元时的外迁

北宋宣和七年(1125年)十月,已经灭了辽国的金军对宋发动了全面进攻,到第二年正月就攻至黄河北岸,逼近宋朝的首都汴京(今河南开封市),闰十一月攻陷汴京,次年初北宋亡。金人的南侵和北宋的灭亡迫使黄河流域的人口大批南迁,形成第三次南迁高潮。

这次南迁有三个阶段:靖康元年(1126年)开始至绍兴九年(1139年)左右;绍兴三十一年(1161年)金主完颜亮南侵;南宋后期蒙古南下的过程中。第三阶段主要是黄淮流域全国南部人口的南迁,但第二、三阶段的规模和影响远不如第一阶段。第一阶段的迁移也有几次高潮。

靖康元年正月,宋徽宗南逃和十一月汴京失陷,使汴京一带的官僚贵族和百姓大批南迁。到十月,山西和河北先后为金兵攻占,居民纷纷渡河南逃,西北州县为之一空。

建炎三年至四年(1129~1130年)金兵第二次南侵,战区扩大到今浙江、江西和湖南境内,淮南一带百姓(包括原由北方迁入淮南的流民)再次南迁,西北地区向南的移民也络绎不绝,北方出现数十里以至数百里无人烟的景象。

绍兴四年(1134年)金兵再次渡淮,淮南居民又大量渡江南下,淮北的居民也继续南迁,到绍兴五年(1135年)还有余波。绍兴八年(1138年)金人废除原来扶植的刘豫政权,已迁入河南、陕西的西北移民又陆续迁移,大多南下。

移民的迁入地主要是东南和四川。由于地理位置接近和政治重心所在,东南地区吸收的移民数量较多,并以黄河下游和淮河流域为主要来源;而西北地区的移民大多迁入四川。以今地划分,浙江无疑是最重要的迁入地。作为南宋的"行在所"(临时首都)所在,不仅有大批文武官员自北方迁来,而且还吸引了不少汴京移民,临安(今杭州)就有从汴京迁来的各种商店和服务行业。到南宋末年,杭州的风俗已与昔日的汴京相似,连当地的语言也发生了变化,至今杭州市区的方言依然带有明显的北方味,形成与周围地区都不同的方言岛。北方移民遍布各地,如绍兴曾集中安置各地流民,士大夫寄居的也很多,诗人陆游年少时就看到过来自今河北、河南、陕西、山东的士大夫移民。

宋高宗一度驻在扬州,使扬州一时成为北方上层移民的集中地。建康府(治所在今南京市)也曾是高宗驻地,又是水陆交通的枢纽;平江(今苏州市)、常州、镇江经济发达,交通便利,都是移民最集中的地区。

陕西的流民和从西北撤退的军队大多迁入四川,但也有河北、河南籍的移民迁入。四川经济条件有利,可容纳大量外来人口。南宋前期四川的户口增加很快,移民的流入是一个重要原因。

江西接受的移民以来自河南的为主, 大多定居于北部和中部的平原和丘陵地带。江西在南宋期间户口增加的幅度很大,后期已超过两浙路而居第一。进入湖北的移民以河南籍为主,也有来自山西、河北、山东的。因地处南宋前沿,继续南迁者居多,定居者则多选择襄阳和沿长江、汉水一带。

安徽境内的移民主要定居在皖南沿江地区。淮河流域因地处宋金交界,形势很不稳定,一有战事就又得迁移,所以早期迁入的北方移民基本都已继续南迁。福建一直未受到战争的直接影响,成为移民的乐土,南迁的宋朝宗室也集中在福建。由于人口增加,平原和缓坡地的开垦利用已近饱和,梯田相当普遍。

两广也吸收了一定数量的北方移民,但因距离已远,与上述各省还不能相提并论。南迁移民的大多数来自黄河流域, 其数量至少有几百万。在辽朝被金消灭的前夕,宗室耶律大石于1124年自立为王,率部西迁,先后占领了西州回鹘和黑汗国的旧地(约相当今新疆和中亚楚河流域)后,又向西扩展到阿姆河流域。随大石西迁的主要是契丹人,但从以后的情况看,其中也有一些黄河流域的汉人。

13世纪初成吉思汗率蒙古军攻金时, 便将大批中原汉人强制迁移至蒙古地区,一次就有10万人的纪录。尽管沿途有不少人死亡,但最终有一部分汉人定居在今内蒙古和蒙古境内,从事农耕和手工技艺。此后直到元代中期,继续将中原和江淮间汉人士兵、百姓和工匠迁至蒙古。蒙古高原上的都城和林(今蒙古鄂尔浑河上游东岸哈尔和林)和忽必烈即位的上都开平府(今内蒙古正蓝旗东北闪电河北岸)都是以汉族工匠为主建成的,以后还居住着不少中原汉人。此外,在称海(今蒙古科布多东南)和谦谦州(今俄罗斯叶尼塞河上游)等地也有不少汉人聚居。

在成吉思汗西征时,一些汉人被征发随军,以后定居在西域和中亚;还有些汉人被强制迁往中亚。如据丘处机《长春真人西游记》、刘郁《西使记》、耶律楚材《西游录》等书的记载,在邪米思干(今乌兹别克斯坦撒马尔罕)城中有很多汉人工匠,在塔拉思(今哈萨克斯坦江布尔)有来自河中(治所在今山西永济县西南蒲州镇)的豪民子弟400余人,在龙骨河(今新疆福海县境乌伦古河)西北有很多汉民在农耕,阿里麻里城中汉人与回纥人杂居,其南的赤木儿城中居民多来自并(今山西太原一带)、汾(今山西汾阳等县一带)。这是唐代以后黄河流域人口又一次迁往中亚和新疆的明确记载。

从蒙古崛起到元灭南宋,战争持续了70多年,其中最残酷、最激烈、最持久的战争发生在黄河流域和四川盆地,而最后灭南宋的战役时间很短,元朝统治者又比较注意避免生命财产的损失,所以人口减少的幅度较小。到元统一之初,黄河流域人口极其稀少,而南方却相当稠密。但由于赋役繁重,征发不断,北方人民不堪负担,在元灭南宋后纷纷逃亡江南,迁入南方的人口估计在100万以上。加上黄河流域的经济长期得不到恢复,南北的差距越来越大。元代末年,南方与北方(以淮河、秦岭、白龙江为界)的人口之比已经超过8比2,达到了顶点。

元末明初的战争使北方受到更大的破坏,因此明朝建立以后就实行了大规模的移民,将南方的人口迁至江淮之间和黄河流域。明成祖迁都北京后,又将北京和华北作为移民的主要迁入地。由于南方人口密度较高,很多地方地少人多的矛盾已经相当突出,而北方到处有荒地可垦,加上统治者采取减免赋税等优待措施,吸引了数以百万计的南方百姓向北迁移。这些南方移民主要定居在江淮之间,但也有一些迁入了黄河流域。总之,黄河流域已经成为吸收移民的地区,对外输出移民的历史基本结束了。

八、移民东北和南迁的余波

在明代近300年的时间里,黄河流域的人口尽管有了较大幅度的增加,但还没有造成明显的人口压力,所以在正常情况下,人口流动不大。

而由于水旱灾害和赋税负担过重，还不时出现大批灾民和无地流民进入山区开垦。

进入18世纪以后，中国的人口在恢复到明代人口峰值的基础上持续增长,到末期已突破3亿。黄河流域同样出现了人多地少的矛盾,人口压力日益严重。但是南方的人口基数更大,产生的人口压力也更大,黄河流域向南方的人口迁移受到限制，而西北河西走廊和河套以外的地方自然条件太差,开发困难,因此东北成为新的理想的开发区。尽管清朝一直没有取消对东北地区的封禁,并多次采取加强的措施,但为生计所迫的华北灾民、贫民依然不断地进入东北。到19世纪60年代东北正式开放，移民更成为滚滚洪流。清代末年，东北三省的人口已近2000万,到1949年更增加到了4500万,其中绝大部分是来自山东、河北和河南的移民及其后代。这是黄河流域人口大规模向外迁移的最后一次,也是绝对人数最多的一次。

1864年太平天国起义被镇压以后，江南出现了局部的人口稀少以至空白地区,而这些地方在战前以富庶闻名于全国,对北方稠密的贫穷人口无疑具有极大的吸引力。仅河南光山一县迁入江南的移民就有100余万,苏南西部成为河南人的移殖区。但江南本地人口依然保持着较高的密度,周围又都是人口稠密地区,所以局部的空白很快被填补。这次移民的时间很短,可以说是黄河流域对长江流域移民浪潮的余波。

九、黄河流域:民族的大熔炉

在向各地不断输出人口的同时，黄河流域也在大量吸收其他地区的移民,特别是来自周边地区的非汉族移民。

黄河流域也曾经是多民族杂居、农业民族和牧业民族共处的地区。但至迟到春秋时期,出自夏、商、周三支的后裔已经具有共同的民族心态,结成了一个民族共同体的雏形,并以“诸夏”自居,以区别于其他部落或部落集团。诸夏凭借着数量和素质上的优势,逐渐融合或驱赶其他民族,所以到秦始皇时(公元前221~公元前210年),已推进到了陇东高原,自河套以下的整个黄河流域已成为诸夏的聚居区。在此范围内的非诸夏各族,如果不是已经成为诸夏的一员,就是已经退出了黄河流域。

从西汉开始，一方面统治了黄河流域绝大部分的中原王朝将大量非华夏(汉)族人口迁入；另一方面,北方非华夏(汉)族游牧民族用武力向中原推进,取代汉族统治者成为黄河流域的主人。无论哪一种方式,结果都完全一样,都以这些非汉族融合在汉族之中而告终。

汉武帝建元三年至元封元年(公元前138年~公元前110年),将十余万东瓯和闽越的越族人从今浙江南部和福建迁至江淮之间，其中一支又被迁至今山西西南。这些越人至东汉时已不再见于记载,也没有发现迁回原地。

从汉武帝开始,就不断有匈奴人从河西走廊和蒙古高原迁入汉地,东汉初南匈奴迁入塞内,人数已有数十万。至公元1世纪末鲜卑人击败匈奴而成为蒙古高原的主人时,除了西迁的一支以外,匈奴的主体已经转移到今内蒙古南部、陕西和山西北部。经过东汉、三国、西晋和十六国时期,匈奴人的分布范围更广,人数也有了很大的增加,几乎遍布于黄河流域各地。但经过十六国后期和北朝的迁徙与融合,到隋唐时,匈奴作为一个民族已销声匿迹了。

乌桓人于公元1世纪初从北方迁入汉朝的东北边境,有的被编入汉朝的军队,驻地在洛阳附近。到东汉末年曹操击败乌桓,有十多万人被迁入北方内地,东北地区残余的乌桓人以后也由魏国安置。十六国时期还偶然见到关于乌桓的记载,北朝以后就找不到他们的踪影了。

鲜卑人数量更多,向黄河流域移民的规模更大,时间更长。辽东的鲜卑人从西晋初开始就不断迁入汉族地区，先后以龙城 (今辽中朝阳市)、商(今北京市)为中心建立政权,人口遍布今淮河以北的河南、安徽、江苏、山东和山西、河北的大部。慕容氏所建前燕政权被前秦所灭后,大批鲜卑人又被迁往关中。拓拔鲜卑则从河套和阴山南麓向今山西北部迁移,虽一度被前秦灭国,但以后仍在这一带建立北魏。随着北魏最后统一北方,鲜卑人的分布扩大到了整个黄河流域。尤其是在北魏的都城由平城(今山西大同市)迁到洛阳以后,鲜卑的主体更深入到汉族的中心地带。尽管鲜卑当时居于统治民族的地位,但在数量上远不如汉族,文化水平更无法与汉族相比。北魏孝文帝实行彻底的汉化政策,大大促进了鲜卑族文化水准的提高,但同时也加快了鲜卑民族的解体。到唐代,鲜卑作为一个民族已不复存在,但鲜卑人的后裔还历历可数。以后就连这些界线也消失了,鲜卑后裔作为个人也完全融入汉人之中了。至于在东晋末年被刘裕迁至南方的南燕鲜卑(原在辽河下游,后迁至今河南、山东),由于人数不多,地位低下,淹没在汉人中的时间就更短了。唐代进入黄河流域汉族地区的其他民族人口更多,见于记载的至少有突厥、回鹘及其他铁勒系部族、中亚的粟特人(昭武九姓)、西域诸族、吐谷浑、吐蕃、党项、高丽、百济、契丹、羌等。有的民族迁入数量很大,如高丽,一次就有3万多户、合10多万人的记录;又如党项人,一次“内附”也多达20万户。这些民族总数达数百万的内迁人口中,除了有少部分迁回唐朝境外之外,还有一小部分继续保持着本民族的身份, 大部分已逐渐变得与汉人没有区别。特别是那些分散在汉族内地的外族移民,如高丽人,与汉人融合的速度更快。

从唐末五代开始,契丹、党项、女真先后占有一部分传统的汉族地区,包括一部分黄河流域,女真人更南迁至淮河以北的广大黄河中下游地区内。元朝的统一提供了又一次民族大融合的机会,不仅契丹、党项、女真人的大部分被留在中原, 西征的蒙古军队还带回了大批中亚、西亚、东欧和中国西北的各族人口。作为一个统治民族,蒙古人扩散到了整个黄河流域和全国各地。但到明朝建立后,留在明长城以南范围内的各非汉族人口中,除了结成回回民族的还保持了本民族的身份以外,其余的契丹人、党项人、女真人和蒙古人等就已经或者逐渐丧失了自己的民族身份。

第五章

黄河文明永葆青春之道

水是生命之源，黄河滋润了广袤的土地，养育了华夏文明。我们饱受黄河的恩泽，情不自禁地把她叫“母亲河”。然而，由于重开发、轻保护的思想占主导地位，理应一直心存感激的黄河沿岸的我们，似乎越来越贪婪，越来越放肆，越来越功利，在取得舟楫之利、灌溉之便的时候，更加变本加厉、毫无顾忌地改造、征服和利用着黄河，甚至常常利令智昏，不惜毁伤她、污染她，使得黄河的生存环境急剧恶化，断流、污染、泥沙淤积等问题日益严重。长此下去，黄河的生命将受到极大威胁。要使母亲河涛声依旧、永葆青春，就要倡导和创建河流文明，就是让母亲河永远清澈而美丽，永远年轻而健康，从而让河流文明历久弥香，芳流永继。

第一节　河流文明与环境

河流文明的发展史是一部河流与环境、河流与人类的关系史，河流与环境的相互作用反映了河流文明的兴起与衰落，河流文明的产生与发展与一定的自然环境及其作用机制密切相关，环境可以催生河流文明，也可以毁灭河流文明。

一、河流古文明的兴衰与环境演变

河流是人类生存和文明进步的最重要的自然资源和物质基础。河流既是生命的源泉，又是人类创造文化的源泉。河流不仅具有自然生态功能、社会经济功能，而且具有强大的文化功能。纵观人类几千年的文明史，不论是古代文明的摇篮，还是现代文明的居地，都离不开人类赖以生存的河流环境。一条河流孕育一方文化，一个流域的自然环境决定或影响着一个流域的经济、政治和文化。

伴随着火的使用和工具的制造、征服自然能力的提高，人类对自然的利用与依存关系更加密切。在农业革命以前，地球上人口一直很少，人类活动的范围也只占地球表面的极小部分。从总体上讲，那时人类对自然的影响力还很小，从而使河流与环境的关系在和谐中发展。此时，虽已出现了一些环境问题，但并不明显，河流生态系统有足够的能力自行恢复和保持平衡。

农业革命以后，情况有了很大变化。一是人口出现了历史上第一次迅速增长，由距今1万年前的旧石器时代末期全球530多万人增加到距今2000年前后的1.33亿人。人口的大量增加，对河流环境的影响范围和程度也随之增大。二是人们学会了驯化野生动、植物，有目的地耕种和驯养成为人们获取食物的主要手段，使人类的食物来源有了保障。随着农耕作业的发展，人类利用和改造自然环境的力量与作用越来越大，而相应的生态问题也日渐突出。从那时起，由于农业文明发展不当带来生态与环境恶化，致使河流文明衰落的变故屡见不鲜。

古尼罗河文明可以说是“尼罗河的赐予”。历史学家认为，正是尼罗河无比优越的自然条件造就了古尼罗河漫长而富于生命力的文明，并由此兴盛了将近100代人。后来虽然古埃及的统治者几经变动，但那块古老的土地作为丰裕的粮仓，依然帮助那些征服者们度过了2000多年的富足生活。尼罗河流域的土地所以能使文明繁荣达数千年之久，主要取决于尼罗河河谷地区独特的自然生态特性。然而，长期以来由于尼罗河上游地区的森林不断遭到砍伐，以及过度垦荒、放牧等，导致水土流失日益加剧，尼罗河中的泥沙急剧增加，大片的土地荒漠化、沙漠化，昔日的“地中海粮仓”从此失去了辉煌的光芒，最终成为地球上生态与环境严重恶化、经济贫困的地区之一。

在美索不达米亚平原上，曾经诞生过灿烂的两河文明。这块广袤肥美的平原，由发源于小亚细亚山地的两大河流——幼发拉底河和底格里斯河冲积而成。公元前4000年，苏美尔人和阿卡德人在肥沃的美索不达米亚两河流域发展灌溉农业。幼发拉底河高于底格里斯河，人们很容易用幼发拉底河的水灌溉农田，然后将灌溉水排入底格里斯河，再流入大海。良好的生态系统带来了发达的农业，农业的发展又带来了经济的繁荣昌盛，因此人们在两河流域建立了宏伟的城邦。从公元前500多年开始，巴比伦文明逐渐走向毁灭并被埋藏在沙漠下将近2000年，变成了历史遗迹。古巴比伦文明的败落曾经是一个秘密，而地理学和生态学专家对此作出了令人信服的破解：古巴比伦文明衰落的根本原因是不合理的灌溉。由于古巴比伦人对森林的破坏，加之地中海的气候因素，致使河道和灌溉沟渠严重淤塞。为此，人们不得不重新开挖新的灌溉渠道，而这些灌溉渠道又重新淤积。如此的恶性循环，使得水越来越难以流入农田。一方面，森林和水系的破坏，导致土地荒漠化、沙化；另一方面，古巴比伦人只知道引水灌溉，不懂得如何排水洗田。由于缺少排水系统，致使美索不达米亚平原地下水位不断上升，给这片沃土罩上了一层又厚又白的“盐”外套，使淤泥和土地盐渍化。生态的恶化，终于使古巴比伦葱绿的原野渐渐褪色，高大的神庙和美丽的花园也随着马其顿征服者的重新建都和人们被迫离开家园而坍塌。如今在伊拉克境内的古巴比伦遗址已是满目荒凉。

我们还可以把目光转向美洲地区。在中美洲热带低地森林中发展起来的玛雅文明，也同样是由于环境恶化导致地力衰竭而走向衰亡的。19世纪中叶，探险家们在中美洲热带森林里，发现了用巨大石块建造的雄伟壮观的神殿庙宇，至此才知道这里曾经诞生过一种伟大的文明。那么，玛雅文明为什么在不到1000年的时间里就由兴盛走向衰落呢？最新的科学研究揭示：在公元750~950年，玛雅文明诞生地经历了一次漫长的旱季，中间发生过三次持续时间3~9年的大旱灾，这些灾害使那里的生态遭到严重破坏，玛雅人的主食玉米产量大幅度下降，饮用淡水枯竭，食物、水资源的持续短缺使得辉煌一时的玛雅文明走向了毁灭。

而与我们相邻的印度，其文明的发端与所依赖河流的自然环境有密切的关系。印度半岛大部分地区是一个坡度徐缓的高原，境内江河纵横，土地肥沃，农业发达。在北面，喜马拉雅山脉如屏障耸立，南面则以低矮的温德亚山与德干高原相隔。印度平原地区面积远远超过了法国、德国和意大利三国面积的总和。在这广阔的平畴沃野上，流淌着印度河和恒河。印度史上已知的最古老的文明——哈拉巴文明，就是在北印度平原的印度河—恒河平原上产生的。北印度平原被其普拿沙漠和阿拉瓦利山脉分为两个部分。沙漠以西的平原为印度河所灌溉，以东的平原为恒河及其支流所灌溉。河流将高原上的土壤带到平原上堆积起来，使土地肥沃，河流则使交通十分便利。印度河—恒河流域丰饶的生态与环境，是大自然的慷慨赐予，它哺育滋养了悠远的印度文明。可是，近代以来，森林的急剧破坏导致这个处于热带地区的文明古国的生态系统变得极其脆弱。不仅许多昔日的沃野良田变成了沙漠，而且水旱灾害连年不断，水土流失十分严重。不合理的灌溉又加剧了土地的盐碱化。直到20世纪60年代，在联合国专家的指导下，通过抽取地下水治理土壤盐碱化，并在印度河上游建立曼格拉大坝调节灌溉渠道中的水量，才遏制住土地荒漠化的势头，保障了农业的发展。

上述古河流文明兴衰变幻说明，在漫长的农业社会，生态破坏已经达到了令人惊讶的程度，并产生了极其严重的社会后果。问题的关键并不在于农业的发展，而在于农业发展必须按照自然生态规律进行。如果违背了自然生态规律，不仅是农业，其他产业的发展也都会对生态与环境造成巨大的破坏，最终导致整个经济社会发展难以为继，以至与之相对应的河流文明衰败消亡。

恩格斯在考察古代河流文明的衰落之后，针对人类破坏生态与环境的恶果，曾经指出："美索不达米亚、希腊、小亚细亚以及其他各地的居民，为了得到耕地，把森林都砍完了，但是他们梦想不到，这些地方今天竟因此成为荒芜不毛之地，因为他们使这些地方失去了森林，也失去了积聚和贮存水分的中心。阿尔卑斯山的意大利人，在山南坡砍光了在北坡被十分细心地保护的松林，他们没有预料到，这样一来，他们把他们区域里的高山畜牧业的基础给摧毁了；他们更没有预料到，他们这样做，竟使山泉在一年中的大部分时间内枯竭了，而在雨季又使更加凶猛的洪水倾泻到平原上。”恩格斯又如此告诫人类：“但是我们不要过分陶醉于我们对自然界的胜利。对于每一次这样的胜利，自然界都报复了我们。每一次胜利，在第一步都确实取得了我们预期的结果，但是在第二步和第三步却有了完全不同的、出乎预料的影响，常常把第一个结果又取消了。因此我们必须时时记住：我们统治自然界，决不像征服者统治异民族一样，决不能像站在自然界以外的人一样，——相反地，我们连同我们的肉、血和头脑都是属于自然界，存在于自然界的；我们对自然界的整个统治，是在于我们比其他一切动物强，能够认识和正确运用自然规律。”

综上所述，上述几个古河流文明衰亡的根本原因，就在于其赖以生存和发展的环境资源被破坏了。这些古河流文明衰亡的教训表明，某一河流文明的社会文化与生态环境组成了一个具有一定结构与功能的自然—社会—文化复合生态系统，河流文明则是该系统的一种动态平衡的时空状态。在该复合生态系统中，人类通过文化对环境产生生态适应，并达到一种动态平衡，而河流文明则是某一文化对地域环境的社会生态适应的全过程。当支撑某一河流文明的生态环境发展变迁，人类可以通过文化的进步与更新，主要是科学技术和生产力的进步适应新的生态环境。随着文化的发展与进步，河流文明得以延续与发展。反之，当原有的文明已经不能适应新的生态环境，并缺乏进步与更新的动力时，变化了的生态环境已经支撑不了这一河流文明的时候，河流文明便衰亡了。换言之，古河流文明衰亡的根本原因在于破坏了他们赖以生存和发展的资源和环境基础。

二、黄河文明的衰落与环境变迁

河流文明与环境的关系在黄河文明的历史进程中表现的也是十分突出的。一方面，环境文明影响或者说是决定了河流文明的历史进程；另一方面，河流文明又反作用于河流流域的环境。二者相辅相成，相互影响、作用。具体到黄河文明,可以从以下几个方面得到答案。

首先,表现在气象生态与气候资源的演变对河流文明的影响。以竺可桢为代表的气象学家,对我国气候学研究作出了十分重要的贡献。根据对历史时期的气候状况的系统研究,证明我国近5000年来,历史时期的气候经历了四个温暖期和四个寒冷期的交替变化,而且在每一个温暖期或寒冷期内,又有若干个长短或大小不一的冷暖阶段或年代的交替波动。其中,气候变迁过程不论是大的周期,还是小的循环,所反映出的冷暖交替现象都是相当明显的。

大量历史文献证明,我国古人已经注意到气候和天气的变化。儒家经典著作《礼记》有不少关于物候的记载。记载表明,天气或短期的气候变化是频繁的,正是这种天气或短期气候变化所表现出来的经常性、突发性、交替性与周期性,在一定程度上决定或影响了黄河流域生态系统的丰富多彩性,以及与气候变化基本相适应的特点。

环境考古发现,黄河流域在距今3000~2500年前时(约春秋、战国),环境发生过一次大改变。这次改变,使黄河流域由距今10000~3000年的温暖湿润气候期,转变为干凉气候期。温暖湿润气候期中,黄河流域气温高,雨量多,黄河中、下游地区属亚热带,年降雨量比现在多100~200毫米。当时黄河流域河流、湖泊众多,植物生长期长,喜暖湿的亚热带植被生长丰茂。犀、象、猕猴、獐、鹿、驼鸟、扬子鳄、竹鼠等对气温条件要求高的动物也在此地大量生存。《汉书》记载,约四月末或五月上旬,河湟地区的牧草就已返青,可以在上面大量放牧了。如今的河湟地区,牧草返青期显然比西汉时迟得多。牧草返青时节的早晚,与气候的冷暖有着密切的因果关系。《史记》记载:“渭川千亩竹。”竹子为亚热带植物,适宜温润气候,竹子生长地域的分布变化折射出一定历史时期内的气候变动状况。通过这一记载可知,秦汉时期黄河流域有些地区的气候适合竹子生长。当时亚热带气候作用于北方的母质黄土,形成一层肥沃的棕褐色农耕土。数千年前黄土地上的人们,就是在这种良好的气候、水源、生物和土地环境中,创造出了举世闻名的黄河文明。从新石器时期的裴李岗文化、磁山文化、老官台文化、仰韶文化、龙山文化,以至于纪史以来的夏、商、周时期,黄河流域一直是中国乃至东亚的经济、文化中心。

在距今2500年前，中国气候转入干凉阶段。这一阶段中，黄河流域成为温带，降水量剧减，河流干涸，湖泊消亡，中国经济重心逐步向东南迁移。战国以前，黄河中游关中平原是我国最富庶的地区。战国时，苏秦描述关中"田肥美，民殷富，战车万乘，奋击百万，沃野千里，蓄积饶多，地势形便，此所谓天府"(《战国策·秦策》)。到东汉时，关中的天府之称已让位于既有亚热带气候、又兼有都江堰水利枢纽的成都平原。班固《两都赋》中赞扬关中时只说，"郊野之富，号为近蜀"。晋朝时，江南地区经济开发程度，跃为全国之首。《晋书·诸葛恢传》称，"今之会稽(长江下游)，昔之关中。"隋、唐时，北方地区物产已远远不够维持朝廷费用。于是隋、唐不得不修筑大运河，为军国之计，"常转漕东南之粟"。《新唐书·权舆德传》称，"天下之计，仰于东南。"《昌黎先生集·送陆歙州诗序》中说，"当今赋出于天下，江南居十九"。宋以后，中国逐渐流传出"苏湖熟，天下足"，"湖广熟，天下足"之谚语。黄河文明的中心逐渐南移了。

其次，表现在水域生态及水资源的演变对河流文明的影响。黄河流域地域辽阔，水系纵横。据考古证明，黄河流域最早的人都依水而居，离水域15公里以外的旱地不适宜人的居住和生存。考古发现，在洛水、颍水、汝水、浍水、涑水沿岸都有夏代人居住的踪迹。传说夏代人先后以阳翟、阳城为都，阳翟在河南嵩山以南，有颍水东南流，今属于禹县境。在登封告成镇以北发现阳城，东北有古阳城山，有洧水河。

丰富的文化遗产是生态知识和生态状况的档案。例如，从地名文化可以考证历史上水资源的变迁情况。根据有关资料对山西省地名的研究，统计表明，山西省古今县名中有88个是以河川为名，21个是以水泉为名，4个是以山水为名。山西省的县名，可以反映出古代山西曾经有过湿润多水、植被厚密的历史，这与近代以来山西水资源紧缺、林木稀疏形成鲜明对照。

西北干旱区的土地开发，对生态系统、特别是湖泊湿地退化的影响尤为突出。20世纪50年代初，新疆大于1平方公里的湖泊有150多个，湖泊总面积约9000平方公里。长期以来，人类活动使大量河水消耗在支流和上中游地区，造成下游水量剧减或断流，致使终端湖泊发生了很大变化。罗布泊的干涸是最典型的一例。从罗布泊的湖相沉积和湖岸线来看，推测历史上湖水面积最大时曾达到5350平方公里，入湖水量约有84.3亿立方米。汉代塔里木盆地人口约23万，虽有一定的农业生产，但从河流中引水灌溉有限(约占1.5%)，维持84.3亿立方米的入湖水量完全可能。《汉书》记载，罗布泊“广袤三百里，其水亭居，冬夏不增减”。唐代，塔里木盆地灌溉面积扩大，入湖水量相应减少。塔里木湖下游水量大幅度减少，是清代中期以后发生的。《河源纪略》(清乾隆四十七年)记述罗布泊“淖尔东西二百里，南北百余里，冬夏不盈缩”。但到清末，罗布泊仅“水涨时东西长八九十里，南北宽二三里或一二里不等”，可见湖泊面积缩小明显加剧。20世纪初塔里木盆地人口增至150万，耕地面积60万平方公里。当时的毛灌定额若按目前的水平，引用量可达132亿立方米，占塔里木盆地水资源总量(392.6亿立方米)的33.6%。由于进入的水资源处于临界利用状态，罗布泊的面积急剧缩小。1930~1931年实测罗布泊的面积为1900平方公里，较史前最大面积缩小64%。1962年，罗布泊面积又缩小为660平方公里，只相当于最大面积的12.3%。至1972年，罗布泊最终全部干涸。近年来，黄河下游的河水断流也能说明这个问题。

其三，表现在森林生态与森林资源的演变对河流文明的影响。据历史文献证实，夏商开始后的较长历史时期，由于社会发展速度有限，人口自然增长相对缓慢，人类的农耕与战争以及自然灾害等所造成的森林植被减少在千余年的历程中并不十分明显。《后汉书》等历史文献记载，我国当时除黄河流域中下游地区以外，仍有面积相当广阔的森林覆盖。即使是地处黄河中游的中原地区，森林覆盖率虽然有所下降，但仍维持在32%~42%。

东汉至唐中叶，黄河800年基本安流，据著名历史地理学家谭其骧先生研究，其主要原因是黄河中游良好的森林植被保护了区域生态平衡。隋唐时期，黄河中游大范围的森林植被开始普遍遭到破坏，生态平衡的自调节功能衰减，黄土高原失去保护，地表径流的侵蚀冲刷重新加重，水土流失加快，黄河中挟带的泥沙又开始大量淤积于下游河道中。从唐中叶起，黄河决溢明显增加，“安史之乱”到唐末的160多年中，黄河在下游决溢16次，开始了长达千年的第二个泛滥期。长达8年的“安史之乱”导致了唐王朝由盛至衰，同时又启动了经济重心的南移，这标志着黄河文明开始步入持续衰落的通道。

历史上的黄土高原并不是现在这样的荒山秃岭，稀见绿意。1920年我国科学家杨仲健赴陕西考察的结果和大量的考古资料，都证明黄土高原的原始植被是森林和稀树草原。《汉书》记载，安定、北地、上郡、西河民“以射猎为先”。畜牧业发达是以草原为基础，射猎野兽则必是林草繁茂之地。陕北靠近毛乌素沙漠黄土高原边缘地带，生态系统曾经良好。向北是辽阔的草原，南部为郁郁森林。陕南、甘南、陇南的汉江、嘉陵江及黄河上游地区，也都是林木遍地。据推算，隋唐时期陇南森林约占总面积的70%。

唐以后，黄河水患日益严重。五代时期更是开创了黄河决溢的新记录。宋、金、元时期黄河中下游地理环境继续趋向恶化，黄河中游地带的森林遭到比隋唐时期更剧烈的破坏，致使黄土高原水土流失加重，给下游造成了巨大灾害。北宋时，黄河曾三次南流夺淮入海，两次北流天津入渤海。金代黄河长期三股分流夺淮入海。元代河道更为紊乱，在下游的扇形地带上长期交叉或并行着四五条河道。黄河泛滥引起河湖淤塞，土地沙化、盐碱化，加之气候灾害更加频繁，开始从根本上改变了黄河流域农业生产赖以依靠的条件，黄河农耕文明长期处于显著衰退之中。

北宋以后，黄河流域不仅失去了全国经济重心的地位，而且失去了政治、文化重心的地位。明清时期，中游黄土高原地带由于失去了植被保护，裸露的地表受到地表径流的强烈冲刷、切割，水土流失更加严重，同时，风蚀加重，引起了大面积的土地沙化，沙漠步步南侵。在下游平原地带，黄河中泥沙量加大，引起河道淤积，河床抬高，决溢加频。下游地带水系遭到摧毁性破坏，湖泊绝大部分湮没消失。许多河流因黄水冲淹而淤塞湮没。自然平衡机制的破坏，加大了气候灾害的形成基因，明清500年间，仅河南即发生旱、涝、风、雹等灾达700多次。

到了近代，黄河中游森林植被继续遭到破坏，黄土高原各省的森林覆盖率已减少到5000年前的十几分之一以至1%了。黄河下游平原地带的森林覆盖率也仅为5000年前的1/20到1%了。这一时期，黄河几乎年年决口，1900~1938年黄河下游决溢31次。黄河流域特别是中下游地区整个生态环境出现了恶性循环，造成经济衰落，成为我国灾害频发、经济贫困、社会落后的地区之一。

其四，表现在地理生态与土地资源的演变对河流文明的影响。黄河文明一个最重要的特征就是农业文明。几千年以来，正是我们的祖先世世代代在黄河流域这片广袤的土地上辛勤耕种，哺育了伟大的中华文明。黄河流域土地资源演变的主要特征是：一方面，农业文明和农牧业的发展开垦了大量耕地，耕地资源日益扩大；另一方面，自然和人为的因素又造成水土流失，在一些生态脆弱的地区出现了日益严重的沙化、荒漠化，但同时也在黄河下游地区冲积形成了土壤肥沃的三角洲。

历史上黄河流域人口不断增加，这么多人口要靠农业和畜牧业养活，而农业和畜牧业的发展都要占用土地，因此就产生了农作物与天然植被相互争占土地的矛盾。农业和畜牧业的发展需要利用大量的自然资源，过度扩张必然造成天然植被的严重破坏，导致黄河流域土地生态与环境的恶化。

战国以前，黄河流域大部分地区农作物，同今日长江流域一样为一年两熟。《荀子·富国篇》说，“今是土之生五谷也，……一岁而再获之。”而今这一带却只能两年三熟。战国前黄河流域生长芒果、柑橘、荔枝、梅、枇杷、樱桃、猕猴桃、竹、棕榈、栎、八角枫、山毛榉等植物资源，至今，这些植物在这一带已大多绝迹。战国前的环境变化，使黄河流域丧失了大片耕作区。长城，在历史上是我国农耕区和牧业区的分界线。把秦代长城同明代长城相比，后者向南退缩了200~400公里。

战国中期之后，我国黄河流域中下游地区，因农业的发展破坏了天然森林和草原，出现了“宋无长木”的情况。当时，这里“地小人众”，甚至少数地方开始出现缺乏薪柴的现象。《管子》记载：“五沃之土，若在丘、在山、在陵、在岗，若在陬、陵之阳，其左其右，宜彼群木；桐、柞、扶、櫄及彼白梓、其梅、其杏、其桃、其李，秀生茎起；其棘、其棠、其槐、其杨、其榆、其桑、其杞、其枋，群木数大，条直以长……是谓沃土。其阴则生之楂、藜，其阳则树之五麻。”这是说，在春秋战国时中原一带的“沃土”上，有多种人工再生林及次生植被。《史记》也记载：当时这里已“膏壤千里，宜桑麻”。这一时期，除黄河流域的中原地区外，其他地区仍以原生植被覆盖为主。秦汉以后，中原及其周边地区的栽培植被分布越来越多。当时的栽培植物品种在北方主要有粟、麦、枣、槐、桑、榆、柳等。在南方主要有稻、麻、桃、李、茶、桑、杨、柳等。其中,农作物栽培的品种如粟、麦、稻等所占面积较大,范围较广,然而,相比较而言,这些栽培的农作物有时远不如原生植被所具有的生态保护功能。而且土地在耕作或抛荒之际,都会给生态平衡带来不同程度的不良影响。

可以说,当黄河文明发展至西汉中期时,黄河中下游地区从农牧副兼营林渔的经济格局转变为单一的农耕经济格局后，农耕便成为社会稳定的唯一产业的观念便在人们思想里变得根深蒂固。当战争、饥荒、灾害、人口等因素引起社会动荡时,发展单一农耕经济被认为是解决所有矛盾的唯一路径。所以,自汉武帝以后,黄河中下游的地区的可耕地全部开辟,包括中游自然环境十分脆弱的黄土高原,大片森林和草地被辟为农田,下游平原的原始森林、草地更是开伐殆尽,连河湖滩地也都辟为耕地。隋代和唐代前期,黄河中下游地区是全国粮食的主要产地,也是水利事业最兴旺的地区。汉唐是我国封建社会鼎盛时期,黄河流域是当时人口最集中,经济、政治、文化最发达、最辉煌的地区。这种鼎盛和辉煌就是建立在黄河中下游地区农耕地的不断扩大和向自然大量索取的基础之上的。换言之,它是以环境的失衡为代价的。中唐以后,黄河流域长期处在战乱状态,人口逃亡,水利失修,加上黄河中游黄土高原的长期过度开发,引起水土流失加剧,下游河湖被淤、被垦,最终引起全流域的生态环境的恶化。所以10世纪以后,黄河河患日益严重的趋势已不可逆转,灌溉系统破坏难以修复,河湖淤平,水旱不时,土壤沙碱,整个生态环境出现了恶性循环,造成经济逐渐衰落,成为我国灾害频发、经济贫困的地区之一。

不仅如此，黄河文明的衰落还是导致中华民族近现代落后的主要动因之一。长期以来,人们常常把中国近现代的落后归因于中国传统文化的封闭性或封建政体的长期专制或西方列强的侵入，却很少从黄河文明演进的历史中去探究中华文明落后的根源。黄河流域是中华民族的心脏地带,心脏地带受到严重创伤,中华民族将难以与其他世界先进国家竞争,并取得竞争的主动权。黄河流域长期的无度开发,使大片森林、草原被毁,水土流失加剧,黄河水患有增无减,从根本上损害和动摇了中华民族生存和发展的根基。千百年来，无数次天灾人祸，特别是黄河的决溢泛滥，一次次把我们祖先辛辛苦苦积累起来的文明成果毁于一旦。而旱涝等灾害又往往成为阶级矛盾激化、社会动荡产生的根源。历史上大大小小的农民起义虽然促进了社会的进步，但同时也对社会经济的发展造成巨大打击。而新王朝在建立之初对经济恢复发展所做出的种种努力，往往又成为新一轮生态环境破坏的开端。如此循环反复，不仅消耗了中华民族赖以生存发展的自然资本，而且消耗了中华民族历经千辛万苦积累起来的物质资本。

第二节　河流文明与人类

水是生命之源，也是河流文明之源。河流就像是蔚蓝色地球上一条最长的生命带，无论其空间长度、时间长度还是其所拓展的广度。河流作为生命，她创造了人类最为灿烂的文明。只要河流不消失，她所创造的辉煌，就永远存在。就像不能征服一个民族一样，人类也不能征服一条河流，而只能与之和平相处。善待河流生命，就是善待人类自己的生命。

一、水、河流与人类的历史考察

河流是水资源的主要载体，是联系水与自然、人类关系的界面。河流与人类社会关系密切。河流把上游山地土壤侵蚀形成的泥沙输送到下游，形成冲积平原；河口的泥沙淤积在入海口，形成三角洲。这些地方都是最适合人类居住的地方，也往往是经济发展最迅速的地方。因此，许多民族和国家都把河流比做自己的母亲。

对于人类社会的发展进步，河流发挥了直接的推动作用。在生物的演化和进化过程中，地球上出现了人类。人类和其他动物一样，必须以饮水水源作为生存的第一条件，并和其他生物群体共享包括水在内的地球自然资源。人类和其他动物不同的是：人类利用和改造一些河流，发展生产，创造文明，从而逐渐支配了自然界几乎所有的资源，并以地球的主人自居。古埃及文明、古两河文明、古印度文明和古中华文明无不发源于大河两岸的冲积平原，是有其必然性的。这是因为，只有广阔的冲积平原和源源不断的河流淡水资源，才有条件发展大规模的人类社会和建立经济基础。根据社会经济发展的需要，人类对河流进行了各种方式的改造。

人类社会早期对以河流为主的先天环境有着很强的依赖，只有在基本生存条件有了保障之后，作为一种历史现象和社会现象的文化才可以在社会实践中产生，所以我们可以得出这样的结论：人类早期文化的产生和分布在相当程度上是以河流的分布为主体的，虽然水不是人类文化产生的唯一条件，但由于人类早期的社会活动是以农耕为主的基本生存生产，因此无论从哪些方面讲，对于水的依赖却是不可替代的。

如果说早期人类有意识地寻求水资源丰富的地区作为一切活动的中心只是初步认识到水对人类生存的必要性，那么当农耕生产的形势得到稳定和发展之后，古代人类已不再满足于完成生存所必需的基本生产了，他们转而以主观能动的方式进一步认识水，从而求得社会的进步与文化的发展。

河流虽然为古代人类的生存与生产带来了众多的有利之处，然而河水定期或无常的泛滥也使人们饱尝水患之苦，生存与发展带来的物质条件的高要求，终于促使人类迈出了向自然挑战的第一步——兴修水利。正是这艰难而又必然的第一步，使人类摆脱了对环境的单纯依赖；也正是这智慧和果敢的第一步，揭开了人类古代文化发展史的新序幕。

古埃及人由国家统一修建主堤坝、蓄水池和运河等大型工程；农民则挖河修渠，引水灌田，排除水患。在尼罗河三角洲上构成了纵横交错的河渠网络，使农业生产迅速发展。正是在这里，古埃及人创造了世界上最早的太阳历。这个历法用于计算尼罗河的涨落期，将全年划分成12个月，共计365天，只比现行的太阳历少1/4天。同时埃及人又按照农作物生产和尼罗河水量变化将一年分成泛滥、播种、收获三季。这些产生于社会实践中的文化成就，充分表现了古埃及文明的进步。在另一方面，早在公元前3000年就有了象形文字的古埃及人以十进制计数法和金字塔的建造向人们展示了他们在数学、建筑方面卓有成效的建树。而所有这些根植于尼罗河三角洲，产生于古埃及人改造自然、发展生产的社会实践中的文化成就，构成了古埃及文化的主体，向人们诉说着尼罗河与古埃及文明的渊源。

两河流域在公元前4000年就开始形成了人工灌溉网，此后无论是以灌溉农业为基础的城邦，还是统一的阿卡德王国和乌尔第三王朝，一直不间断地兴修水利，改善和扩大灌溉网，完善水利设施，为农业生产提供了充足的水资源保证。到了古巴比伦六世国王汉漠拉比在位时，兴修水利、保护水利设施已经成为法律条款被记载入人类史上第一部成文浩典《汉漠拉比法典》之中。这位开明的君主不仅从形式上确立了兴修水利的重要地位，并且从行动上加以保证。他在位期间水利设施的更大规模修筑使美索布达米亚平原的水利发展达到空前的程度。以《汉漠拉比法典》为象征的古巴比伦文明在日益繁荣的社会生产中得到长足发展。楔形文字的创造，沿用至今的七天一星期制的产生，以及360°等分圆周等科技成就，无不代表着古巴比伦文化的发达和成就，而公元前4000年就产生了的苏美尔文学，以著名的“洪水与创世史诗”反映了当时人们在宗教方面的发展和对于水的原始理解。

古代印度人在水利方面的建树虽没有古埃及人那样辉煌，但从史料记载来看，公元前323年月护王统治时期就有了改善公共水利设施的记述；而著名的阿育王统治时期也有挖掘水井和修建饮水处所的事例。正是由于对恒河、印度河泛滥期计算的需要，印度人在天文历法方面取得了相当的成果。1年12个月的划分和每5年加1个月就反映了这一点。而在同婆罗门教和佛教的斗争中产生的朴素的唯物主义哲学认为宇宙由地、火、水、风四大物质组成，这其中将水提到世界组成之一的高度，恰好反映了印度人对于水最深刻的理解。至于在恒河–印度河流域产生和发展的以哈拉帕文化为代表的古代文化中心的广泛分布，更能有力地说明水与文化发展的密切关系。

随水而长的发展史。从单纯依赖自然赋予的水资源，到能动地改造利用水资源，反映了古代人类从生存到发展的文明历程；而从利用自然、改造自然的社会实践中产生的文化正是基于这段文明的历程得以产生且取得长足的进步。如果允许我们将人类早期的创业史称为“河流文化”，那么我们可以这样说，人类文化的早期发展史，就是一部壮美的“河流文明”发展史。

回顾中国的历史，河流正是华夏文明产生的渊源，也是历史朝代变更的脉搏。历史遗留至今最原始的文化形式是神话传说。神话中中国人的产生，是由女娲用树枝抽泥巴创造出来的。女娲最伟大的功绩是补天。补天的本质，说的就是防洪、抗洪。古老的中国把防洪、抗洪英雄推崇为人类的始祖，说明中华民族的形成与水不无干系。中国许多古老的神话往往都产生于现代“水利”的范畴：精卫填海，本质上也是抗洪的内容；夸父逐日、后羿射日，其实反映的都是抗旱的概念。现在仍然存在的最古老的文化形式是神话，而中国最古老的神话又是基于水的原因，所以说水是中国文明产生的渊源。中国人最崇拜的图腾是龙，“龙王爷”之职，正是管水。可见水对中国民众意识的重要影响，早已上升到了神的地步。

也许神话无从考证，而历史却有文字记载：流传至今妇孺皆知的“大禹治水”的故事正好是古代中国文化依托人与水的密切关系而产生、发展的极好例证。大禹因治水有功而被“禅让”为部落首领，正好反映了当时人们对于治水工程的重视。在文学方面，我国最早的诗歌总集《诗经》中反映的内容，有相当多的笔墨在描绘水，描绘靠水而居的人。这部取材以民间风情为主的诗歌总集向我们展示了中国古典而优美的农耕文化依水而生、伴水而在。事实上，是大禹在治水的过程中组织了民众，正是这种组织的存在奠定了中国国家建立的基础。这就是说，中国这个国家本身的产生，最直接的原因就是水。之后，因为大旱大涝引起农民造反导致改朝换代，是中国封建社会变更中屡见不鲜的现象。由此可见，河流对社会的稳定是何等重要。

到了近现代，世界上主要的大城市也基本上是傍水而建，河流中下游地区成为经济相对发达的地区。在中国七大江河的下游地区，人口密集，城市集中，经济发达，集中了全国1/2的人口、1/3的耕地和70%的工农业产值，而由河流入海口泥沙沉积形成的三角洲，更是经济中心所在。如地处上海经济区核心的长江三角洲，中国南方深圳、广州、珠海经济区的珠江三角洲。与此同时，由于水体，尤其是河流水体的消失而消亡的例子也比比皆是。西北的楼兰古国，由于水源充足而发展成为一个强大的国家。但由于不合理的大量引水，使主要水源孔雀河断流，黄沙侵吞田园，楼兰人被迫离开家园，楼兰古城也逐渐被流沙吞没。

仔细考察人类与河流关系的发展历史，在漫长的自然进化中，人类得到了河流的巨大恩惠，并对河流的认识不断发生变化。研究认为，人与河流在“双向创造”的进程中，共经历了三个历史阶段。一是河流的神话时代。人类早期所经历的大洪水，在各民族记忆中都留下了深刻烙印。无论东方还是西方，在难以理喻的大自然面前，人类童年的恐惧、崇拜和迷信油然而生，由自然崇拜诞生了最早的原始宗教。这一时期主导意识形态是非人类中心主义的泛神论和万物有灵论。二是河流的妖魔化时代。当神化的结果屡屡不能奏效时，人类对河流的敬畏与仇视往往相伴而生。这时，人类对河流的情感模式发生了变化，时而把河流视为普渡众生的神灵，时而把它看做青面獠牙的魔怪。就这样，河流的妖魔化时代开始了。三是河流的工具化时代。严重的洪水泛滥威胁，使人类对河流的主宰意识与日俱增。随着科学技术水平的提高，人类逐步获得了与自然斗争的能力并意识到自己的主体地位，便着手对河流进行改造、利用进而“征服”。由此，人与河流关系史进入工具化时代。

2003年2月21日《光明日报》刊载了著名水利电力工程师、两院院士潘家铮关于反思水利工程的一段论述。他这样讲道：“人类和水打交道的历史，大致可分为三个阶段。首先是‘无能为力‘和‘力不从心’的阶段，面对滔滔洪水或赤地千里的大灾难，只能逃荒或死亡。随着生产力和科技的发展，人们兴修水利工程，要管住水、利用水，进入到‘改革自然’的阶段。人们修堤、筑坝、建库、修渠道、开运河、建电厂，发挥防洪、灌溉、供水、通航、发电等效益，这阶段还没有结束。但在取得巨大成绩的同时，也有失误，受到大自然的报复，甚至留下不可弥补的遗憾。第三阶段应该是，人们在总结正反经验的基础上，对水进行更科学、合理的治理开发利用，做到可持续发展，做到与大自然协调共处。”他还谈到，人们在论及水利工程时，还应当加一门课程：“人类活动引起的水害学。”这段平白朴素的论述，实际上总结、涵盖了几千年人类与河流、与水打交道的过程和认识升华。

最近，学术界提出了“河流生命”的概念，按照学者研究结果表明，构成河流的生命要素有如下几个方面：一是它们都有一个完整贯穿的河道形态，并由众多支流和纵横水系汇集而成；二是由于大陆板块的构造运动，均表现为上中游断裂发育、地势高峻、峡谷众多，下游为冲积平原，因而呈阶梯形的地貌特征；三是大多河流往往与流域内的一些湖泊沟通串联，譬如，长江的鄱阳湖、洞庭湖，黄河的扎陵湖、鄂陵湖、东平湖等；四是河流的变化与运动以流动为主要特征；五是河流水体与其间的生物多样性共存共生。正是由于上述这些生命要素，在漫长的历史时期，地球上无数的河川溪流才显示了它旺盛的生命活力，以一种巨大的力量维持了生态环境和能量交换的总体平衡，以其独特的生命方式哺育和滋养了丰富多彩的各类生命。河流的外在形态是贯通，内在特质是流动。没有流动，河流就丧失了在地表和地下进行水文循环的功能；没有流动，河流也就不再是河流。而流动需要足够的动能，这种动能除了来自从上游到下游形成的落差势能之外，更重要的是产生水流动能的内因——河流水量。如果一条河流的流量急剧衰减，就会出现河道萎缩、泥沙淤积、河槽隆起等恶性循环问题，从而大大缩短河流的生命周期。正因如此，要维持河流的健康生命，必须首先保证能够维持进行其生命循环的河流水量。河流的文化生命是河流自然生命的延伸。

事实上，根据现代学者的研究，人类与河流的关系大致可以划分为三大类。第一类，人类被动适应河流型。这种关系存在于17、18世纪以前的发达国家，以及迄今为止的部分发展中国家。典型例子见于古埃及人利用尼罗河漫滩洪水发展农业的做法。在这种人—河关系中，最大的受益者不仅有河流生态系统，也包括人类本身。人类从河流中得到了河流生态系统提供的种种有形的价值（如粮食、水产、一些今天已看不到的动植物等），以及一些无形的价值（如航运、优美的风景等）。然而，在这种人—河关系中，人类也不时被极端的大洪水、大旱灾所苦。万物之灵的人类一直做着“要是河流完全听我的，那该多好呀”之类的梦想。公元9世纪末统治亚述（今伊拉克的北部地区）的女王萨穆·莱姆特的墓碑上写着：“我约束了大河，让她按照我的意愿流动……”但事实上，在社会制度、水力科学以及人类对河流控制工程技术还相对落后的历史时期，亚述女王那种妄自尊大的“治河理念”要想变成现实是何等的困难和不自量力。

人类社会进入20世纪以来，人—河关系进入了第二种新型的关系：人类独占河流型。在20世纪近100年的时间内，全世界已经修建了约50000座大坝。在世界上的227条大河中，60%的河流已被大坝、引水工程及其他基础设施控制起来。尼罗河上的阿斯旺高坝修建之前后，峰枯流量之比由原来的12:1变成2:1。恒河、印度河、阿姆河、锡尔河等在一年中的大多数时候都不能入海。这种人类独占河流型人—河关系的特点是，人类为了自身的安全和幸福生活，最大限度地控制、利用河流，致使现在的河流不再有水循环中的自然节律，河流生态系统遭到了极大的破坏。在近年来，一些发达国家已经意识到，以牺牲河流生态系统换来的人类安全和幸福只能是短暂的，不尊重倚河流为生的动植物的生存权必然导致人类最终灭亡。

这些国家的科学家开始行动起来，来拯救河流中的生物，因此产生了第三种人—河关系：人与生态共存。在这种人—河关系中，人不仅有权享用河流水资源，而且也要保证给河流生态系统分配所需的能不危及其可持续发展的水流过程。对这种人与生态共存的关系，有两点需要进一步阐明：一是保护的对象不仅有人类，而且还有整个河流生态系统——不仅仅是河流中的某种或某几种具体的动植物；二是保证河流生态系统能够持续发展的方法是恢复河流的水流过程使之接近平均的天然河流水流过程，即生态所需的水是应有“大”、“中”、“小”各种成分，而且各种成分的出现应尽量接近天然的水流节律，原因是河流中的动植物已经适应了千百万年来的水流节律。

应当说，在漫长的历史时期内，由于河流的利用，原始农业灌溉逐步发展为传统水利，进而成为农耕文明的命脉。人类的这种实践与认识，对于社会发展的确曾经发挥了巨大的作用。之后的全世界范围内水利水电资源的开发利用，更进入迅速发展的新时期，大大推动了科技进步和人类社会的发展。从某种意义上说，人类是通过改造河流才创造了今天的文明世界。但是，随着人类社会经济的发展，自然环境受到的干扰越来越大,河流的自然功能也受到越来越严重的损伤。由于认识上形成的人类中心主义,而忽视了河流的本体价值,人类对河流盲目追逐和过度利用经济价值的行为也愈演愈烈。人类试图通过工业文明的功力一劳永逸地使江河驯服,对河流的自身规律产生了巨大的影响,导致众多河流都出现了空前的危机,而这种危机又反过来直接作用于人类自身。

首先是河流集水范围内的自然环境受到各种干扰,例如:森林和草地受到破坏,加重了水土流失;各类建设及生产中的废渣、废料和废水污染了地表水和地下水;各种废气污染了大气,并造成酸雨,导致植被破坏和水体污染;由于温室气体增加导致全球气温的变化,将对人类社会造成不利后果,包括对流域生态系统、河川径流和江河洪水的影响。由于人类开发利用土地,并利用河水发展灌溉、航运、发电、城乡供水等各种功能,从而改变了河流的本来面貌,例如:围垦河流两岸的洪泛土地,从而割断河流与两岸陆地的联系,并侵占洪水的蓄泄空间;引水到河道以外,从而减少河流的径流;筑坝壅高或拦截河水,从而阻拦或改变河水的流路;建造调节径流的水库,从而改变河流的水文律情;利用河流排泄废水,从而改变河流的水质。在改造河流的同时,也改变了河流所在地区的原有生态系统,并创造了城镇村庄、农耕地、人工湿地以及人工河流等各种人工生态系统。以上种种改造,都不同程度地改变了河流天然的水文律情,干扰它的自然功能。河流是一个巨大的系统,具有较强的抵御干扰能力,但如果干扰超过它的自我调节和自我修复能力,其自然功能也将不可逆转地逐渐退化,最终将影响甚至威胁人的生存和发展。

毫无疑问,河流作为流域的躯干和基本载体,应当拥有从自身获得保证生存水量的基本权利。然而,在人们的意识中,河流的这种用水权利,并没有得到承认和尊重。在地球生命体系中,人类是唯一拥有理性的物种。人类可以认知和欣赏自然,也可以利用和开发河流,但在人类面前,河流并非只有义务而没有权利。河流的水资源体系支撑着人类一代又一代繁衍生息,但这些水资源又是有限的。现实中,作为大气和地球水文循环不可或缺的链条,河流的完整性权利屡屡被侵犯,其后果直接导致了流域生态系统的巨大断裂和民族文化心理的缺失。20世纪90年代举世震惊的黄河连年断流，就是一个最典型的例证。人类还常常侵犯了河流的连续性权利。应该说，流域是一个连续的有机耦合的生态系统。流域的连续性表现为水域的连续性，包括地表水和地下水、水域和陆域的连续性。其中，河流无疑是流域生态系统融会贯通的最重要保证。人类活动如果无视河流的连续性权利，人为地切割水域、水陆之间的生命链条，把连续的生态系统分割成一个个孤立的区域，那么，河流必然走向枯萎和衰亡。

"质本洁来还洁去，强于污浊陷渠沟"。在现代化高速发展的今天，高分子化合物产品的大量生产和使用，成为影响河流流域物质循环的有害物质，这种有害物质和大量污染物排入河道，给河流的物质循环造成了严重障碍，导致河水质量持续下降，使各种生态系统赖以生存的流域环境不断趋于恶化。面对河流污染对人类的巨大反作用，是到了还河流清洁性权利的时候了。

二、黄河历史发展中的人—河关系

我们的黄河，造就了一脉相承、光辉灿烂的华夏文明，当之无愧地成为中华民族的摇篮。河流文化生命具有很强的传承功能。世界上几乎所有的大河在经历文明孕育和吐纳的过程当中，都是一部活生生的河流文化生命史。这种河流文化，或是记录治国安邦的方策，鉴戒历史的演进规律；或是标量科技发展水平，演绎哲学思想；或是维系民族情感、反映民生要求，浩若烟海，灿烂辉煌，成为一个民族发展过程中不可或缺的重要精神宝库。黄河作为中华民族的母亲河，她承载了华夏文明的悠久历史和深厚底蕴，彰显着黄河文化的丰富多彩、博大精深，蕴含着我们这个民族历经沧桑的人生精要，寄托着炎黄子孙的民族情感。

早在100万年以前，黄河流域就踏上了直立猿人的足迹。中国古代"四大发明"以及宋代以前中央政权的更替，都出现在黄河流域。长期以来，黄河流域一直是中国政治、经济、文化的中心。大江大河构造了蛛网式中心辐射型的中华制度文明和儒道互补、刚柔相济的民族性格，黄河是中华民族的摇篮。据统计，在《说文解字》中，水部文字469个，占全部

9353个汉字的5.01%；如加上川部、泉部、永部等，则有522个，占5.58%。从词汇上看，水部文字在汉语中的基础地位更为明显。从思维的抽象性出发，可以把这类词汇分为五个级别。第一级是专名，如江、淮、河、济，古称“四渎”，都是专名。第二级是与水相关的动词，如冲、污、净等。第三级是普遍名词，如“水”泛指一切水；“河”泛指一切河，而不仅仅是指黄河。第四级是关于水的性质的抽象词汇，如清、泓等。第五级是哲学概念，如“永”属水部，原指水长，引申为“永远”、“永恒”，这便进入了哲学思维。词汇可以在不同级别之间变动，词义也可以进一步引申。如清，从水清可以发展为描述人的清廉、清白、清高等，这种发展可以说是其文化生命力的扩展。河流构成了中华民族对于民族之根和哲学思维的原始向往与执著追求。“河出图，洛出书”，“河图”、“洛书”成为古代中华民族的一个文化符号，深刻地启发着人们的哲学思维和文化心理。黄河文明、长江文明都是沿着河流展开的。水在哲学思维中扮演着至关重要的角色。《周易》号称“群经之首”，八卦中坎卦为河水、一般的水，兑卦为“泽”，也是水的一种。箕子向周武王陈述经国大计，以水为五行之首。

河流在带给人类灌溉和舟楫之利的同时，它的定期泛滥也给发展中的人类社会带来了灾难。正是在减灾和兴利的双重努力中，古代东方的农业生产方式及其上层建筑逐步走向成熟。

河西走廊位于黄河、乌鞘岭以西，直通新疆、西亚，不仅是古代丝绸之路的咽喉要道，而且还是一个重要的粮食生产基地。河西走廊的人工绿洲已经有2000多年历史了。从汉武帝以来，中央政府对河西地区的管辖正好建立在由“移民实边”所形成的灌溉农业的基础之上。黑河、石羊河、疏勒河三大内陆河水系的渠网开发决定了游牧文明向农耕文明的历史转变。然而，自工业革命以来，在人类中心主义观念的长期主导下，随着经济社会对自然的干预一步步深化，人与河流的关系正在遭遇空前危机：植被破坏，水土流失，河床抬升，河道断流——在刚刚过去的20世纪，有多少河流在人类手中呻吟挣扎，奄奄一息，甚至悄然消失，徒有其名！流域水系和支流的萎缩直接导致干流水量减少，而不同地区、经济区对干流水量又进行了杀鸡取卵式的瓜分，给许多闻名世界的大江大河造成灭顶之灾。

看看中国境内其他河流的遭遇，就会明白这样的道理。作为中国最大的内流河，塔里木河地处欧亚大陆的腹地，曾经创造了“丝绸之路”、“楼兰古城”、“龟兹文化”等令后世叹为观止的古代绿洲文明。在绵延1000多公里的塔里木河两岸，这条无与伦比的西部“母亲河”为新疆各族人民开拓了奇迹般的大漠“绿色长廊”，为包括人类在内的所有生命拓展了一个广阔的存活空间。然而，在所有地球物种中，人对资源的占有和对生态的扰乱是第一位的。伴随这一区域人口的增加、垦殖业的扩大和引水规模的无序增长，这一极端干旱区的生命之河已处于急剧的衰退之中。早在20世纪40年代以前，塔里木河流域的车尔臣河、克里雅河、迪那河、喀什葛河、开都河—孔雀河、渭干河等六大源流就与塔里木河干流失去了地表水联系。20世纪70年代以来，其干流断流处距通常作为塔里术河尾闾的台特马湖已达363公里，距历史上曾经作为塔里木河尾闾、而今沦为“死亡之海”的罗布泊则有千里之遥。这条被肢解的伟大河流，有96%的径流量消耗在过度开发的中游地带。

位于石羊河下游的民勤绿洲一直是阻止腾格里与巴丹吉林两大沙漠汇合的重要屏障。史前时代，石羊河流域曾存在大面积的终闾湖泊——猪野泽。自西汉开拓河西以来，石羊河流域土地覆盖情况发生了根本变化。随着以武威为中心的人类定居点向荒野蔓延，农业、工业用水量急剧增加，从而导致下游来水逐年减少。在人类活动和自然环境变化的双重制约下，猪野泽逐渐退缩成许多小湖，其中大多数湖泊近百年来已相继干涸消失。目前，除在民勤盆地东北部的白碱湖尚有少量积水外，其他湖泊全部销声匿迹。接踵而来的就是巴丹吉林沙漠和腾格里沙漠向民勤绿洲迅速突破。民勤盆地外围现有多达15万亩的流沙和69个风沙口，每年流沙以3~4米的速度向绿洲挺进，严重地段前移速度达8~15米，不少曾是良田或丰茂植被的地方，如今已成为“沙漠兵团”的前沿阵地，许多耕地被迫撂荒。一些生态专家断言：民勤将成为中国第二个罗布泊。

先秦时期，黄河中上游地区乃是气候温和，植被茂密，整个黄土高原森林覆盖率超过50%。先民在此逐水而居，繁衍生息，创造了辉煌的古代文明。秦始皇统一中国之后，开始大兴土木，毁伐森林。为修建阿房宫，砍光了整个蜀地山岭上的树木。故有“蜀山兀，阿房出”之说。到了汉代，人口剧增，粮食需求急剧增长，毁林开垦就成为解决粮食问题的最重要手段。于是，出现了规模空前的大垦殖，耕地面积由秦时的1亿亩左右，上升到西汉时期的8亿多亩，土地的增加多为毁林开垦所造。现在的乌兰布和沙漠在西汉之前还是植被很好的地区，经过历代砍伐开荒，到了北宋，这里已是“沙深三尺，马不能行，行者皆乘橐驼”的地区了。东汉至隋朝年间，由于战乱，人口锐减，环境压力相对减轻，生态环境有了一定的恢复。后至唐代，经济繁荣趋于鼎盛，人口急剧增长，又开始了新的一轮更大规模的毁林开垦，仅新垦土地就达6亿多亩。史称“开元天宝之中，耕者益力，四海之内，高山绝壑，耒耜亦满”。这种对“高山绝壑”的开垦，不能不破坏高原植被，给生态环境带来严重后果。黄土高原沟壑纵横，满目疮痍，导致黄河频繁泛滥。天灾加上人祸，使黄河流域经济渐趋衰落，等到安史之乱之后，昔日繁华的黄河流域，竟到了“居无尺椽，人无烟灶，萧条凄惨，兽游鬼哭”的地步。田地荒芜，水利失修，人口大量死亡和南移，使黄河流域的社会经济开始衰落，我国经济文化的中心也渐渐移至长江流域。

前些年，黄河断流曾经引起举世震惊。据统计，从1972年黄河首次断流到1999年，28年之间下游22年出现断流。特别是20世纪90年代，黄河不仅年年断流，而且断流的时段和距离不断加长。1997年全年断流226天，断流河段从入海口一直延伸到河南的开封，长达704公里。城乡供水，工业生产，农业灌溉，全线告急。当时，中国科学院、中国工程院163位院士联名上书，呼吁拯救黄河。1999年黄河水利委员会根据国家授权对黄河水资源实行统一管理，对全河水量实施统一调度以来，至今已经实现连续5年不断流。应该说，这是一件很了不起的成就。尽管如此，由于水资源尖锐的供需矛盾总体趋势没有改变，因此目前黄河不断流的保证措施仍然十分脆弱，防止不断流的形势依然非常严峻。另一方面，由于黄河输沙用水被大量挤占，下游河槽严重萎缩，“二级悬河”形势加剧，致使主河槽过洪能力显著下降，滚河、斜河情势时有发生，每年汛期防洪形势都十分紧张。

凡此种种，大量的现实情况说明，当前中外许多河流都承受着沉重的生命危机，而且这种趋势正在向愈演愈烈的方向发展。这不禁使人们对工业文明以来的河流治理提出了新的质疑。

河流的自然生命是其文化生命的本体基础。河流消亡了，其文化生命也就随之而亡。河流只有健康地存在着，才能积极地启示、影响和塑造人类精神生活。河流维持健康存在，既要保持一定的水量，又要维持一定的水质。一条污染的河流，无论如何是不能成为人们精神生活的源泉、激发人们的审美情感的。

随着工业和科技的发展，自然对于人类的限制越来越少，人类获得了空前的自由。但城市化和工业化的发展导致用水量急剧增加，水污染问题趋于严峻，地表水（主要是河流水源）成为我们生存的底线。没有维持一定水量和水质的河流，我们连生存都维持不了，遑论发展了。《史记》中有“川竭国亡”的记载，“伊、洛竭而夏亡，河竭而商亡”。从一定意义上看，这揭示了文明对于自然的根本性依赖，表明人与自然的和谐是人类文明的本体基础。由此可见，构建和谐社会，必须做到人与自然和谐。

第三节　河流文明与河流伦理

把河流作为一个整体来认识，来研究，对文明的多元性、多样性会有更深刻的认识，也可以避免对未来只是人为地用某一种文明来取代其他文明的不现实的欲望，为人类的和平、稳定和文明持续的发展作出我们的贡献。

一、黄河文明与河流伦理

河流伦理框架的构建以及它的实现，至少避免了我们在对自然规律还没有充分了解的情况下贸然行动，至少能为我们的未来、为我们的子孙留下发展的空间和余地。人类和河流的关系应该通过历史地理的视角作充分的认识，其中既有经验，也有教训。世界上主要民族都有关于洪水的传说，表达了古代人对洪水的敬畏。他们的生命离不开河流，但又害怕过多的水量，因为洪水导致生命和文明的毁灭。

在黄河流域，先民经历过不同的阶段。比如在战国以前，黄河下游是漫流的，所以黄河在非常大的冲击扇中间不断地摆动。这样的好处就是在黄河下游不存在泛滥决口，因为它可以在不同的时期选择不同的河道，在相对宽广的地域里面自由流动。但是到了战国时期，一方面由于人口增加，居住和生产区域的扩大，已经不允许黄河下游继续保留大片的泛滥区了；另一方面，有的统治者以邻为壑，利用水来达到军事上所不能达到的目的，所以各国纷纷在黄河两岸建筑堤防。建筑堤防有它的合理性，同时也造成对水道的约束，增加了决溢泛滥的可能性。又比如黄河在东汉以后，曾经出现近800年的安流——相对的安流，谭其骧先生认为这是因为中游地区由农变牧，相当多的土地恢复为牧区，或者荒芜了，所以水土流失变得相当轻微。水利学界对这个观点是有争议的，但是这些年来，对黄河的认识至少使我们可以同意，中游的水土保持对下游的安流起了非常大的作用。又比如说南北大运河对中国作出了巨大的贡献，但其也有不利的一面，它影响了所有跟它相交的河流，客观上造成黄河与海河、淮河之间灾害的互相影响。比如海河水系的河流原来都是分流入海的，但是由于曹操开挖人工运河，使它们演变为合流入海，一些原来就较小的河流下游都淤塞了，而我们今天治理海河实际上就是把合流改为分流。在清代，为了保持漕运，经常推迟堵塞黄河的决口，因为黄河决口后运河的水量充足，便于航运。

实际上，对黄河的治理古人已经有相当深刻的认识，但是他们往往只是侧重某一个方面。近几年，利用小浪底水库的蓄水对黄河进行的调水调沙试验，就是明清以来“束水攻沙”理论的一次实践。人类对自然应该保持适度的敬畏，对还没有认识的自然现象应该留有余地，从征服自然的观念变为与自然和谐相处的态度，是一个非常大的进步。

对人与自然的关系，实际上我们还是过分重视人类的影响，正反两方面都有。迄今为止，有记载的黄河中游最大洪水应该是道光年间，是32000立方米每秒的洪水。专家告诉我们，现在花园口的设防流量是22000立方米每秒。为什么道光年间会发生这么大的洪水？你能说当时人口比现在多，当时水土流失比现在严重？或者当时环境污染比现在严重？我想我们对自然的规律还没有充分了解，造成道光年间的大洪水，更多的是自然本身的原因。既然如此，我们怎么能够根据我们现在对自然不完整的了解，考虑一切都用科学技术的手段来治理、来对付呢？古代人对黄河和其他河流的敬畏，尽管看来有些可笑，但是在当时是极其认真的。清代的皇帝派专人去调查河源，不是为了科学考察，或者治理黄河，而是为了祭河神。我们能讥笑他们吗？还是觉得这也反映了当时人对黄河敬畏的心态？如果他脑子里有一位河神，至少不敢对黄河为所欲为。到了我们这个时代，当然不需要再有这样一个虚幻的河神，但是我们要尊重自然的规律。河流伦理框架的构建以及它的实现，至少避免了我们在对自然规律还没有充分了解的情况下贸然行动，至少能为我们的未来，为我们的子孙留下发展的空间和余地。

黄河流域所拥有的人文资源、历史遗迹、文化精华，是长江流域或者其他流域不能替代的，在文化传承中所起的作用是任何其他文明所不能替代的。开展河流伦理和河流文明的研究不仅是为了黄河，而且是对人类文明的多样性作出贡献。由于黄土高原的作用，即使流入黄河的泥沙得到进一步控制，黄河也不会是蓝色的。现在有些人很担心长江的变化，经常听到德高望重的人在那里呼吁，有人甚至说长江已经变成了第二条黄河。但是从科学的角度讲，长江永远不会变成黄河，长江流域的地形地貌与黄河流域根本不同。正因为如此，即使将来黄河能与人类和谐相处，它也不会丧失本身的地理特征，不会改变它的本性。我们现在更多是从物质文明观察，觉得黄河已经衰老了。如果我们看到精神文明，看到人类文化遗产的话，对黄河就会充满信心。黄河流域的GDP的确不如长江流域和珠江流域，但是随着物质财富的增加，人类对精神文明的追求也越来越强烈。黄河流域所拥有的人文资源、历史遗迹、文化精华，是长江流域或者其他流域不能替代的，在文化传承中间所起的作用是任何其他文明所不能替代的。

从人类的精神追求来讲，如果真的把壶口瀑布变得和黄果树瀑布一样，那么它的价值就丧失了。相反，壶口瀑布的特殊景观和它所象征的精神正是我们所需要的。正因为如此，我想作为一个研究人员，既要讲究科学，也要追求人文，要把两者圆满地结合起来。在考虑自然因素的时候，要充分顾及民众的利益，把民生放在首位。现在有关建造大坝的争论，有的片面宣传有利的方面，有的又过于夸大有害的方面。在这个过程中间，各种不同的利益集团，各种不同的人群会有不同的声音。只有经过充分的考虑，作出的决定才能真正造福当代和后代。我们大家应该本着一种诚实的态度对科学负责，也对人类负责，把科学知识与我们的信仰结合起来，才能把对黄河的认识和对其他河流的认识，提高到一个伦理的、哲学的高度。

作为一种新的理论、新的观念，河流伦理必定还需要作深入的讨论和研究。我认为，河流伦理的基础是河流文明，只有充分认识了河流文明，才能进一步认识人与河流的关系，人应该与河流建立一种什么样的关系。在这方面，黄河是一个绝无仅有的例证。

二、从征服自然到与自然和谐相处

治理与利用黄河是历代治国兴邦的大事，在我国史书上有关河渠、沟洫、五行、地理志等的记载中，有很多内容是关于黄河治理与利用的，其典籍之多，为世界各大河之冠。虽然由于社会和科技条件的限制，未能从根本上解决黄河的灾害问题，但祖先对于河流的认识，特别是防洪、引黄灌溉、开凿运河等方面的创造，在世界水利史上可谓独具特色。

中国最早的灌溉工程，首推黄河流域的滮池（在今陕西省咸阳西南）。《诗经》中有“滮池北流，浸彼稻田”的记载。黄河文明发展之初，人们由本能的“择丘岭而处之”发展为共工氏所代表的主动的“壅防百川”；人们由消极逃避洪水，转向积极地堆土设围防治洪水。这是我们祖先对自然重力作用下的水体避高就下自然规律的第一次成功运用，是治理水患思想的重大突破，适应了当时原始状态下生产力的发展水平。这种方式一直维持到以大禹的父亲“鲧障洪水”的失败而告终，鲧因此而受到制裁。鲧的失败标志着以障治水时代的结束，反映出这种单纯堆土设障防治水灾的办法已不能适应当时生产力发展的需要。

大禹受命于舜倾心治水（黄），认真接受前人包括他父亲以障治水失败的教训，认识到水乃流体，避高就下是其基本规律，只堵不疏解决不了问题，必须采取侧堵下疏、堵疏结合的办法“因水之流”、“疏导百川”，分流入海。大禹改用疏导的方法，利用水向低处流的自然趋势，疏通了九河，平息了水患。河流的概念由此产生。此举开以疏治水之先河，取得成功。这是对水体运动自然规律的又一次正确运用，是在原来治水办法逆向思维的基础上，迈向了堵疏结合、人控河道排洪的新时代。这种方式使治水效果大为提高，有力地推动了经济社会的发展，也由此确立了大禹在中国水利史上的地位。但其治黄方式，仍停留在线形，即河道治水的层面上，而且很不彻底，只治到九流入海。直到春秋时期，齐国管仲“遏八流于一道”，把黄河推到天津独流入海，才开始了真正意义的黄河。公元前651年，春秋五霸之一的齐桓公“会诸侯于葵丘”，提出“无曲防”的禁令，解决诸侯国之间修筑堤防的纠纷。在此后漫长的历史时期，伴随着黄河频繁的决溢改道，防御黄河水患成为历代王朝的大事，投入大量人力、财力，不断堵口、修防。由此造出鲁北大片平原，使齐国尽收农林渔盐之利，为桓公成就霸业奠定了经济基础，也为黄河孕育中华民族创造了基本的水利条件。从此，中国的水利科学迅速发展，特别在春秋战国时期运用水利科学建造运河工程，使得当时我国相继建成了楚国的芍陂、吴国的邗沟和菏水、魏国的鸿沟、赵国的郑国渠、秦国的都江堰和灵渠等一批代表中国水利发展历史的工程。此后又形成了黄、淮、海平原的运河网和沟通我国南北的交通水系，创造了我国水利建设史上第一次辉煌。

汉代对农田水利更为重视，修建六辅渠和白渠，扩大了郑国渠的灌溉面积，同时在渭河上修建了成国渠、灵轵渠等，关中地区成为全国开发最早的经济区。为了巩固边陲，从秦、汉开始实行屯垦戍边政策，在湟水流域及沿黄河的宁蒙河套平原等地，开渠灌田，使大片荒漠变为绿州，赢得了“塞上江南”的赞誉。西汉时期，已专设有“河堤使者”、“河堤谒者”等官职，沿河郡县长官都有防守河堤的职责，专职防守河堤人员，约数千人，“濒河十郡，治堤岁费且万万”，河防工程已达到相当的规模。据《汉书·沟洫志》记载，淇水口(今滑县西南)上下，黄河已成“地上河”，堤身“高四五丈”(合9~11米)，堤防也很高。《史记·河渠书》中记载，公元前109年，汉武帝令“汲仁、郭昌发卒数万人塞瓠子决”，并亲率臣僚到现场参加堵口，说明黄河堵口已经是相当浩大的工程。史书记载最早的一次大规模治河工程是公元69年的“王景治河”，“永平十二年，议修汴渠”,“遂发卒数十万，遣景与王吴修渠筑堤，自荥阳东至千乘海口千里”。“永平十三年夏四月,汴渠成……诏曰:‘……今既筑堤、理渠、绝水、立门,河、汴分流,复其旧迹。’”“景虽节省役费,然犹以百亿计”。遏制了黄河南侵,恢复了汴渠的漕运,取得了良好的效果。

北宋建都开封,当时黄河水患严重,宋王朝对治河很重视,设置了权限较大的都水监,专管治河,并在各州设河堤判官专管河事,朝廷重臣多参与治河方略的争议。这个时期治河问题引起很多人的探讨,加深了对黄河河情、水情的认识,河工技术有很大进步,特别是王安石主持开展机械浚河,引黄、引汴发展淤灌等,在治黄技术上有不少创新。明代以后，随着社会经济的发展和黄河决溢灾害的加重，朝廷更为重视治河,治河机构逐渐完备。明代治河,以工部为主管,总理河道直接负责,以后总理河道又加上提督军务职衔,可以直接指挥军队,沿河各省巡抚以下地方官吏也都负有治河的职责,逐步加强了下游河务的统一管理。清代河道总督权限更大,直接受命于朝廷。明末清初,治河事业有很大发展,堤防修守及管理维护技术都有长足进步,涌现了以潘季驯、靳辅为代表的一批卓有成效的治河专家。近代以李仪祉、张含英为代表的水利专家,大力倡导引进西方先进技术,研究全面治理黄河的方略,但受社会经协件制约,始终难有建树。

我国古代就孕育出“沟洫”治水的思想,经过长期发展至明代周用深刻全面地阐述了“沟洫论”,是从理论上开全流域治河的新时代。周用总结出“黄河徙决于夏月者十之六七,秋月十之四五,冬月盖为几焉？”由此提出沟洫治河的新方法。“夫天下之水莫大于河,天下有沟洫,天下皆容水之地,黄河何所不容?天下皆修沟洫,天下皆治水之人,黄河何所不治？”这标志着治理黄河已由线治拓展到面治,由河道本身的治理发展至全流域治理。至此,我国对黄河的治理方式已发展至堵、疏、洫三字治河。这无疑是治河理论的又一次大的飞跃,反映出对黄河的认识较过去更全面、更深刻。这期间最伟大的水利工程是京杭运河。但是,中国封建社会的局限性使得整个治黄事业也只能在“防洪保运”的范围内被动应付。近代水利科学的先驱李仪祉先生毕生为之奋斗,亦因社会条件的限制未见成效。新中国成立以后,人民治黄的开拓者王化云同志把自己一生的治黄经验总结为“拦”(拦水拦沙)、“用”(用水用沙)、“调”(调水调沙)、“排”(排水排沙)四字,但特殊的时代背景使一代治水大师难以领导完成这一飞跃。由于实行黄、淮、海流域分治,失去了三者优势互补、矛盾自消的基础条件,结果在投入巨大、付出巨大、成就很大的同时,也给后人留下了河口频繁摆动、缺水断流、高堤悬河等险情,影响了黄河三角洲的开发,制约了沿黄经济的发展。造成这种状况的本质原因在于没能看到黄河的全程实际,没有始终按照黄河的自然规律办事,没有充分发挥黄河的自然地势和自然动力。黄河的实际是:发源于高山,流经峡谷、高原、平原,最后注入渤海。而流入大海,即河口的一段是情况复杂、多学科交叉、科技含量密集的非常关键的一段。不对这一段进行深刻的研究,就不可能对黄河有全面的了解,也就不可能制定出符合黄河实际、满足时代要求、实现河口稳定,进而根除黄河水患的方案来。

堵、疏、洫三种治黄方式所用的力从本质上讲都是地球引力所产生的重力,由此产生的水体运动规律就是避高就下。河流的携沙能力是由河道比降和自身流量所决定的。河道到达河口,融入大海,比降消失,河道自身的携沙能力也随之消失,这是多泥沙的黄河河口淤积、摆动的根本原因,所以只靠重力治黄解决不了黄河口的稳定问题。在这种情况下,欲使黄河适应现代生产力的发展,实现其河口稳定,必须寻找和发现新的治黄力,这种力就是渤海海动力。渤海海动力是由天体引潮力、渤海湾形状和特殊的气候条件形成的。正确认识和充分利用河口海动力,就可以把河口泥沙运走,保持河口畅顺和稳定,从而有助于实现黄河安澜。

历史时期黄河的决口改道不但对下游地理环境产生深刻影响,也对社会的稳定、经济发展与民生以及统治阶级的利益攸关,因而有一批仁人志士为黄河的治理付出了心血甚至毕生的精力,也留下了宝贵的精神财富。从治理河段上讲,有着眼于全局,即黄河流域,重点在下游口的“全河派”,以大禹为代表。也有专注下游疏浚河床,完善堤防的“下游派”,如西汉的贾谦(让)和明代潘季驯。从治理脉络上讲,又可分为“独流派”和“分流派”。

独流派以西汉张戎为代表,他主张利用河水本身的冲刷力自行刷深河床，确保黄河独流入海。宋代王安石提出用工具浚深河床，迫使黄河独流入海。明代潘季驯提出“坚固堤防，束水攻沙”，借助河水冲刷沙泥，达到以水治水的目的。潘季驯四次受命治理黄河，他的主要措施就是筑堤。除了修筑两岸大堤——遥堤外，还要修筑“缕堤”、“格堤”及“月堤”，使黄河即使决口也不酿成大患。今天地图上流经黄淮平原北部的“废黄河”就是在他的努力下完成的，曾延续了三个世纪的黄河主干流。

分流派则认为独流入海容易造成河床因泥沙淤积而抬高，导致黄河决口严重，因而提出分流治理。如西汉时代有济水、漯水诸河分流，明代嘉靖万历年间黄河下游分流的河流有十几条。但该两朝的河患并未因此而减少，而且堤工比“独流”要大得到。原因是“分流”则水动力减弱，流弱沙淤；而“独流”则水动力强冲刷力大，沙随水去。

另外，在治理对象上，有“治水派”和“治沙派”之说。“治水派”的重点是防止洪水漫决河堤。这种措施在西汉以前尚有一定的效果，因为那时黄河泥沙含量还不是很高。西汉以后，治河者认识到泥沙是河患的症结所在，因此提出“治水先治沙”。包括北宋王安石、明朝潘季驯提出的工具浚沙、束水攻沙等方案。然而，全力在下游治沙解决不了根本问题，要同时搞好中游的植树造林，水土保持才能达到标本兼治、事半功倍的效果。

透过历史的隧道，我们来审视黄河与河流伦理的时候，我们会发现一些深层次的问题。

首先，倡导一种尊重河流、善待河流的伦理态度将是河流文明持续的基础。我们必须意识到，河流环境不是我们欲望的函数，而是河流文明赖以生存的基础。人类与河流环境之间有一条永远割不断的脐带，当我们从河流中汲取营养而创造文明时，我们不要忘记河流的恩惠，更不能以怨报德。人类文明与河流的命运已紧密交织在一起，密不可分。今天，人类不能再以一个征服者的面目对河流发号施令，而必须学会尊重河流、善待河流，自觉充当维护河流健康与和谐的调节者。从一个号令河流的主人，到一个善待河流的朋友，这是一次人类意识的深刻觉醒，也是一次人类角色的深刻转换。实现这一角色的转换不仅需要外在的法律强制，更需要人类的良知和内在的道德力量。人类需要一种新的伦理学，以便为人类适应这种新的角色建立起新的道德准则和行为规范。

其次，倡导一种尊重河流、遵循河流之道的理性态度将是河流文明发展的不竭动力。许多古河流文明之所以从强盛走向衰落，是因为人类在河流文明发展的过程中很少或根本没有遵循河流规律和生态规律，对河流肆意开发和掠夺，从而导致河流生态系统的崩溃，最终酿成河流文明的衰败。直至今天，我们仍未从中汲取应有的教训，甚至采用更加强大的手段破坏着更大范围的生态系统。如果说，过去的农业文明和游牧文明破坏的只是局部的生态系统，最终导致一个区域性的文明衰败；那么现在的工业文明的破坏对河流文明来说则是更大的危机。如，河流污染等。可以设想，一个失衡的生态环境怎么能够支撑起庞大的河流文明大厦呢？因此，人类必须从现在起，尊重河流、遵循河流之道，按照河流规律和生态规律办事。

其三，倡导一种保护河流、拯救河流的实践态度将是河流文明长盛不衰的根本保证。几千年来人类在不断吞噬河流躯体的同时，也在品尝自己所酿造的苦酒。今天，人类比任何时候都更能领略到河流环境变化的威胁。例如，为了经济社会的发展，我们不惜占用本来是河流行洪的滩地和低洼地带，把厂矿企业和城镇布置在洪水高风险地区，而不去主动避让洪水。一旦遇到洪水，总是水来土掩，拼命加高加固堤防，反而带来更大的风险。又如，为了满足高耗水产业的用水需求，则千方百计地开发水资源，导致河流干枯、地下水严重超采，结果是越缺水越开发，越开发越缺水，形成了恶性循环。再如，面对严重的水资源污染和水土流失，人类最先想到的是对污染进行稀释，对流失进行治理，而忘记了正是人类活动本身才是污染和流失的根本原因。总而言之，水资源问题虽然表现在水上，根子则在岸上，在人类这个方面。采取各种技术手段治理水问题固然极为重要，但终究还是治标，只有调整人与水的关系，抓住人类活动这个中心，对人类行为进行约束，才是治本之策。面对如此前景，我们必须以人类的良知、远见和气魄，采取坚实的行动，来弥补我们的前人以及我们自己对自然所犯下的过错。保护河流，修复河流，维护河流生态系统的平衡与和谐，应当是我们义不容辞的责任。果若如此，新世纪的人们将会迎来新的希望，河流文明将会走向光辉的彼岸。

第四节　黄河文明的机遇与转型

近代以来,黄河文明遭遇到前所未有的挑战和剧变,一方面我们古老的文明出现了衰老的症状,政治、经济、文化诸方面的内在矛盾日益暴露;另一方面,西方文明处于新的上升阶段,凭借强大的武力大肆侵略、扩张、掠夺。中西的冲突是全面的,也是世界范围内西方文明全面征服其他文明的一部分。从文化的眼光看,这种冲突是先进对落后的撞击,有其必然和积极的一面。从社会的变迁来看,这一冲突引发的一切远比这复杂,先进与落后的文化含义和征服与被征服的军事含义。

当前,从世界文明发展的宏观形势看,具有明显的两种相反相成的倾向:一是全球经济一体化。这一趋向最先出现在经济领域(如市场的全球化、贸易的全球化及金融的全球化等),并将向科技、教育、文化领域扩展。信息科技,比如通讯技术、计算机技术和网络技术是这一趋势的背景和动力。二是本土化趋势。这一趋势首先在政治领域发生,这就是发生于20世纪下半叶的第三世界殖民地半殖民地国家纷纷摆脱殖民统治,实现民族独立的运动。这一趋势现在发展到追求经济的独立自主、文化传统的复兴等。全球化趋势与本土化趋势既相对立又相协调,前者是一体化过程,而后者则是多元化过程。在这一双重双向的过程中,多元文明的冲突竞争、取长补短、融会贯通就是必然的,而且是漫长的。

黄河文明是世界古代文明中始终没有中断、连续5000多年发展至今的文明。中华民族在漫长历史发展中形成的独具特色的文化传统,深深影响了古代中国,也深深影响着当代中国。黄河文明虽然是一种地域文明,但在南宋以前它又是中国文明的缩影。把黄河文明放在世界一体化与文明全球化的框架下去观察,我们会发现,黄河文明虽然是一种传统文明,但在当代仍然具有巨大的精神价值。即是说,对全人类而言,黄河文明依旧有着其独特的价值,仍然闪烁着独特的光彩,对人类社会的发展仍将发挥重要的促进作用。

一、黄河文明在新形势下面临的机遇

亨廷顿在《西方文明:是特有的,不是普遍适用的》一文中指出:“现代化和经济发展既不需要、也不会造成西方化,相反,它们将促进本国文化的复兴。”在黄河文明思想里,集中体现了中华民族的先民们面对各种挑战所生成的原创性智慧,对于我们在全球化时代正确处理“文明的冲突”与“文明的共处”有着重要的启示。现时代中国强调的以人为本、与时俱进、社会和谐、和平发展,既有着中华文明的深厚根基,又体现了时代发展的进步精神。应该说,黄河文明作为世界多元文明之一,历史悠久、遗产丰富,具有创造、发展的经验,具有大一统、开放性、包容性等特质,能够适应变革,吸收、消化异质文明,更新自己。在世界文明一体化过程中,黄河文明的基本精神可以成为世界文明未来发展的重要资源和生长点,也为中华民族的崛起提供了动力源泉。

首先,黄河文明“有容乃大”的宽容意识对于正确处理“文明的共处”有着巨大的意义。黄河流域悠久的历史和特殊的地理位置,决定了黄河流域成为各民族文化的汇聚地:殷商古都安阳、九朝古都洛阳、七朝古都开封作为中国古代的政治、经济和文化中心,都为各民族文化甚至是异域文化之间的碰撞、交流、融合并最终形成黄河文明所特有的“海纳百川,有容乃大”的精神气质作出了不可磨灭的历史贡献。孔子视“宽”为“仁”的一个重要内容,《中庸》讲“万物并育而不相害,道并行而不相悖”。在当前经济全球化和文明全球化的趋势下,对于不同文明形态之间的关系,对于弱势文明和强势文明之间如何和谐相处,黄河文明“有容乃大”的包容精神,具有可资借鉴的重要价值。由此出发,黄河文明还主张一种“无为”的治理思想,主张对于事物的发展过程不干预或尽量少干预。老子说:“我无为而民自化,我好静而民自正,我无事而民自富,我无欲而民自朴。”以老子的眼光来看,所谓“文明的冲突”正是由于一些“新帝国”奉行“损不足以奉有余”的文化霸权造成的。在这个意义上,老子的“自然”思想对于消解“文明的冲突”,消解“新帝国论”也是具有意义的。

其次,黄河文明“天人合一”的文明理念,有助于正确处理人与自然的生态关系，实现可持续发展。中国是一个农业大国，黄河流域是中国农耕文明达到较高生产水平最早的地区。与其他生产方式相比，农业生产对自然的依赖性最强，依赖关系最明显。这决定了长期从事农业生产的黄河人很容易与大自然、与天地产生亲近感和一体感。老子说：“人法地，地法天，天法道，道法自然。”庄子则提出了“天地与我并生，而万物与我为一”的物、我平等思想。孔子说：“天何言哉？四时行矣，百物生矣，天何言哉？”这种物我一体、人天同构的“天人合一”精神，与西方社会的“天人相分”的文化理念具有极大的不同。“天人相分”，意味着一种“主客二分”模式，它造成了科技理性的诞生，对西方社会的历史性发展起到了巨大作用，但也导致了人心的堕落和对自然的空前破坏。因此，尼采主张一种“自然的人生”，海德格尔主张“人诗意地栖居”，马尔库塞反对“单面人”的存在。而黄河文明所倡导的“天人合一”的自然价值观，虽然还有“笼统”和“模糊”的局限性，但它对于正确处理全球范围内的人口膨胀、生态失衡、环境污染、能源危机等问题，对于实现可持续发展并建构生态文明，显然不乏意义。

其三，黄河文明所包含的“坚韧不拔、自强不息”精神，是维系民族生存能力、竞争能力的优秀品格，对于提高我们的核心竞争力，提高我们的自主创新能力具有重要启示。黄河文明历来注重自强不息，不断革故鼎新。“天行健，君子以自强不息。”这是中国的一句千年传世格言。黄河流域的人们在长期与自然灾害的斗争中，在长期坚持不懈的劳作中养成了韧性品格。黄河流域战乱所长期上演的惨烈而又悲壮的历史活剧，又强化了这种坚韧不拔、自强不息的文化心理。对坚韧不拔、自强不息的文化心理，老子思想概括为“柔弱”，“柔弱”就是“柔韧”，“柔弱胜刚强”。黄河文明体现的就是这种中华民族“九曲不折”的民族韧性。从《易传》中“天行健，君子以自强不息”到“愚公移山”，都体现出这一文化意向。中华民族所以能在5000多年的历史进程中生生不息、发展壮大，历经挫折而不屈，屡遭坎坷而不馁，靠的就是这样一种发愤图强、坚韧不拔、与时俱进的精神。中国人民在改革开放中表现出来的进取精神，在建设国家中焕发出来的创造热情，在克服前进道路上的各种困难中表现出来的顽强毅力，正是这种自强不息精神的生动写照。当代“红旗渠精神”实际上就是黄河文明中“坚韧不拔、自强不息”精神在新时代的延续。在文明全球化的过程中，这种精神仍然是中华文化发展、复兴的伟大动力。

其四，黄河文明中的“中庸”理念，“和谐”、“兼爱”思想在现代社会中仍然具有时代感。黄河文明历来注重社会和谐，强调团结互助。中国人早就提出了“和为贵”的思想，追求天人和谐、人际和谐、身心和谐，向往“人人相亲，人人平等，天下为公”的理想社会。可以说，黄河文明中的“中庸”、“和谐”，是我们当代正确处理人际关系的伟大智慧。墨家思想的核心是“兼爱”、“非攻”。墨子认为诸多社会矛盾纷争的根源在于人与人之间的相互猜忌和争斗，主张人与人之间应该“兼相爱、交互利”。同时，他还极力反对兼并战争，认为国与国之间的纷争应该通过和平外交的途径予以解决。墨家以“兴天下之大利，除天下之大害”为目的，要求“摩顶放踵，利天下为之”。后世的“先天下之忧而忧，后天下之乐而乐”，“国家兴亡，匹夫有责”以及“精忠报国”的意识，都反映了黄河文明中的这种价值取向。在当前世界范围内种族、地区冲突不断，霸权、强权主义思想还无法消除的严峻形势下，黄河文明中所倡导的“和为贵”、“中庸”、“兼爱”、“非攻”等思想应该成为处理国与国之间、人与人之间关系的主要准则。

黄河文明历来注重亲仁善邻，讲求和睦相处。中华民族历来爱好和平。中国人在对外关系中始终秉承“强不执弱”、“富不侮贫”的精神，主张“协和万邦”。中国人提倡“海纳百川，有容乃大”，主张吸纳百家优长、兼集八方精义。今天，中国高举和平、发展、合作的旗帜，奉行独立自主的和平外交政策，坚定不移地走和平发展道路，既通过维护世界和平来发展自己，又通过自身的发展来促进世界和平。中国坚持实施互利共赢的对外开放战略，真诚愿意同各国广泛开展合作，真诚愿意兼收并蓄、博采各种文明之长，以合作谋和平、以合作促发展，推动建设一个持久和平、共同繁荣的和谐世界。

黄河文明历来注重以民为本，尊重人的尊严和价值。早在千百年前，中国人就提出“民惟邦本，本固邦宁”，“天地之间，莫贵于人”，强调要利民、裕民、养民、惠民。今天，我们坚持以人为本，就是要坚持发展为了人民、发展依靠人民、发展成果由人民共享，关注人的价值、权益和自由，关注人的生活质量、发展潜能和幸福指数，最终是为了实现人的全面发展。而这一切，与黄河文明的历史传统不无关系。

其五，黄河文明所特有的凝聚力、向心力，对于中华民族在文化全球化过程中保持独立性具有特别的价值。黄河文明的凝聚力、向心力是把中华民族结成一个统一的有机整体，并不断推动中华民族向前发展的内在力量。在中国“家国同构”的社会政治结构中，血缘关系和割舍不断的亲情是产生凝聚力、向心力的重要精神纽带，它集中表现为对故土、亲情、故乡、家园的依恋，表现为报效国家、故土的强烈愿望以及落叶归根的情怀。“故土难离”、“血浓于水”，这是黄河文明所特有的民族凝聚力的表达方式。虽然黄河文明“天下大势，分久必合，合久必分”，其中有分有合，但却是以和为主的。因此，与美国文化中的“移民文化”不同，黄河文明中“常回家看看”的心理意向是十分强烈的。

今天，中国提出构建和谐社会，就是要建设一个民主法治、公平正义、诚信友爱、充满活力、安定有序、人与自然和谐相处的社会，实现物质和精神、民主和法治、公平和效率、活力和秩序的有机统一。中国人民把维护民族团结作为自己义不容辞的职责，把维护国家主权和领土完整作为自己至高无上的使命。一切有利于民族团结和国家统一的行为，都会得到中国人民真诚的欢迎和拥护。一切有损于民族团结和国家统一的举动，都会遭到中国人民强烈的反对和抗争。

其六，黄河文明关于“和而不同”的认识，对于我们正确地处理文化、文明的共处问题具有重要的时代意义。孔子曾言：“君子和而不同，小人同而不和。”老子则说：“万物负阴而抱阳，冲气以为和。”在这里，“和而不同”不仅仅是指君子的为人、交友之道，更是正确处理世界文化发展中相互矛盾的文化关系之道。显然，我们所谓的“和”，指的是“文化全球化”趋势和“文化的共处”问题。我们所谓的“不同”，则是指承认事物的差别和个性，肯定不同民族、地区和国家文化的特点和价值，保持世界文化的多样性。世界文明的发展历程表明，不同文化之间虽然不时会发生碰撞和冲突，但是它们之间的相互交流、相互影响与相互交融却从未间断，并成为文明进步的巨大动力。在当前的国际经济社会新形势下，坚持“和而不同”的伟大原则，尊重文明文化的多样性，鼓励不同文明之间的平等对话，包容共处，对于维护世界和平、稳定和安全，促进共同发展，具有重要现实意义。

“黄河文明”的诞生，其先进性使其超越了地域文化的理念而成为中国传统文化的代表，并对周边地区具有强大的影响力、辐射力。虽然由于地理环境和交通通讯技术条件的限制，当时并不知道古埃及文明、古巴比伦文明、古印度文明的存在，认为中国的中原地区就是整个世界，但是它的基本思想却是围绕着“天下”——世界而构建的，它对于我们正确处理文明全球化的挑战有着许多“先见之明”。这里的“天下”概念不是我们所说的“全球化”，但是它却搭建了中国与世界的基本关系，体现了黄河文明与“天下”文明之间相处的伟大智慧，对于我们正确认识中国的文化传统——黄河文明与“全球化”的关系提供了宝贵的范式。

但是，我们还必须清醒地认识到，黄河文明毕竟是农业文明的产物，形成于漫长的史前文明、奴隶社会和封建社会中，受专制制度、宗法制度、等级制度影响甚深。或许，黄河文明发展在全球化过程中的现代化选择，正如奈斯比特所言：“随着越来越互相依赖的全球经济发展，我认为语言和文化特点的复兴即将来临，简而言之，瑞典人会更瑞典化，而法国人也会更法国化。”在全球化过程中，如何使中国人更加中国化，正是黄河文明的使命所在。因此，在全球化的过程中，我们除了讲美国文化、韩流、日本游戏和软件之外，更要大力发展和弘扬黄河传统文明。

如今，黄河文明历经几千年的风雨沧桑，正逢上大发展的时代机遇。为此，我们不能再继续在中国文化内部绕圈子，在继承与创新的摇摆中停滞不前，在精华与糟粕的争辩中固步自封。要判断何为精华、何为糟粕，必须探求共同的价值标准。这标准应站在中国的土地上，寻求人类未来发展的共同需求。对多元文明不能仅仅从一种狭隘的民族利益出发，输入只与自己眼前、局部利益有用的东西，应以全新的开放心态，带着充分的民族自信心，广泛汲取其中具有人类共同价值的东西，并通过新的综合，在壮大发展黄河文明的同时又能为变革的世界所理解、所接受，这才是黄河文明未来发展的唯一出路，也是世界近现代以来多元文明冲突、交汇、融合、趋同的最终归宿。

二、黄河文明的作用不可替代

黄河流域所拥有的人文资源、历史遗迹、文化精华，是长江流域或者其他流域不能替代的，在文化传承中间所起的作用是任何其他文明所不能替代的。

开展河流伦理和河流文明的研究不仅是为了黄河，而且是对人类文明的多样性作出贡献。由于黄土高原的作用，即使流入黄河的泥沙得到进一步控制，黄河也不会是蓝色的。而且，由于黄河流域与长江流域的地形地貌根本不同，即使将来黄河能与人类和谐相处，它也不会丧失本身的地理特征，不会改变它的本性。黄河流域的GDP的确不如长江流域和珠江流域，但是随着物质财富的增加，人类对精神文明的追求也越来越强烈。黄河流域所拥有的人文资源、历史遗迹、文化精华，是长江流域或者其他流域不能替代的，在文化传承中间所起的作用是任何其他文明所不能替代的。

从人类的精神追求来讲，如果真的把壶口瀑布变得和黄果树瀑布一样，那么它的价值就丧失了。相反，壶口瀑布的特殊景观和它所象征的精神正是我们所需要的。正因为如此，我想，作为一个研究人员，既要讲究科学，也要追求人文，要把两者圆满地结合起来。在考虑自然因素的时候，要充分顾及民众的利益，把民生放在首位。应该本着一种诚实的态度对科学负责，也对人类负责，把科学知识与我们的信仰结合起来，才能把对黄河的认识和对其他河流的认识，提高到一个伦理的、哲学的高度。

作为一种新的理论、新的观念，河流伦理必定还需要作深入的讨论和研究。我认为，河流伦理的基础是河流文明，只有充分认识了河流文明，才能进一步认识人与河流的关系，人应该与河流建立一种什么样的关系。在这方面，黄河是一个绝无仅有的例证。

第五节　黄河文明永葆青春

河流文明发展的规律已经向我们昭示：要想使黄河文明永葆青春，

就必须实现人与河流和谐相处,要在人与河流共生共存的基础上,逐步走向和谐,走向人与河流和谐相处的文明时代。也就是说,是要努力实现黄河河流健康，即在流域内一定的经济社会发展条件下，具有足够的、优质的水量供给和维持其自身的活力，保持河道和河势的基本稳定;一定的泥沙和污染物质输入,不致导致河流生态系统破坏而不能自行恢复,能维持水生态的平衡和生活、生产对水质的需求;水体的各种功能发挥正常,能满足人类需求,不致对人类健康和经济社会发展的安全构成威胁或损害。

具体来说,健康黄河的内涵应主要包括以下几个方面。

一是水资源水平。传统的水资源观点在定义水资源时是指水量和水能。随着认识水平的提高及对环境、水资源等问题的重视,人们逐渐认识到水质与水生生物的重要性。完整的水资源应该包括水量、水质、水能和水生生物四个要素,而且这四个要素是互为依存、互为转化的。从水量和水生生物要素来讲,健康黄河的水资源水平包括:黄河河道基本生态环境需水量，即维持河流系统最基本的生态环境功能所需要的水量;河流排沙排盐需水量,即维持黄河河流形态和盐分的动态平衡,在一定输沙、排盐要求下所需要的水量;湖泊湿地生态环境需水量,即维持湖泊湿地水体功能而消耗与蒸发的水量。

二是河流的完整性与稳定性。黄河从源头集水区的第一级溪流起,向下流经各级河流流域,形成了一个连续的、流动的、独特而完整的系统。这种连续,不仅指地理空间上的连续,更重要的是生物学过程及其物理环境的连续。从这个角度来说,健康的黄河其河流的上中下游、干支流、河湖的连通性和完整性应能够满足水流连续性和水生生物生境的需要;河道能维持河岸河床的基本稳定,满足经济社会对河流服务功能的需要;河岸带具有一定量的植被覆盖。所有这一切都是生物栖息所必需的。

三是水生生物多样性。生物多样性是人类社会赖以生存和发展的物质基础。黄河水生生物多样性的价值不仅体现在消耗性利用、生产性利用等直接利用价值上,还表现为生态服务、科教文化娱乐等间接利用价值上,因而水生生物多样性就成为健康黄河的重要内涵之一。

四是防洪能力。从河流自身演变来讲，并不存在防洪能力的问题，但是，从河流与人类的相互关系来看，防洪能力就成为河流健康的重要要求，其核心在于，在人类活动的压力下，河道的洪水应当能够寻找到不致于伤害人类的出路。具体到黄河而言，就是具有足够的调蓄洪水的空间和河道泄流能力，满足防洪安全需要；河道泥沙含量满足冲淤的基本平衡，不因水体含沙量过高，造成湖泊及河道的淤积，影响湖泊的蓄洪能力和河道行洪能力。

五是服务能力。服务能力是河流健康的重要标志。河流服务功能一般包括：供水及其相关的功能、调节功能、文化美学功能。包括河流文明、地域文化、民族风情等。

目前，黄河有关部门已经初步提出了健康黄河和河流伦理的理论，但这才刚刚开始，还需要我们更加的努力。要牢固树立和认真落实以人为本，全面、协调、可持续的科学发展观，坚持可持续发展水利，以“维护健康黄河、促进人水和谐”为基本宗旨，按照“在保护中开发、在开发中保护”的原则，统筹保护与开发，协调生态与发展，加快防洪保安、水资源综合利用、水生态环境保护、水资源管理等体系建设，实现保障防洪安全、合理开发利用、维系优良生态的战略目标。具体来说，要坚持以下原则。

一是坚持人水和谐相处。即“人类与大自然和谐相处，发展不得危及其他物种的生存、不应以牺牲环境为代价”原则。追求人与黄河的和谐是我们活动的共同价值选择和最终归宿。我们都有公平分享黄河流域环境资源的权利，也同样都负有保护流域生物资源的责任。在治水中尊重自然规律。在防洪减灾方面，要科学安排洪水出路，合理利用雨洪资源；在应对水资源短缺方面，要协调好生活、生产、生态用水，全面建设节水型社会；在水土保持、生态建设方面，要加强预防、监督和治理，充分发挥大自然的自我修复能力；在水资源保护方面，要加强水功能区管理，尤其要严格管好饮用水水源。

二是坚持统筹兼顾、协调发展。统筹国民经济和黄河水利发展，统筹流域、区域、城乡水利发展，统筹解决黄河领域水利发展中的问题，使经济、社会和环境保护协调持续发展。环境与资源是经济、社会发展的物质基础和物质源泉，人与自然的矛盾是人类生存和发展的最基本的矛盾，经济、社会和环境的相互作用伴随着人类开发、利用自然的全过程。因此，协调经济、社会和环境的关系始终是社会发展的一个较为核心的问题，实现经济、社会和环境的可持续发展始终是环境伦理追求的目标。所谓协调发展、可持续发展实质上是解决我们不断增长的需要与黄河有限供给能力之间的矛盾，合理协调社会与黄河环境的物质交换，实现经济、社会和自然的可持续再生产。

三是坚持尊重黄河、善待黄河。即“热爱自然和自然美，尊重其他生命形式的价值和延续性，维护大自然的稳定性、完整性和多样性”原则。在人与黄河的关系上，过去有些人认为人是黄河的主人和所有者，人可以任意征服黄河、统治黄河、支配黄河，从而造成对黄河大肆地无节制地索取掠夺，引发一系列生态环境问题，受到大自然的严厉惩罚。因此，一定要尊重黄河、善待黄河，保护黄河，增强环境意识和环境道德，将仅仅面向我们自身的价值观扩大到黄河，承认包括黄河在内的整个河流系统具有自身的价值，承认黄河有平等的价值和平等的生存权利。从黄河文明的发展过看，尊重生命是黄河文明永恒的主旋律。生命是值得尊重的，人类是生命共同体中的一员。因此，人类必须学会尊重黄河、热爱黄河、维护黄河的完整和多样，不再把黄河作为剥削、统治的对象，而应该视为我们生存的基础和伙伴。

四是坚持生态环境优先，保护与开发相结合原则。要坚决维护黄河流域良好的生态系统，保持黄河生态平衡和健康。按国际通行标准，黄河河流的开发利用率不应超过40%，人类活动产生的污染物总量不能超过相应区域的环境容量，各类有害物质即使通过食物链的富集作用也不应对人类或其他生物产生危害。保持物种多样性，使黄河流域内保持一定的物种和遗传基因资源，保持足够的森林、水面、湿地面积，保持一定的地下水位，保持黄河河流的连续性、水陆的连续性，防止黄河河道断流及水利工程对生态系统产生不利的影响，将黄河水资源可持续利用和黄河流域生态建设提升到压倒一切的高度，为盲目扩张的人类活动限定一个不可逾越的“保护区”，把黄河流域水资源的节约、保护、配置放在突出位置，合理开发利用，打造优美和谐的自然景观，使生物与人类一样享有舒适的生活环境。坚决遏制浪费资源、破坏资源的现象,以可持续的方式开发利用河流的价值,实现开发与保护的平衡,达到河流生命的健康,实现水资源的永续利用。

五是坚持按黄河河流规律办事原则。我们的经济和社会的发展必须维持在黄河所能承受的范围之内,以保证黄河发展的持续性。黄河对于自然和社会系统的承载力都是有限的,河流生命的负荷只有在其承载力的范围内,才能保持流域人口、资源、环境可持续发展。因此,经济社会系统的发展必须把黄河的承载能力放在首位,以黄河水资源供需平衡为基本条件,确定黄河流域经济社会发展的目标和规模。坚持按黄河规律办事,在防止黄河对人的侵害的同时,特别注意防止人对黄河的侵害;重视生态与黄河的密切关系,采取节水、防污、调水等措施予以修复;有计划地进行湿地补水,保护湿地;在地下水超采区,采取封井、限采等措施,保护地下水;重视并充分发挥黄河的自我修复能力,保护黄河生态系统。同时,坚持按黄河规律办事,实行政府宏观调控和市场机制有机结合,在充分发挥公共财政在水利建设主导作用的同时,积极发挥市场在资源配置中的拉动作用,不断推进水利投、融资体制改革和水价机制改革,探索建立水权制度和水市场,优化配置水资源,以水资源的可持续利用支持经济社会的可持续发展。

可以说,人类历史上的任何一种文明都是建立在一定的生产方式和物质基础上的,黄河文明自然也不例外。人类历史上的任何一种文明都有一个“产生—发展—衰落—消亡”的过程,黄河文明自然也不例外。

从新石器时代的仰韶文化和龙山文化算起,黄河文明是在黄河流域的特殊地理环境中产生和发展起来的农业文明。到了封建社会,这种农业文明就是建立在小农经济的基础上的。当这些特殊的地理条件已经发生改变,小农经济的优越性不复存在,农业在整个国民经济中所占的比例逐渐下降,原来的黄河文明由盛转衰就是必然。其实黄河流域并非没有优势。例如,黄河流域蕴藏着丰富的能源,必将成为中国最重要的能源基地之一;在矿产资源方面也拥有巨大的优势,像在本世纪将大显身手的稀土的储量,居世界首位。黄河流域是全中国的地理中心所在,是全国交通的理所当然的枢纽,在未来的高速公路、高速铁路网中处于关键地位。随着欧亚大陆桥的建成和扩大，随着沿海的进一步开放,在世界交通运输网中也将占有重要地位。

在中国进入全面建设小康社会并进而成为中等发达程度国家的过程中,人们对精神文明的要求将越来越高,人文资源的价值必定会越来越大。在这方面,黄河流域具有更大的、无法替代的优势,必将在发展学术研究、文化艺术、教育、旅游等方面发挥更大作用,在世界上树立起自己不可动摇的地位。西安的秦始皇兵马俑已经吸引了上百万外国游客和上千万国内游客,如果有朝一日秦始皇陵、武则天的乾陵等无数地下宫殿成为考察和参观的场所,又将产生何等的轰动?而这些还仅仅是黄河流域已知的宝藏,远远不是全部。

总之,新的黄河文明的创建绝不仅仅是良好的愿望,而是有坚实基础的。

黄河万古流,黄河的儿女将不断创建新的文明!

黄河万古流,中华民族的母亲将永葆青春!

参考文献

[1] 葛剑雄.滔滔黄河.广州:广东教育出版社,1995.

[2] 葛剑雄.中国移民史.福州:福建人民出版社,1997.

[3] 葛剑雄,等.黄河.南京:江苏教育出版社,2006.

[4] 《中国大百科全书》编委会.中国大百科全书·水文科学卷.北京:中国大百科全书出版社,1987.

[5] 《中国水利史稿》编写组.中国水利史稿(上册).北京:中国水利电力出版社,1979.

[6] 《中国水利史稿》编写组.中国水利史稿(下册).北京:中国水利电力出版社,1989.

[7] [俄]阿甫基耶夫.古代东方史.王以铸译.北京:三联书店,1956.

[8] 安金槐.中国考古.上海:上海古籍出版社,1992.

[9] 杜石然,等.中国科学技术史稿(上册).北京:科学出版社,1982.

[10] 郭宝钧.中国青铜器时代.北京:三联书店,1963.

[11] 郭涛.潘季驯.北京:中国水利电力出版社,1985.

[12] 胡明思,骆承政.中国历史大洪水(上).北京:中国书店,1989.

[13] 胡明思,骆承政.中国历史大洪水(下).北京:中国书店,1992.

[14] 黄河水利委员会勘测设计院.黄河1843年历史洪水分析考证.内部参考资料,1982.

[15] 黄河水利委员会.李仪祉水利论著选集.北京:中国水利电力出版社,1988.

[16] 黄河志编纂委员会.黄河防洪志.郑州:河南人民出版社,1991.

[17] 贾征.潘季驯评传.南京:南京大学出版社,1996.

[18] 李约瑟.中国科学技术史.北京:科学出版社,1975.

[19] 梁方仲.中国历代户口、田地、田赋统计.上海:上海人民出版社,1980.

[20] 梁家勉.中国农业科学技术史.北京:农业出版社,1989.

[21] 梅福根、吴玉贤.七千年前的奇迹——我国河姆渡古遗址.上海:上海科学技术出版社,1982.

[22] 钱宁,周文浩.黄河下游河床演变.北京:科学出版社,1965.

[23] 沈怡.黄河问题讨论集.北京:商务印书馆,1971.

[24] 盛福尧,等.河南历史气候研究.郑州:大象出版社,1990.

[25] 石铭鼎,栾临滨.长江.上海:上海教育出版社,1989.

[26] 石声汉.氾胜之书今释.北京:科学出版社,1956.

[27] 史念海.河山集.生活、读书、新知.北京:三联书店,1963.

[28] 谭徐明.中国防洪史述略.北京:中国水利电力出版社,1999.

[29] 徐福龄,等.黄河水利史述要.北京:中国水利电力出版社,1982.

[30] 杨炽.汉穆拉比法典.北京:高等教育出版社,1992.

[31] 姚汉源.中国水利史纲要.北京:中国水利电力出版社,1987.

[32] 张含英.历代治河方略探讨.北京:中国水利水电出版社,1982.

[33] 中国农业遗产研究室.中国农学史.北京:科学出版社,1984.

[34] 周魁一,等.二十五史河渠志注释.北京:中国书店,1990.

[35] 竺可桢.竺可桢文集.北京:科学出版社,1979.

[36] 白寿彝.中国通史(第一卷).上海:上海人民出版社,1989.

[37] [美]菲利普·李·拉尔夫.世界文明史(上、下).北京:商务印书馆,1998.

[38] 王斯德.世界通史.上海:华东师大出版社,2001.

[39] 苏秉琦.中国文明起源新探.北京:三联书店,1999.

[40] 谢维扬.中国早期国家.杭州:浙江人民出版社,1995.

[41] 李学勤.中国古代文明与国家形成研究.昆明:云南人民出版社,1997.

[42] 孙淼.夏商史稿.北京:文物出版社,1987.

[43] 杨宽.西周史.上海:上海人民出版社,1999.

[44] 金景芳.中国奴隶社会史.上海:上海人民出版社,1983.

[45] 童书业.春秋史.济南:山东大学出版社,1987.

[46] 张光直.中国青铜时代.北京:三联书店,1999.